非金属矿超细粉碎技术与装备

郑水林 编著

中国建材工业出版社

图书在版编目(CIP)数据

非金属矿超细粉碎技术与装备／郑水林编著．—北京：中国建材工业出版社，2016.8
ISBN 978-7-5160-1578-0

Ⅰ.①非… Ⅱ.①郑… Ⅲ.①非金属矿物—超细粉（金属）—粉碎 Ⅳ.①TD97②TF123.7

中国版本图书馆 CIP 数据核字（2016）第 167430 号

内 容 简 介

本书内容主要涉及超细粉碎原理、非金属矿超细粉碎与精细分级设备及其新进展、超细粉碎工艺、工艺设计与设备选型的过程和方法以及超细粉体理化特性与测试表征的内容和方法等。

本书可供非金属矿深加工及非金属矿物材料领域的工程技术人员、高等院校师生、企业技术与管理人员以及相关装备制造和非金属矿物材料应用领域的工程技术人员参考。

非金属矿超细粉碎技术与装备
郑水林 编著

出版发行：中国建材工业出版社
地 址：北京市海淀区三里河路 1 号
邮 编：100044
经 销：全国各地新华书店
印 刷：北京雁林吉兆印刷有限公司
开 本：787mm×1092mm 1/16
印 张：11
字 数：252 千字
版 次：2016 年 8 月第 1 版
印 次：2016 年 8 月第 1 次
定 价：58.00 元

本社网址：www.jccbs.com 微信公众号：zgjcgycbs
广告经营许可证号：京海工商广字第 8293 号
本书如出现印装质量问题，由我社市场营销部负责调换。电话：（010）88386906

自　　序

自20世纪80年代以来，超细粉碎技术已逐渐成为重要的非金属矿深加工技术之一。我国非金属矿行业于20世纪80年代初期首先在滑石粉行业引进西方发达国家的超细粉碎技术与装备生产超细滑石粉，此后逐渐在石墨、硅灰石、云母、高岭土等矿产品生产中兴建超细粉碎生产线。进入21世纪，超细粉碎技术在我国非金属矿行业全面应用，成为最主要的非金属矿深加工技术之一。超细粉碎装备的发展可以分为三个阶段：20世纪80年代至90年代中期之前以引进或进口装备为主；90年代中期至2005年之前是国内制造与引进并举；2005年至今逐渐形成以国内装备为主、引进为辅的局面，期间在消化国外先进设备的基础上取得了显著的创新和进步。目前，国内已形成种类较齐全的超细粉碎装备生产体系，中国已成为当今世界最主要的超细粉碎装备生产和超细粉碎生产线成套技术的提供国之一。2000年以来，我国非金属矿超细粉碎技术、装备及产业持续、快速进步和发展，以单机生产能力、产品细度和单品能耗为指标衡量的技术进步平均3～5年上一个台阶，产业规模由2000年之前的不到200万吨，发展到2015年的2000万吨以上，已成为非金属矿的主要深加工产业。2014年以来，我国经济已经由快速发展进入平稳发展的新常态，产业结构也进入新一轮调整阶段。在新常态下，超细粉碎技术和装备无疑仍将在未来的非金属矿产业结构调整中发挥重要作用。

回望这段历史，笔者很庆幸赶上并参与了这一小小领域的发展历程。本人虽然是"非金属矿选矿"科班出身，但在四年的本科学习期间，未曾学习超细粉碎技术；1982年开始的三年硕士研究生期间对超细粉碎技术开始有些微了解，真正深入了解是在1985年研究生毕业后的工作中。因为承担研究生专业课"高等选矿学"粉碎工程部分的教学，在一年多的准备期间，跑遍北京各大图书馆，查阅了国内外大量相关文献资料，撰写了现在看来极为粗浅的"超细粉碎讲义"。在后来的几年中逐渐补充完善讲义内容，并于1993年由中国建材工业出版社出版了第一本20万字的《超细粉碎原理、工艺设备及应用》。此后随着国内外超细粉碎技术、装备和产业的发展，又分别于1999年、2002年和2006年由该出版社出版了《超细粉碎》《超细粉碎工艺设计与设备手册》和《超细粉碎工程》。今年，承蒙中国建材工业出版社再次约稿，编辑出版《非金属矿超细粉碎技术与装备》，本人真的很感动、很幸运，借此机会衷心感谢一直关注和支持超细粉碎技术领域发展的中国建材工业出版社！感谢付出辛勤劳动的所有编校工作者！

本书编纂的目的是总结近10多年来非金属矿超细粉碎理论、技术和装备等方面的主要进展，为从事该领域科学研究、技术开发、生产及应用的高等院校师生、工程技术人员和企业管理者提供一本最新的、有价值的参考书。因为不是工具书，且受约定字数的限制，编撰书稿时，结构上尽可能系统完整，选材上尽量选择有代表性的国内外先进技术装备，但在内容上力求扼要，将超细粉碎和精细分级设备的技术性能及参数尽可能以图表方式展现；在超细粉碎工艺部分尽可能介绍通用工艺，且用工艺图来说明；在工艺设计与设备选型部分只涉及设计选型的原则、程序和计算方法，不涉及具体工艺的设计和计算。全书包括绪论、超细粉碎技术基础、超细粉碎设备、精细分级设备、超细粉碎工艺、超细粉碎工艺设计与设备选型以及超细粉体的测试与表征方法七章。

本书在撰写过程中得到了广大超细粉碎技术研发与装备制造企业的积极支持，中国矿业大学（北京）研究生尹胜男同学帮助整理和修改了全书插图。在本书付梓出版之际，谨向他们表示衷心的感谢！同时，对参考文献中涉及的国内外专家学者表示诚挚的谢意！

本人深知，不管从主观上如何严谨努力，书籍出版后总会存在一些不足和抱憾之处，恳请专家学者及广大读者批评斧正。谢谢！

郑水林

2016年8月

目　　录

第1章　绪　　论

1.1 概　　述

在非金属矿加工或非金属矿物材料中，一般将粒度为0.1～10μm（粒度分布$d_{97}\leqslant$10μm）的矿物粉体称为超细矿物粉体或超细粉体材料，相应的加工技术称为超细粉碎技术。由于在各工业部门中应用的超细粉体对其粒度和级配均有一定要求，因此，一般所述的超细粉碎技术包括使粒度减小到“超细”的粉碎加工技术和使超细粉体具有“特定粒度分布”的精细分级技术。

粉体物料最主要和最重要的质量指标之一是粒度。这是因为粒度决定了粉体产品的许多技术性能和应用范围。粉体的比表面积、化学反应速率、烧结性能、吸附性能、补强性能、分散性、流变性、沉降速度、溶解性能、光学性能等都与粉体的粒度大小和粒度分布有关。由于超细粉碎技术可以显著提升粉体材料的应用价值，因此已成为非金属矿物及其他无机粉体材料最重要的通用深加工技术之一，对提高矿产资源综合利用率和高值利用矿产资源，特别是非金属矿资源有重要促进作用。

目前的超细粉碎方法主要是机械粉碎，包括干法和湿法两种粉碎方式。主要超细粉碎设备有气流磨、机械冲击/旋冲磨、搅拌球磨机、砂磨机、旋转筒式球磨机、振动球磨机、行星式球磨机、辊磨机、均浆机、胶体磨等类型。

1.2　超细粉碎技术与现代产业发展的关系

超细粉碎技术是伴随现代高技术和新材料产业、传统产业技术进步和资源综合利用等发展起来的一项新的矿物加工技术，对新兴产业发展及传统产业升级和结构调整有重要意义和影响。

现代高技术和新材料产业的发展、传统产业的技术进步和产品升级要求许多粉体原（材）料具有微细的颗粒、严格的粒度分布、特定的颗粒形状和极高的纯度或极低的污染程度。有的要求平均粒径仅数微米，甚至1μm以下；有的要求粒度分布狭窄，产品中粗大颗粒和过细颗粒，尤其是粗大颗粒的含量极低；有的要求颗粒表面光滑、形状规则；有的要求颗粒形状接近于球形、片形、针形或其他形状；有的要求有极高的纯度，杂质允许含量以百万分（ppm）计，许多白色粉体，如碳酸钙、高岭土等，尤其不能被带色的金属（特别是铁、铜、铬、锰、钒等）氧化物杂质所污染。

超细非金属矿物粉体由于其粒度细、质量较均匀，比表面积较大、表面活性较高。因此，超细粉体具有化学反应速度快、吸附量大、溶解度大、烧结温度低且烧结体强度高、填充补强性能好以及独特的流变性、电性、磁性、光学等性能。

20 世纪 80 年代以来，随着对超细粉体特性的认识及超细粉碎技术的发展，超细非金属矿物粉体广泛应用于先进陶瓷、陶瓷釉料、微电子及信息材料、橡塑及复合材料填料、润滑剂及高温润滑材料、精细磨料与抛光剂、造纸、涂料与涂层材料、油墨、化妆品等现代产业领域。

具有特殊功能（电、磁、声、光、热、化学、力学、生物等）的高技术陶瓷是近 20 年来迅速发展的无机新材料。在制备高性能陶瓷材料时，原料越纯、粒度越细，材料的烧成温度越低、烧结体越致密、强度和韧性越高，一般要求原料的粒度小于 1μm 甚至 0.1μm。如果原料的细度达到纳米级，则制备的陶瓷称之为纳米陶瓷，强度和韧性更高，性能更加优异，是当今陶瓷材料发展的最高境界。

粒度细而均匀的釉料使制品的釉面光滑平坦、光泽度高、针孔少。一般高级陶瓷釉料要求不含大于 15μm 的颗粒。用作高档陶瓷釉料的锆英砂（硅酸锆）粉的平均粒径要求为 1～2μm，最大粒径不大于 10μm。

随着微电子尖端技术的发展，各种电子元件趋向小型化或超小型化。以超细硅微粉为主要绝缘填料的环氧树脂基电子塑封料已成为微电子元器件，如集成电路的主要塑封料，大规模集成电路甚至还要求超细球形硅微粉，覆铜板等应用的硅微粉和氧化铝粉要求平均粒度达到 5μm 以下。

铜版纸和涂布纸板等高档纸品生产用的高岭土和重质碳酸钙面涂料要求细度－2μm 含量达到或超过 90%，而且要求填料上限粒径小于 10μm 甚至 5μm，0.2μm 粒径以下粒级的含量越少越好，底涂料要求细度－2μm 含量达到或超过 70%～80%。

塑料、橡胶、胶粘剂等高聚物基复合材料是无机非金属矿物超细粉体，如碳酸钙（重质碳酸钙和轻质碳酸钙）、滑石、高岭土、云母、硅灰石、海泡石、凹凸棒石、硅微粉、氢氧化铝、氢氧化镁、硅藻土等的主要功能填料和颜料。这些非金属矿物填料的重要质量指标之一是其粒度大小和粒度分布。在一定范围内，填料的粒度越细，级配越好，其填充和补强性能越好。高性能的高聚物基复合材料一般要求非金属矿物填料的细度小于 10μm。例如，低密度聚乙烯薄膜要求碳酸钙填料的平均粒径为 0.25～0.75μm，最大粒径小于 10μm；聚烯烃和聚氯乙烯热塑性复合材料要求平均粒径为 1～4μm 的改性重质碳酸钙填料；平均粒径为 1～3μm 的重质碳酸钙在聚丙烯、均聚物和共聚物中的填充量 20%～40%，而且制品的弹性模量较单纯的聚合物还要高；平均粒径为 0.5～3μm 的重质碳酸钙不仅可以降低刚性和柔性 PVC 制品的生产成本，还可提高这些制品的冲击强度；用作工程塑料填料的高岭土的平均粒径为：粗粒级 2～3μm，中粒级1.5～2.5μm，细粒级 0.5～1.0μm；煅烧高岭土 0.3～3μm。

油漆涂料及特种功能涂料是非金属和金属超细粉体最主要的应用领域之一。高档油漆涂料的着色颜料和体质颜料，如二氧化钛、锌钡白、胶体石墨粉、轻质碳酸钙、重质碳酸钙、重晶石粉、沉淀碳酸钡、高岭土和煅烧高岭土、云母粉、滑石粉等，粒度越细，粒度分布越均匀，应用效果越好。例如，作为白色颜料的金红色型 TiO_2，平均粒径为 0.2～0.4μm 时遮盖力最佳；具有电、磁、光、热、生物、防腐、防辐射、特种装饰等功能的特种涂料，一般要求使用粒径微细、分布较窄的功能性颜料或填料，如含玻璃微珠厚层涂膜的道路标志涂料，所用的玻璃微珠反射填料的平均粒径为 0.1～1μm；

用于高档乳胶漆的煅烧高岭土要求其粒度小于10μm甚至更细。

非金属矿物原料的粒度大小和粒度分布直接影响耐火材料及保温隔热材料的烧成温度、显微结构、机械强度和体积密度。对同一种原料粒度越细，烧成温度越低，制品的机械强度越高。所以现代高档耐火材料一般选用平均粒径为0.1～10μm的超细粉体作为原料。对于轻质隔热保温材料，如硅钙型硅酸钙，石英粉原料的粒度越细，体积密度越小，质量越好。所以制备体积密度小于130kg/m³的超轻硅钙型硅酸钙，要求石英粉的细度小于5μm。

精细磨料和研磨抛光剂，如石英、金刚石、石榴子石、硅藻土等，在某些应用领域，如高精密光学玻璃、望远镜和显微镜镜头、显示屏以及半导体元器件和集成电路板等，要求其粒度小于10μm甚至小于1μm。

石墨、辉钼矿、蛇纹石等固体润滑材料是现代高温、高压工业和高速运转设备不可或缺的抗磨和减磨材料。这些固体润滑材料的粒度要求超细而且分布均匀。高温锻造用的胶体石墨润滑剂，平均粒径要达到1μm以下。

保暖、抗菌、阻燃、抗静电等功能性纤维所需的氧化铝、氧化硅、氧化钛等无机矿物填料，要求其最大粒径小于2μm。

其他如油墨用的非金属矿物颜料，化妆品用的滑石粉，用于调节溶液黏度或流变特性的黏土矿物材料等均要求为超细粉体材料。

超细粉碎技术因现代高技术新材料产业的崛起、传统产业的技术进步和产品升级而发展，但超细粉体的广泛应用反过来又促进相关高技术新材料产业和传统产业的更大进步，以至近30年来全球超细非金属矿粉体材料的需求量呈快速增长。同期，由于中国的年均经济增长率高于全球的年均经济增长率，超细非金属矿物粉体产品的市场需求量以平均每年10%以上的速度增长，2015年达2000万吨以上。

1.3 超细粉碎技术与装备的主要内容

超细粉碎技术与装备以超细粉体制备基础、工艺、设备及其应用为主要研究对象，其主要内容如下：

（1）超细粉碎技术基础

（2）超细粉碎设备

（3）精细分级设备

（4）超细粉碎工艺

（5）超细粉碎工艺设计与设备选型

（6）超细粉体测试与表征方法

1.4 超细粉碎技术与装备的发展趋势

非金属矿超细粉碎技术与装备总的发展趋势是提高产品细度和单机生产能力、降低能耗和磨耗、发展高效低耗和大处理量的分级技术和设备以及在现有设备和工艺基础上发展人工智能技术，根据原料特点和产品细度要求自动优化生产工艺配置和操作参数，实现高效、低耗和产品稳定生产。

提高产品细度的实质是降低粉碎极限，提高单机生产能力的实质是设备大型化，在现有设备和工艺基础上发展人工智能技术就是超细粉碎生产线的智能化。超细粉碎装备的主要发展趋势：一是进一步降低粉碎产物粒度下限，以满足不断增长的对粒度更细的超细粉体产品的需求；二是装备的大型化，以满足减少人工、提高生产效率、方便管理和进行智能化控制的需要；三是生产线的智能化，包括互联网+装备与工艺控制，以实现产品的高效、低耗和稳定生产；四是通过超细粉碎原理创新、粉碎设备结构和超细粉碎工艺的优化以及粉碎部件材质的进步，不断提高粉碎效率，降低单位产品磨耗，杜绝设备磨损对产品的污染；五是发展能够确保非金属矿物原料晶型或粒形不被破坏或破坏很小，可用于生产片状（如石墨、云母）、纤维状、针状（如温石棉、硅灰石、透辉石、海泡石）等粒形的超细粉碎设备。

精细分级技术是超细粉碎技术的重要单元，是实现产品粒度精细分布的关键控制技术。分级技术与装备的发展趋势：一是大型化，即发展与大型超细粉碎设备相适应或配套的大型精细分级设备；二是分级粒度的精细化，可以实现超细粉体的精准分级；三是分级粒度和产物粒度分布的在线控制，以实现产品质量的稳定；四是通过分级原理的创新与分级设备结构和分级工艺的优化，不断提高分级效率和分离极限（降低分级粒度下限）；五是发展专用于不规则形状粉体材料（如针状、片状颗粒）的精细分级技术与装备。

第2章 超细粉碎技术基础

2.1 超细粉碎过程特点

由于物料粉碎至微米及亚微米级，与粗粉或细粉相比，超细粉碎产品的比表面积和比表面能显著增大。因而在超细粉碎过程中，随着粒度的减小，颗粒相互团聚（形成二次颗粒或三次颗粒）的趋势逐渐增强。在一定的粉碎条件和粉碎环境下，经过一定的粉碎时间后，超细粉碎作业处于粉碎—团聚的动态平衡过程，在这种情况下，微细物料的粉碎速度趋于缓慢，即使延长粉碎时间（继续施加机械应力），物料的粒度也不再减小，甚至出现“变粗”的趋势（图2-1）。这是超细粉碎过程最主要的特点之一。超细粉碎过程出现这种粉碎—团聚平衡时的物料粒度称之为物料的“粉碎极限”。当然，物料的粉碎极限是相对的，它与机械力的施加方式（或粉碎设备的种类）和效率、粉碎方式、粉碎工艺、粉碎环境等因素有关。在相同的粉碎工艺条件下，不同种类物料的粉碎极限一般来说也是不相同的。为了提高超细粉碎效率和降低粉碎极限，一般要在粉碎加工，特别是湿式超细粉碎中加入助磨剂或分散剂。因此，如何使用助磨剂和分散剂也是超细粉碎的重要技术之一。

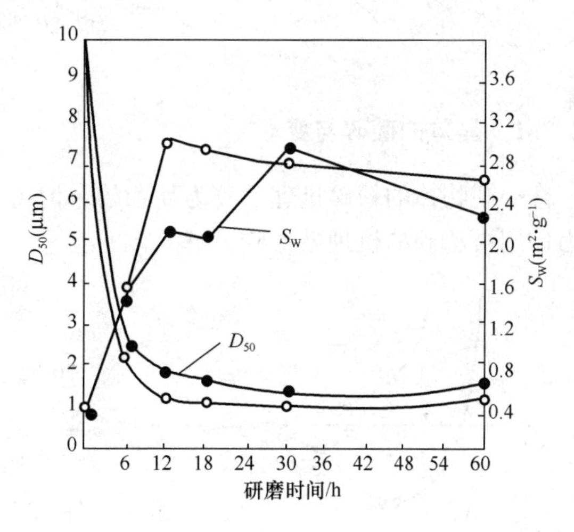

图2-1 粉石英平均粒径（D_{50}）和比表面积（S_W）随研磨时间的变化（实验室振动球磨机，原料平均粒径为10.4μm、SiO_2含量为99.48%）

●—干磨；○—湿磨

超细粉碎过程不仅仅是粒度减小的过程，同时还伴随着被粉碎物料晶体结构和物理化学性质不同程度的变化。这种变化相对于较粗的粉碎过程来说是微不足道的，但对于超细粉碎过程来说，由于粉碎时间较长、粉碎强度较大以及物料粒度被粉碎至微米级或亚微米级，这些变化在某些粉碎工艺和条件下显著出现。这种因机械超细粉碎作用导致的被粉碎物料晶体结构和物理化学性质的变化称为粉碎过程机械化学效应。这种机械化学效应对被粉碎物料的应用性能产生一定程度的影响，正在有目的地应用于对粉体物料进行表面活化处理。

由于粒度较小，传统的粒度分析方法——筛分分析已不能满足其要求。与筛分法相对应的用“目数”来表示产品细度的单位也不便用于表示超细粉体。这是因为通常测定粉体物料目数（即筛分分析）用的标准筛（如泰勒筛）最细只到 400 目（筛孔尺寸相当于 38μm）。现今超细粉体的粒度测定广泛采用现代科学仪器和测试方法，如电子显微镜、激光粒度分析仪、库尔特计数器、图像分析仪、重力及离心沉降仪以及比表面积测定仪等。测定结果用“μm”（粒度）或“m^2/g”（比表面积）为单位表示。其细度一般用小于等于某一粒度（μm）的累积百分含量 $d_Y = X\mu m$ 表示（式中 X 表示粒度大小，Y 表示被测超细粉体物料中小于等于 $X\mu m$ 粒度物料的百分含量），如 $d_{50}=2\mu m$（50%小于等于 2μm，即中位粒径），$d_{90}=2\mu m$（90%小于等于 2μm），$d_{97}=10\mu m$（97%小于等于 10μm）等。有时为方便应用，同时给出被测粉料的比表面积。对于超细粉体的粒度分布也可用列表法、直方图、累积粒度分布图等表示。

2.2 超细粉碎过程力学

2.2.1 晶体的破碎与变形

宏观物体的粉碎机理是较为复杂的，但可以通过晶体的破碎和变形对固体物料受外力作用被粉碎的机理做一些了解。

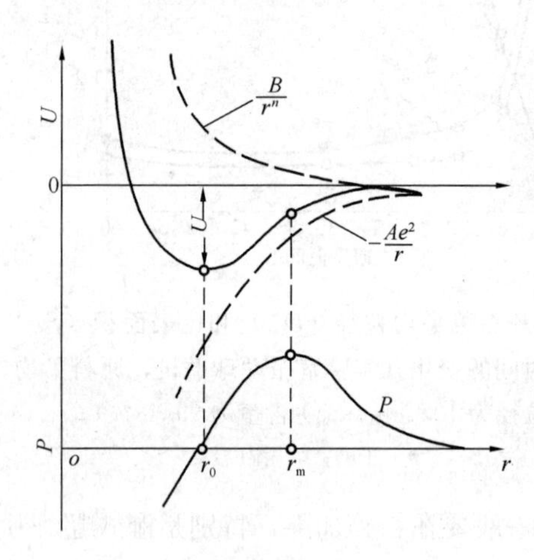

图 2-2 晶体中质点间距和作用力及结合能的关系

U—结合能；P—相互作用力；r_0—平衡时质点间距；r_m—断裂时质点间距；$\frac{B}{r^n}$—由斥力造成的结合能；$-\frac{Ae^2}{r}$—由引力造成的结合能

晶体的构成有一个特点：构成它的基本质点——离子、原子或分子在空间中做有几何规则的周期性排列，每一个周期就构成了一个晶胞，它是构成晶体的基本单位。

构成晶体的质点，借相互间的吸引力和排斥力维持平衡，但这种平衡是质点在以平衡位置为中心的前后左右的振动平衡。这种振动称为热振动，其振幅的大小和质子脱离平衡位置的程度受温度的影响。

质点间的距离以纳米表示，质点间相互的吸引主要源于异性静电荷的库仑力。库仑力和质点间距离的平方成反比。

质点间不仅存在吸引力，而且还存在排斥力，这种排斥力是由于两质点充分接近，电子云重叠所引起的。所以，质点间的排斥力在距离相当近时才有显著的作用，并随着距离的缩小而急剧增大。

质点间的吸引力和排斥力如图 2-2 中虚线所示，斥力随着距离的增加而迅速减小，而当靠近时却急剧增加，引力也作同样的变化，这两种力的综合效果就是质点间的互作用力，它的大小如图 2-2 中 P 所示。

结合能由式（2-1）给出

$$U=-\frac{Ae^2}{r}+\frac{B}{r^n} \tag{2-1}$$

式中 $\frac{B}{r^n}$——由斥力造成的结合能，r 为质点间的距离，指数 n 和晶体类型有关，B 是和晶体结构有关的常数；

$-\frac{Ae^2}{r}$——由引力造成的结合能，e 为质点所带的电荷量，A 称为麦德隆常数，它取决于晶胞质点的排列方式。

作用力 P 等于结合能对距离的微分

$$P=\frac{\mathrm{d}U}{\mathrm{d}r}=\frac{Ae^2}{r^2}-\frac{nB}{r^{n+1}} \tag{2-2}$$

当 $r=r_0$ 时，质点处于平衡位置，$P=0$，U 有最小值 U_0，代入式（2-2）得

$$B=\frac{Ae^2}{n}r_0^{n-1} \tag{2-3}$$

将式（2-3）式代入式（2-1），得

$$U=\frac{Ae^2}{r}\left[\frac{1}{n}\left(\frac{r_0}{r}\right)^{n-1}-1\right] \tag{2-4}$$

当 $r=r_0$ 时

$$U_0=\frac{Ae^2}{r_0}\left(\frac{1-n}{n}\right) \tag{2-5}$$

将式（2-3）代入式（2-2），得

$$P=\frac{Ae^2}{r^2}\left[1-\left(\frac{r_0}{r}\right)^{n-1}\right] \tag{2-6}$$

当晶体受到外力作用而被压缩时，$r<r_0$，这时斥力的增大超过了引力的增大，剩余的斥力支撑着外力的压迫；当晶体受到外力作用而拉伸时，$r>r_0$，引力的减小少于斥力的减小，多余的引力抗御着外力的拆散作用。但随着质点间距离的进一步增加，引力的绝对值是减小的，故拉伸到一定程度后，即 $r=r_m$ 后，质点间相互作用力 P 不可能再增大了，晶体终于抵制不住外力拉伸而导致破碎或永久变形，也即若施加于晶体上的外力超过了最大可能的相互作用力 P_{max}，晶体就将破碎或产生永久变形。P_{max} 是理论的破碎强度。

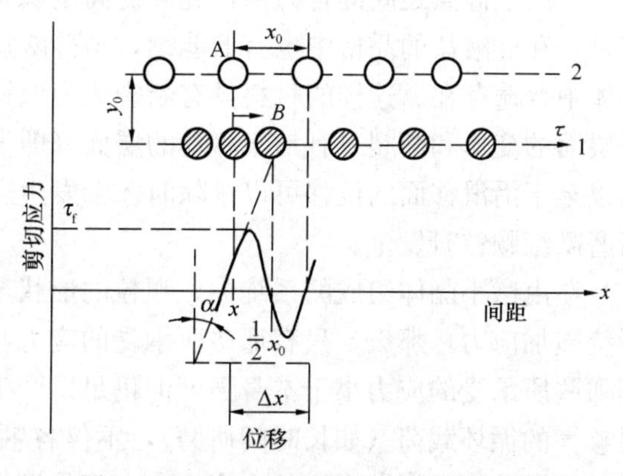

图 2-3　两排原子之间的剪切应力与位移

以上是单个晶体受力变形和破碎的情形。现在考虑间距为 y_0 的两个原子（A 和 B）受剪切作用而发生位移和断裂的情形。如图 2-3 所示，原子之间的

作用力随着与移动距离有关的间距 x 的增大而增大，直到晶面之间原子距离 x_0 的 $\frac{1}{4}$。剪切应力从 $\frac{1}{4}x_0$ 处下降到 $\frac{1}{2}x_0$，此时 A 原子和 B 原子之间的吸引力和排斥力相抵消，总作用力 0。此后，A 和 B 原子之间的作用力为负值，直到 $\frac{3}{4}x_0$。最后再移动到 x_0，又恢复平衡状态。同时，第一晶面相对于第二晶面移动了 $\Delta x = x_0$，剪切应力与位移的关系可用正弦函数来描述：

$$\tau = \tau_f \sin\frac{2\pi\Delta x}{x_0} = \frac{Gx_0}{2\pi y_0}\sin\frac{2\pi\Delta x}{x_0} \tag{2-7}$$

式中　G——外加裂纹的扩展力。

当位移很小（$\Delta x \ll x_0$）时，正弦函数可用其角变量来代替，因此，式（2-7）可简化为

$$\tau = G\frac{\Delta x}{y_0} \tag{2-8}$$

由于 $\frac{\Delta x}{y_0} = \gamma$（$\gamma$ 为剪切应变），因此 $\tau = G\gamma$，这就是应用于剪切变形的霍克定律。影响塑性变形的临界剪切应力约为 τ 的最大值，因此，其“屈服点”为

$$\tau_{max} = \tau_f = \frac{Gx_0}{2\pi y_0} \tag{2-9}$$

从简单的晶体模型得知，开始塑性变形的特殊临界应力也取决于 x_0/y_0 的比值。在这一简化了的晶体中总有这样一些晶面，在这些晶面中原子以最紧密堆积的方式排列（即 x_0 最小），而在相邻的晶面中相距最远（即 y_0 最大）。这样一些晶面的塑性变形可在较低的剪切应力下开始，这样的晶面称为滑移面。

只有晶体变形时才能观察到滑移面，在各向均质的材料如非晶质体中没有滑移面。当外力的作用方向与滑移面的方向一致时可用最小的力达到滑移的目的，否则在一定的作用力下，是发生塑性变形还是脆性断裂取决于滑移面与外力之间的夹角。在硅酸盐晶体中，由于硅氧之间键合力强，硅氧键高度稳定，要使这样的键断裂需要很高的能量。但是，在硅酸盐的晶格中也有低能键，与硅酸盐链或层相平行的滑移面在链状和页硅酸晶体中普遍存在。这样的材料具有断裂成为似针状、碎裂状或片状颗粒的倾向。而垂直于层面的变形和断裂只有易于移动的层面（即滑移面）已经打开或者当作用力的速度太高以至于沿滑移面的位移可以排除时才会发生。这种情况一般在冲击载荷、强烈研磨或研磨微细颗粒时发生。

在由微小晶体组成的系统中，颗粒的形状至少是近似的紊乱系统。如果进一步对此系统施加应力，那么，只有那些所承受的应力与其强度相当的颗粒才进一步被粉碎。对于那些所承受的应力小于本身强度但仍足以产生塑性变形的颗粒将发生永久变形。对于足够大的循环载荷（如长时间研磨），不仅各颗粒变形的程度不同，而且在单个晶体内沿不同滑移面的塑性变形的大小和方向也将发生变化。

在多晶材料中，单个晶体的定向是不一致的。在载荷作用下这种晶体的塑性变形有些不同于单个晶体，主要表现在：①在很小的载荷作用下，每个多晶体的空间单元经受弹性变形；②在某种临界载荷作用下，晶体沿滑移面开始变形，这一变形与力的方向一致或表现为较低的黏附性，因变形受其他晶体的迟滞，宏观上仍表现为弹性变形，但伴有轻微的塑性变形；③进一步增大载荷出现永久变形；④在足够大的应力作用下，晶体重新定向，导致增大各向异性。

晶体在外力作用下产生变形或断裂，它的热力学性质或热力学状态参数也将发生变化。一个未承受外应力的固体，它的自由能是最低的，任何外力作用导致的变形都将使其自由能发生变化，对于等温不可逆变形，其自由能的变化为

$$\mathrm{d}f = \mathrm{d}A = P_s \mathrm{d}l = \mathrm{d}u = T\mathrm{d}s \tag{2-10}$$

并有

$$P_s = \left(\frac{\partial u}{\partial l}\right)_T - T\left(\frac{\partial s}{\partial l}\right)_T \tag{2-11}$$

式中　$\mathrm{d}f$——自由能的变化；
$\mathrm{d}A$——使晶体变形所需的功；
P_s——使晶体变形施加的外力；
u——内能；
T——绝对温度；
l——变形尺寸；
s——系统的熵值。

从热力学角度看，变形导致晶体系统自由能的增大，这种增大的主要内因是在外力作用下内能的增加。如果晶体在外力作用下断裂，则部分内能转化为新断裂面的表面能。

2.2.2　裂纹及其扩展

如果已知晶体结构和原子之间的作用力，理想晶体的理论强度和屈服点就可以进行计算。但结果表明，这些理论计算值较实际测定值要高得多（甚至达几个数量级）。因此，粉碎某一物料实际所需的力或能量较理论计算的要小得多。例如，破碎玻璃实际所需的能量只有理论计算的 1/3。对于矿石等晶质固体物料来说，计算值与实测值的出入更大。究其原因，除了晶体在质点排列上的缺陷，如点缺陷以及结构上的缺陷之外，一个很重要的因素是固体物料中存在微裂纹（即格里菲斯裂纹）。裂纹在外力作用下的形成和扩展是固体物料，尤其是脆性物料粉碎的主要过程之一。

断裂的开始和裂纹的扩展受到两个条件的控制，即力的条件和能量条件。

作为力的条件，必须克服裂纹尖端分子之间的粘合力，也就是局部的拉应力必须超过分子之间的粘合力。用拉伸—断裂试验得到的抗拉强度通常比分子之间的粘合力小 2～3 个数量级，也即在裂纹尖端集中的拉应力必须较宏观试样的抗拉强度大 2～3 个数量级。

抗拉的分子粘合力 $\sigma_m=\sqrt{\frac{E\gamma}{a}}$ 与抗拉强度 $\sigma=\sqrt{\frac{E\gamma}{l}}$ 的比值为：$\frac{\sigma_m}{\sigma}=\sqrt{\frac{l}{a}}$。这里，$E$ 是杨氏弹性模量；γ 是表面张力（比表面能）；a 是裂纹尖端的半径，它等于原子之间的间距（纳米范围，1nm＝$10^{-3}\mu$m＝10Å）；l 是裂纹的长度。若 $\frac{l}{a}=10^4$，则 $\frac{\sigma_m}{\sigma}=10^2$，即为了克服裂纹尖端分子间的粘合力，承受应力的裂纹长度至少应有几个微米。

作为能量条件，必须供给裂纹扩展所需增加的能量。这些能量消耗于两个方面：一是裂纹扩展时产生新表面所需的表面能 S（$S=2l\gamma$，裂纹扩展后形成两个断裂面）；二是因弹性形变而储存于固体中的能量 u_N（$u_N=\frac{\pi\sigma_N^2 l^2}{4E}$，$\sigma_N$ 为拉应力）。因此，如果载荷所施加的能量或物体由于断裂或产生裂纹所释放的弹性能足以支付产生新表面所需的表面能，那么从能量平衡的角度看，裂纹就有可能扩展。因此，裂纹扩展的条件可表示为

$$\frac{du_N}{dl}\geqslant\frac{dS}{dl} \tag{2-12}$$

其中，$\frac{dS}{dl}=2\gamma$（γ 是表面张力或比表面能）；$\frac{du_N}{dl}=\frac{\pi\sigma_N^2 l}{2E}$，用 G 表示。因此，上式也可表示为

$$G=\frac{\pi\sigma_N^2 l}{2E}\geqslant 2\gamma \tag{2-13}$$

裂纹扩展的临界应力为

$$\sigma_c=\left(\frac{4E\gamma}{\pi L}\right)^{\frac{1}{2}} \tag{2-14}$$

即只要外加应力大于 σ_c，裂纹便可以扩展。

外加的裂纹的扩展力 G 在较简单的情况下，可用弹性变形理论进行近似计算。例如，当 $\frac{l}{L}<0.2$ 时，拉应力 $G=cl\sigma^2/E$。这里，σ 是均匀的拉应力；L 是固体物料的线性尺寸；c 是几何因素有关的参数，对于横截面为圆形的棒状物，$c=\frac{\pi}{2}$。这说明只要裂纹长度比 L 小，G 将与 l 成正比。在对数坐标中，$G=f(l)$ 是斜率为45°的一条直线，其大小取决于 σ 和 E（图 2-4）。格里菲斯长度 $l_{(griff)}$ 是表面能曲线 2γ 与 G 曲线的交点。临界裂纹扩展力 G_c 相应于临界裂纹长度 l_c，它近似地等于破碎时的比表面能 $2\gamma_{t\,max}$。

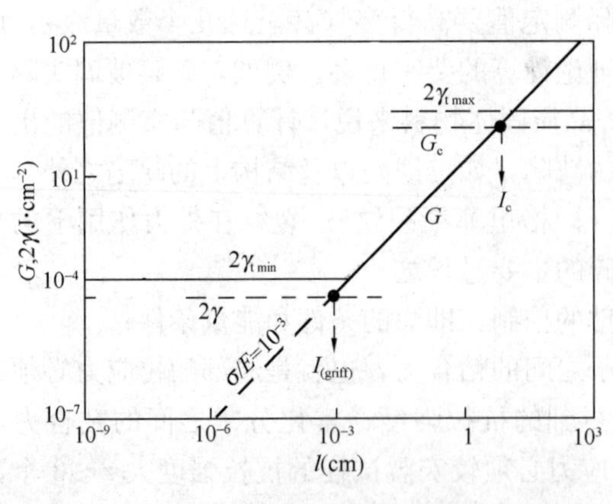

图 2-4　裂纹的扩展力 G 与裂纹长度 l 的关系

固体的表面能一般为 $10^2\sim10^3$ N/cm，

临界裂纹扩展力 G_c 对于玻璃为 $10^{-1} \sim 10^{-2}$ N/cm，临界裂纹长度 l_c 与裂纹扩展力成正比。

直线 $2\gamma_t$ 是破碎线，其两端水平线分别为 $2\gamma_{t\,max}$ 和 $2\gamma_{t\,min}$，这两条线与 G 成 45°角。如果裂纹吸收的能量超过了表面能，低限 $2\gamma_{t\,min}$ 将比 2γ 大，这种情况在塑料中常常出现。大多数矿物易于脆性断裂，这时 $\gamma_{t\,min} \approx \gamma$。

2.2.3　裂纹的扩展速度与物料的粉碎速度

裂纹尖端在外加扩展力 G 的作用下，如果输入能超过了断裂扩展所需的表面能，余下的输入能将转化为动能，其扩展速度可用式（2-15）表示

$$v \approx 0.38C\sqrt{1 - l_c/l} \tag{2-15}$$

式中　l、l_c——裂纹的长度，$l > l_c$（裂纹开始扩展时的长度 $l_c > l_{(griff)}$）；

C——固体中的声速，$C = \sqrt{\dfrac{E}{\rho}}$（$\rho$ 为物料的密度）；

0.38——系数。

l_c/l 也可用 $(S + Z)/u_s$ 来代替，这里 S 是表面能，Z 是塑料变形能，u_s 是弹性能，这三个值都取自裂纹尖端。

定义 $v = dS/dt$ 为物料粉碎时新生表面形成的速度，单位为 $m^2/(m^3 \cdot s)$，它与物料中声速的关系如式（2-16）

$$v = k/\rho C^2 \tag{2-16}$$

式中　k——与粉碎条件及粉碎设备有关的常数。

产生单位表面积所需的能量 u_c（即断裂能）与 v 成反比

$$u_c = k_1/v = k_2\rho C^2 \tag{2-17}$$

式中，$k_2 = k_1/k$，在冲击粉碎时，粒度一定的颗粒每次冲击产生的新裂纹表面为

$$S = k_3/u_s C^3 = k_4/\rho C^5 \tag{2-18}$$

$k_2 = k_3/k_1$，即 $k_3 = k_1 k_2$；k_4 与冲击能 U_P 扩散到整个颗粒体积 V 中所需的时间成正比，该公式没有考虑晶格缺陷。

这样，冲击能 $U_p = vFu_t$，即单位体积的冲击能为 $U_1 = u_t/v = fu_t = k_3/C^3$。

如果冲击能 U_P 与断裂能 u_t 的比值对两种不同的物料是同一值，则 $U_P/u_t = k_3$（常数），且有

$$U_P/\rho C^2 = k_2 k_5 = k_6\text{（常数）}$$

这样，在开始时（$t=0$），新生表面形成的速度随 U_1 变化（与 C^3 成反比）。例如，在球磨机中 U_P 与磨矿介质的密度 ρ_g 呈线性关系，即 $\rho_g/\rho C^2 =$ 常数，从而 U_P/u_t 也为常数。

一些矿物的密度 ρ，其中的声速 C，粉碎时新生表面形成的速度 v（实验室振动磨）

列于表 2-1，表中同时列出了 $k(=V\rho C^2)$ 和 $k'\left(=\frac{k}{\rho}=VC^3\right)$。

表 2-1　某些岩石和矿物与粉碎有关的参数

岩石或矿物	ρ（kg/m^3）	C（m/s）	v（$m^2/m^3\cdot s$）	$10^{-10}k$	$10^{-10}k'$
石英	2650	5650	45	385	822
黄铁矿	5000	4530	75	770	700
石灰石	2700	4383	81	420	680
萤石	3100	4278	94	535	738
方铅矿	7500	3109	260	1890	783
铝土矿	4500	2782	291	1020	626
石膏	2320	2274	342	390	382
白垩	2700	438	7590	395	64

2.2.4　裂纹尖端的能量平衡

在外力作用下，裂纹尖端的能量平衡（图 2-5）可表示为

$$\sum G_i = G_u + G_h + G_t + G_k \tag{2-19}$$

式中　G_u——单位长度裂纹的外应力，除了导致粉碎外，外应力还将导致塑性变形；

G_h——因晶格缺陷产生的单位长度的内应力；

G_t——裂纹尖端热性质变化所产生的单位长度裂纹的内应力；

G_k——裂纹尖端因承受外应力和内应力作用而引起的化学能的变化（以单位长度裂纹的化学能表示）。

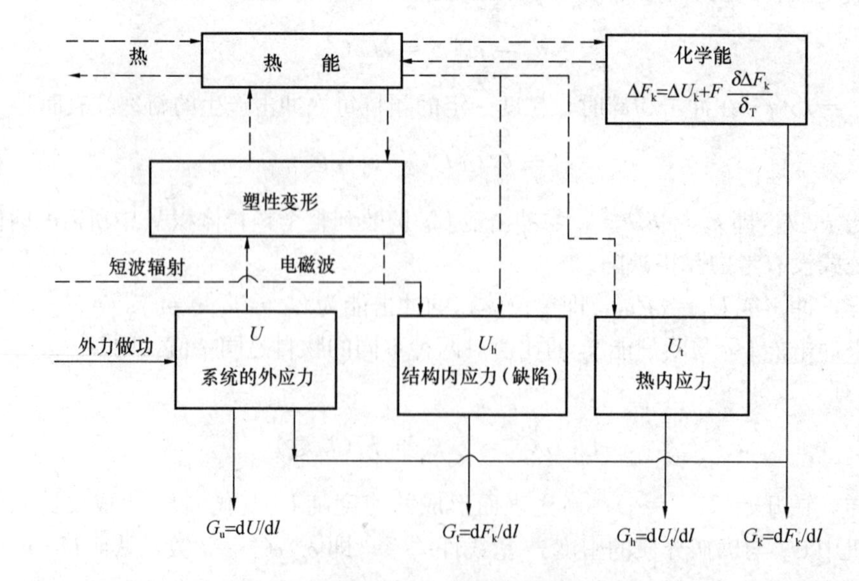

图 2-5　裂纹尖端的能量平衡

式中第二项 G_h 和第三项 G_t 可以被称为弹性能。它们与矿物的晶体结构及热性质有关。吸热和放热将引起 G_t 的变化；通过外部作用，如短波电磁辐射（从紫外线到 X 射线）可以扩大和产生新的晶格缺陷，从而导致 G_h 的变化。

裂纹尖端局部区域的化学反应也将释放出断裂的能量（$-\Delta F_k$）或裂纹的扩展力（$G_k = dF_k/dl$）。当化学药剂与未受外力作用的固体界面接触时，它们对内部裂纹的扩展没有什么影响，在这种情况下，$G_k=0$。但是，当固体受到拉应力及其他应力作用时，将使化学药剂分子向膨胀的晶体结构及裂纹中扩散。这样，承受拉应力的区域将产生化学吸附或化学反应，可促进物料的粉碎。

2.2.5　表面能与晶格键能

固体物料经粉碎后产生了新的表面，外力所做的功一部分转化为新生表面上的表面能。因此，表面能与粉碎耗能密切相关。要求的粉碎产品粒度越细、新生表面积越大，物料的表面能也就越大，能耗也就越高。表面能对研究物料的超细粉碎能耗以及分散和团聚现象非常重要。产生单位表面积所需的能量称之为比表面能，这是固体表面的一种重要性质。

① 液体中取任何切面，其上的原子排列均相同，故液体的比表面能在任何方向皆一样。固体则不然，界面上的原子排列方式与所取的切面的方向有关，从而由不饱和键组成的表面能也有方向性。

② 设有一各向异性的固体，两个不同方向的表面张力分别为 γ'_1 和 γ'_2，它们使面积在 1 和 2 两个方向上的增加分别为 dA_1 和 dA_2。由于比表面能是形成单位表面积所需的功，表面张力是将表面伸长一单位所需的功，因而有

$$\gamma'_1 dA_1 + \gamma'_2 dA_2 = d(A\gamma) = \gamma dA + A d\gamma \tag{2-20}$$

如为各向同性的固体，$\gamma'_1 = \gamma'_2 = \gamma'$ 及 $dA_1 = dA_2 = dA$，于是

$$\gamma' = \gamma + A\frac{d\gamma}{dA} \tag{2-21}$$

设想新表面的形成为两步，首先因断裂而出现新表面，但质点仍留在原处，然后质点在表面上重新排成平衡位置。由于固体的质点难以运动，所以液体的这两个步骤几乎同时完成，但固体的第二个步骤却滞后发生。即对于液体，$\frac{d\gamma}{dA}=0$，从而 $\gamma'=\gamma$，但是对于固体，γ' 与 γ 不能等同。

明确上述两点不同之后，下面将把液体的比表面能的热力学概念引申到固体。

设单位表面积的表面能（即比表面能）为 γ，使表面积增加 dA，对体系所做的功，即增大的那部分表面积上的表面能 γdA。体系又因吸热而膨胀，所做的功为 $-PdV$。在此过程中，比表面能与热力学函数的关系见表 2-2。将表中的情况加以推广：设在恒温、恒压及 $\sum n$ 种组分中有若干个表面，其中的一个表面 A_i 改变而别的 A_j 不变，可以写出

$$\gamma = (\partial G/\partial A_i)_{T,P,\sum n,A_j} \tag{2-22}$$

表 2-2　比表面能与热力学函数的关系

$dU = \delta Q = \delta W = TdS - pdV + \gamma dA$	
←— $H = U + PV$ —→ （焓） ←— U —→ | ←— PV —→ （内能） ←— TS —→←— $F = U - TS$ —→ | ←— PV —→ （自由能或等温等容位） ←— $G = U - TS$ —→ | ←— PV —→ （吉布斯自由能或等温等压位）	$dH = dU + PdV + VdP$ $= TdS + VdP + rdA$ $\gamma = \left(\frac{\partial H}{\partial A}\right)_{S,P}$ $dU = TdS - PdV + \gamma dA$ $\gamma = \left(\frac{\partial U}{\partial A}\right)_{S,V}$ $dF = dU - TdS - SdT$ $= -SdT - PdV + \gamma dA$ $\gamma = \left(\frac{\partial F}{\partial A}\right)_{T,V}$ $dG = dU - TdS - SdT + PdV + VdP$ $= -SdT + VdP + \gamma dA$ $\gamma = \left(\frac{\partial G}{\partial A}\right)_{S,P}$
总结：$\gamma = \left(\frac{\partial U}{\partial A}\right)_{S,V} = \left(\frac{\partial H}{\partial A}\right)_{S,P} = \left(\frac{\partial F}{\partial A}\right)_{T,V} = \left(\frac{\partial G}{\partial A}\right)_{T,P}$	

如所有的表面都改变，而各个固体表面上的表面能又不能相同，则整个体系的自由焓的变化为

$$dG = \left(\frac{\partial G}{\partial A_1}\right)dA_1 + \left(\frac{\partial G}{\partial A_2}\right)dA_2 + \cdots = \gamma_1 dA_1 + \gamma_2 dA_2 + \cdots \tag{2-23}$$

虽然各 γ_i 皆不能直接测定，各 A_i 也不能单独改变，但 dG 的符号和大小仍由它们决定。因此，表 2-2 中各公式表达的比表面能概念同样可适用于固体。

由表面能的热力学概念中知，增加表面积的过程，也就是增加内能、焓、自由能或自由焓的过程，所以不会自动进行，需要外力对体系做功。

影响固体比表面能的因素很多，除了物料自身的晶体结构和原子之间的键合类型之外，其他如空气中的湿度、蒸气压、表面吸附水、表面污染、表面吸附物等。所以固体的比表面能不如液体的表面张力那样容易测定。表 2-3 为部分矿物材料的比表面能。

表 2-3　部分矿物材料的比表面能

材料名称	比表面能（$\mu J \cdot cm^{-2}$）	材料名称	比表面能（$\mu J \cdot cm^{-2}$）	材料名称	比表面能（$\mu J \cdot cm^{-2}$）
石膏	40	方解石	80	石灰石	120
高岭土	500～600	氧化铝	1900	云母	2400～2500
二氧化钛	650	滑石	60～70	石英	780
长石	360	氧化镁	1000	石英碳酸钙	65～70
石墨	110	磷灰石	190	玻璃	1200

图 2-6 所示为几种标准矿物比表面能的比较，其中金刚石最大，石膏最小。由此可见，越是坚固和难粉的矿物，比表面能越大。

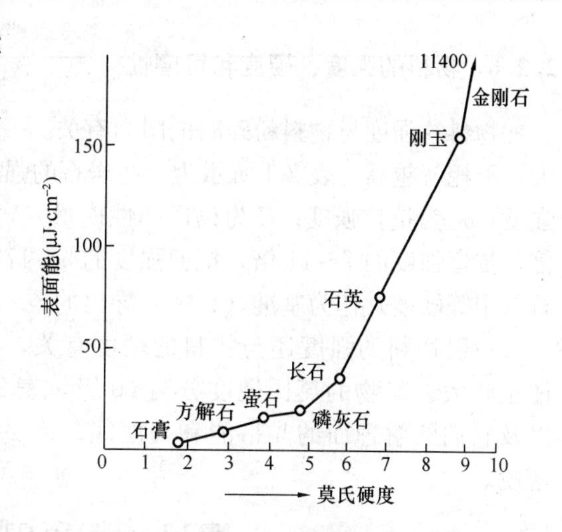

图 2-6　几种标准矿物比表面能的比较

固体颗粒表面将原子结合在一起的键合力与内部是不相同的。因此，固体物料粉碎时，系统晶格键能也将发生变化。对于单位质量的分散体系，晶格键能 E_k，可表示为

$$E_k = n_i e_i + n_s e_s = (n - n_s) e_i + n_s e_s = n e_i - n_s (e_i - e_s) \tag{2-24}$$

式中　$ne_i = E_u$——分散体系颗粒内部的键能或聚合能；

$n_s(e_i - e_s) = \gamma A$——分散体系的表面能，其中 γ 是比表面能，A 是表面积；

$n = n_i + n_s$——分散体系的总原子数（其中 i 表示颗粒内部的原子，s 表示颗粒表面的原子）。

将 E_u 及 γA 代入式（2-24）得

$$E_k = E_u - \gamma A \tag{2-25}$$

在粉碎过程中，系统晶格键能的变化为

$$\Delta E_k = \Delta E_u - \Delta(\gamma A) \tag{2-26}$$

现在考虑超细磨矿过程的三个阶段，单位质量分散体系晶格键能的变化。

（1）初始阶段。颗粒的相互作用可以忽略。这时，颗粒内部键能的变化为零，比表面积增大，晶格键能的变化为

$$\Delta E_k = -\gamma \Delta A \tag{2-27}$$

这时物料的粉碎能耗大体上与新生的表面积成正比。

（2）弱聚结阶段。这时颗粒之间有相互作用，但其作用力主要是范德华氏力，比较弱。因此系统的比表面仍然增加（虽然增加的速度较初始阶段有所减缓）。颗粒之间较弱且可逆的聚结作用虽然对比表面能有所影响，但颗粒内部的键能变化很小。因此，其晶格键能的变化为

$$\Delta E_k = -\Delta(\gamma A) \tag{2-28}$$

这时物料的粉碎能耗不与新生的比表面积成正比。

（3）团聚阶段。颗粒之间有较强及不可逆的相互作用（共结晶、机械化学反应等），这时，颗粒内部的键能及比表面能都将发生变化，系统的分散度下降，被磨物料的粒度可能变粗。因此，其晶格键能的变化为

$$\Delta E_k = \Delta E_u - \Delta(\gamma A) \tag{2-29}$$

显然，团聚降低了粉碎效率，增加了能耗。超细粉碎过程中应该避免团聚现象的发生。

2.2.6 物料的强度、硬度和可磨性

物料的强度与物料粉碎时的阻力有关。一般来说，强度越高，粉碎时的阻力也就越大，能耗就越高。表 2-4 所示为一些岩石的强度以及它们的相对可磨度。表中 σ 为抗压强度；σ_h 为抗拉强度；E 为杨氏弹性模量。岩石的抗压强度大约是抗拉强度的 10～40 倍，抗弯强度的 7～11 倍，抗剪强度的 5～17 倍。表中相对可磨度一栏中的值是以石灰石（中等硬度）作为基准（1.00）导出的。

一般物料的强度还与物料的硬度有关，硬度高的物料其强度和粉碎时的阻力往往也较大。矿物的莫氏硬度分为 10 级，表 2-5 所列为莫氏硬度从 1～10 的典型矿物以及它们的解理面的晶格能和表面能。表 2-6 列出了一些非金属矿物的莫氏硬度及密度。

表 2-4 一些岩石和非金属矿物的强度

岩石或矿物	密度 ρ $(g \cdot cm^{-3})$	强度（MPa）			$\frac{\sigma^2}{E}$	相对可磨度
		σ	σ_h	$10^{-3}E$		
玄武岩	2.91	200	10.4	80	5.00	0.40
黏土	2.51	5	1.1	25	0.01	200.0
黏土页岩	2.60	40	—	15	1.07	1.87
白云石	2.74	115	—	29	4.56	0.44
辉长岩	2.83	150	—	80	2.81	0.71
片麻岩	2.71	125	2.1	30	5.22	0.38
花岗岩	2.66	140	4	50	3.92	0.51
石墨	1.75	90	—	8	10.12	0.20
硬煤	1.50	40	2.6	20	0.80	2.50
石灰石	2.66	100	4.5	50	2.00	1.00
大理石	2.65	115	6	60	2.20	0.91
石英	2.66	210	—	90	4.90	0.41
砂岩	2.60	85	2	13	5.55	0.36
蛇纹石	2.83	145	—	50	4.20	0.48
滑石	2.83	75	—	95	0.59	3.39

表 2-5 典型矿物的莫氏硬度

矿物名称	莫氏硬度	晶格能 $(kJ \cdot mol^{-1})$	表面能 $(\mu J \cdot cm^{-2})$
滑石	1	—	—
石膏	2	620	40
方解石	3	648	80
萤石	4	638	150
磷灰石	5	1050	190
长石	6	2700	360
石英	7	2990	780
黄晶	8	3434	1080
刚玉	9	3740	1550
金刚石	10	4000	—

表 2-6　一些非金属矿物的莫氏硬度及密度

矿物	密度（g/cm³）	莫氏硬度	矿物	密度（g/cm³）	莫氏硬度
石墨	2.1～2.2	1	菱镁石	2.9～3.1	4～4.5
石膏	2.3	5～2	角闪石	2.9～3.4	5.5～6.5
水铝矿	2.35	2.5～3.5	萤石	3.0～3.2	4
正长石	2.5～2.6	6	磷辉石	3.2	5
斜长石	2.6～2.8	6～6.5	蓝晶石	3.2～3.7	7～7.5
石英	2.5～2.8	7	金刚石	3.5	10
方解石	2.6～2.8	2～3	金红石	4.2～4.3	6～6.5
滑石	2.7～2.8	1	重晶石	4.3～4.7	3.5
白云石	2.8～2.9	3.5～4			

如以实验室材料试验机测定的物料的抗压强度为标准，可将抗压强度大于250MPa的物料称为坚硬物料，400～250MPa的物料称为中硬物料，小于40MPa的物料称为软物料（表2-7）。

此外，对于同一种物料，其强度还与其粒度大小有关。如图2-7所示，随着粒度的减小，颗粒的强度增大。这是因为随着粒度的减小，颗粒的宏观和微观裂纹减小，颗粒质量趋于均匀且缺陷减少。所以，粒度越细，粉碎时的阻力也就越大，能耗也越高。

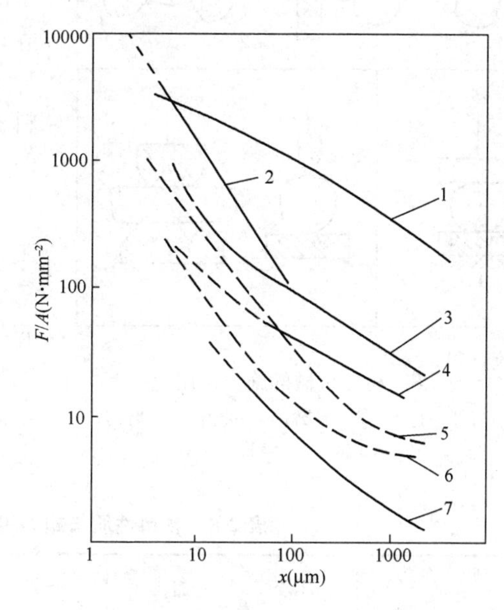

图 2-7　颗粒的强度与粒度的大小的关系

1—玻璃球；2—碳化硼；3—水泥熟料；4—大理石；5—石英；6—石灰石；7—烟煤

表 2-7　物料的粉碎强度分类

软物料	中硬物料	坚硬物料	最坚硬物料
石棉	石灰石	花岗岩、石英岩	铁燧岩、硬质石英岩
石膏	白云石	铁矿石、暗色岩	花岗岩、硬质暗色岩
板石（页岩）	砂岩	砾石、玄武岩	花岗岩、砾石
软质石灰石	泥灰石	斑麻岩、辉绿岩	刚玉、碳化硅
滑石、石膏	岩盐	辉长岩、金属矿石	硬质熟料
黏土矿物等	杂有石块的黏土等	矿渣、电石、烧结物等	烧结镁砂等

2.2.7　粉碎机械的施力作用

粉碎机械的粉碎工具（如棒、板、锤头、钢球、瓷球、锆珠等）或产生的高速气流对物料施力使其粉碎，如图 2-8 所示。施力的种类有压碎、弯曲、剪切、劈碎、研磨、打击或冲击等。施力的作用很复杂，多数情况是若干种施力作用同时存在。

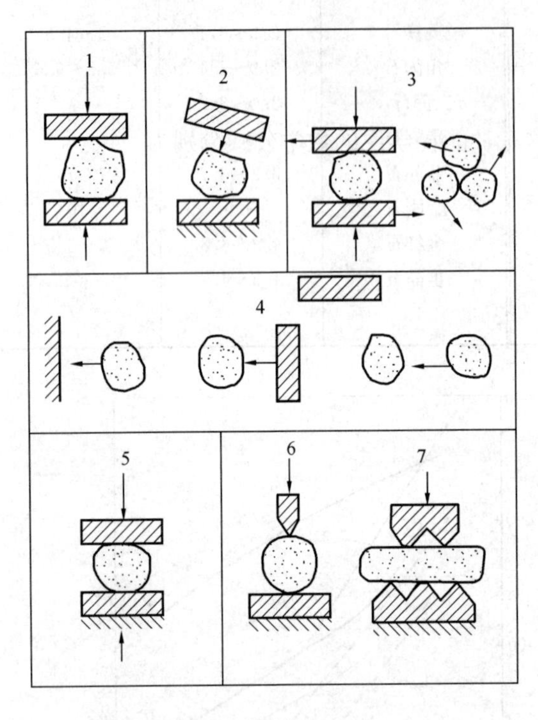

图 2-8　粉碎机械的施力作用

1—压碎；2—打击；3—研磨；4—冲击；5—剪切；6—劈碎；7—弯曲

矿石粉碎施力种类的选择因物料性质、粒度及对粉碎产品的粒度要求而异，一般原则如下：①粒度较大或中硬度的物料——压碎、冲击或打击、弯曲等；②粒度较小的坚硬物料——压碎、冲击、研磨、剪切等；③粉状或泥状物料——研磨、冲击、压碎等；④磨蚀性弱的物料——冲击、打击、劈碎、研磨等；⑤磨蚀性较强的物料——以压碎为主；⑥韧性物料——剪切或高速冲击；⑦建材工业的石料——打击、冲击或压碎等；⑧多组分物料——冲击作用下的选择性粉碎。

物料性质与施力种类的关系列于表 2-8。

表 2-8　物料性质与施力种类的关系

物料性质＼施力种类	压碎	打击	研磨	冲击	剪切	弯曲（劈碎）
硬耐磨物料	+	+	—	+	—	—
硬脆性物料	+	+	—	+	—	—
硬韧性物料	+	+	—	—	—	—
中等硬度物料	+	+	+	+	0	—
软弱性物料	—	—	+	—	+	+
纤维状物料	0	—	+	+	+	+
热敏性物料	—	0	—	0	+	+
湿黏性物料	0	—	+	—	+	+
软脆性物料	+	+	+	+	+	0

2.2.8　粉碎能耗理论

粉碎物料时，粉碎工具对矿粒施力，当作用力超过矿粒之间的结合力时，矿粒被粉碎。外力所做的功称为粉碎功耗或能耗，主要消耗于以下几个方面：①粉碎机械传动中的能耗；②颗粒在粉碎发生之前的变形能和粉碎之后的储能；③被粉碎物料新增表面积的表面能；④颗粒晶体结构变化所消耗的能；⑤研磨介质之间的摩擦、振动及其他能耗。

关于粉碎能耗，迄今已提出了多种理论或假说，其中最著名的有雷延格（Rittinger）的表面积假说（1867年）、基克（Kick）的体积学说（1883年）和邦德（F. C. Bond）的裂纹扩展说（1952年），这三种能耗学说的数学公式分别为

基克学说：
$$W_K = k_K \lg \frac{D}{d} \tag{2-30}$$

邦德学说：
$$W_B = k_B\left(\frac{1}{\sqrt{d}} - \frac{1}{\sqrt{D}}\right) \tag{2-31}$$

雷延格学说：
$$W_R = k_R\left(\frac{1}{d} - \frac{1}{D}\right) \tag{2-32}$$

式中　W——粉碎所需的功；

k——比例系数；

D——给料平均粒度；

d——产物平均粒度。

其中邦德假说中，$k_B \propto W_i$。W_i可在一定程度上表示物料粉碎难易程度，称之为功指数，单位为kW·h/t。W_i值是对给定的物料在标准情况下用实验测定，然后用经验公式修正的，其物理意义是在一定直径的实验室磨机内，粒度极大的给料机粉碎至80%小于100μm的产品所需的比能耗。表2-9是一些非金属矿和岩石的功指数。

表2-9　一些非金属矿和岩石的功指数W_i

物料	功指数W_i (kW·h/t)	物料	功指数W_i (kW·h/t)	物料	功指数W_i (kW·h/t)
长石	11.67	铝矾土	9.45	板石	13.83
燧石	26.16	黏土	7.10	闪长岩	19.40
磷酸盐矿石	10.13	煅烧黏土	1.43	白云石	11.31
浮石	11.93	金红石矿	12.12	辉长岩	18.54
石英岩	12.18	砂岩	11.53	石榴石	12.37
石英	12.77	石灰石	11.61	片麻岩	20.13
正长岩	14.90	云母	134.50	花岗岩	14.39
钛矿	11.88	页岩	16.40	石墨	45.03
安山岩	22.13	硅石	13.53	砾石	25.17
重晶石	6.24	石英砂	16.46	蓝晶石	18.87

这三个能耗学说均是20世纪50年代之前提出来的，而超细粉碎的大规模工业化生产则是在20世纪60～70年代之后。因此，这三个学说均不是针对超细粉碎作业提出来的。据芬兰R. T. Hukky等人的验证研究，基克学说适用于产物粒度大于50mm的粉碎

作业；邦德学说适用于产物粒度 50～0.5mm 的粉碎作业；雷廷格学说适用于产物粒度 0.5～0.075mm 的细磨作业。显然，这三种能耗学说不适用于产物粒度小于 45μm 的超细粉碎作业的能（功）耗计算。

1957 年，R. I. Charles 提出了一个能耗微分式

$$dW = -cx^{-n}dx \tag{2-33}$$

式中　dW——颗粒粒度减小 dx 时的粉碎能耗；

x——颗粒粒度；

c、n——系数。

式（2-33）的积分式可表示为

$$W = \int_D^d -cx^{-n}dx \tag{2-34}$$

式中　D、d——物料粉碎前和粉碎后的平均粒度。

若分别以 n=1、1.5、2 代入式（2-34）进行积分，即分别得到上述的基克、邦德和雷廷格学说公式。这说明上述三个能耗学说可以用一个公式来概括。

一般，对于 $n>1$，积分式（2-34）得

$$W = c\left(\frac{1}{d^{n-1}} - \frac{1}{D^{n-1}}\right)/n-1 = k\left(\frac{1}{d^m} - \frac{1}{D^m}\right) \tag{2-35}$$

式中　$m=n-1$；$k=\dfrac{c}{n-1}$。

令 $\dfrac{D}{d}=i$，则式（2-35）可写成

$$W = \frac{k}{D}(i^m - 1) \tag{2-36}$$

m 与物料的性质、产物粒度及粉碎设备类型等有关。显然，式（2-36）中，当 m=1 时，即为雷廷格面积学说公式。

对于产物粒度 75～10μm 的中等硬度矿物，如方解石、石英、重晶石的细磨，用实验室圆筒式球磨机进行的试验研究得出，其 m 值分别为 1.23、1.25 和 1.21。即其粉碎能耗计算式分别为

方解石：
$$W = k\left(\frac{1}{d^{1.23}} - \frac{1}{D^{1.23}}\right) = \frac{k}{D}(i^{1.23} - 1) \tag{2-37}$$

石英：
$$W = k\left(\frac{1}{d^{1.25}} - \frac{1}{D^{1.25}}\right) = \frac{k}{D}(i^{1.25} - 1) \tag{2-38}$$

重晶石：
$$W = k\left(\frac{1}{d^{1.21}} - \frac{1}{D^{1.21}}\right) = \frac{k}{D}(i^{1.21} - 1) \tag{2-39}$$

M. C. Kerr 等人的研究表明，对于产物粒度全部小于 10μm 的氧化铝微粉的超细粉碎，m 值不仅与超细粉碎设备，还与浆料浓度及磨机转速等工艺参数有关。表 2-10 所示是氧化铝湿式超细粉碎时，不同类型磨机及研磨条件下的 m 值。

表 2-10　不同设备及粉碎条件下粉碎氧化铝的 m 值

粉碎设备	浆料浓度（%）	转速（$r \cdot min^{-1}$）	m
旋转筒式球磨机	30	80	3.2
	40	80	2.5
搅拌球磨机	30	200	2.5
	40	200	2.0
	40	900	2.0

m 值还与被粉碎物料的硬度有关，用搅拌球磨机进行的试验研究得出，对于高技术陶瓷原料钛酸钡的超细粉碎（产物粒度全部小于 10μm），m 为 6～7。

由此可见，超细粉碎作业的能耗规律是复杂的，除了给料粒度和产品细度外，还与物料的性质、粉碎设备类型、粉碎工艺参数及操作条件等因素有关。

在超细粉碎过程中，当物料种类、给料粒度、粉碎设备、工艺参数及操作条件等一定时，粉碎所耗能量取决于产品粒度及其分布或比表面积。

在前述 Charles 微分式中，考虑粉碎产品的累积粒度特性服从一定的函数分布或方程式，即设

$$y = f(x) \tag{2-40}$$

$$\mathrm{d}y = f'(x)\mathrm{d}x \tag{2-41}$$

则粉碎能耗 W 可表示为

$$W = \int_0^{d_{\max}} \int_D^d \left(-c\frac{\mathrm{d}x}{x^n}\right)\mathrm{d}y = \int_0^{d_{\max}} \left(-c\frac{\mathrm{d}x}{x^n}\right) f'(x)\mathrm{d}x \tag{2-42}$$

因此，已知粉碎产品的粒度组成函数或粒度特性方程式，即可用式（2-42）计算所需的能量。例如，设产品粒度特性适用于罗辛-拉姆勒方程，即

$$y = 1 - \exp\left[-\left(\frac{x}{a}\right)^m\right] \tag{2-43}$$

$$y' = \frac{m}{a^m}x^{m-1}\exp\left[-\left(\frac{x}{a}\right)^m\right]\mathrm{d}x \tag{2-44}$$

将式（2-44）代入式（2-42）中，得

$$W = \int_0^{d_{\max}} \int_D^d \left(-c\frac{\mathrm{d}x}{x^n}\right)\frac{m}{a^m}x^{m-1}\exp\left[-\left(\frac{x}{a}\right)^m\right]\mathrm{d}x \tag{2-45}$$

积分式（2-45），得

$$W = \frac{ca^{1-n}}{n-1}\Gamma\left(\frac{m-n+1}{m}\right) \tag{2-46}$$

令

$$B = \frac{c}{n-1}\Gamma\left(\frac{m-n+1}{m}\right) \tag{2-47}$$

则
$$W = Ba^{1-n} \tag{2-48}$$

式（2-48）两边取对数，得

$$\lg W = (1-n)\lg a + \lg B \tag{2-49}$$

已知粒度模数 a 及测定出粉碎所耗能量 W 之后，在对数坐标中，$\lg W$ 与 $\lg b$ 的关系为一直线，从而可求出参数 n 及 b 的值。

如果给料的粒度特性也符合罗辛-拉姆勒粒度特性方程，其粒度模数和分布模数分别为 a_0 和 m_0，则有

$$W = \frac{c}{n-1}\left[a^{1-n}\Gamma\left(\frac{m-n+1}{m}\right)a_0^{1-n}\Gamma\left(\frac{m_0-n+1}{m_0}\right)\right] \tag{2-50}$$

或
$$W = b(a^{1-n} - a_0^{1-n}) \tag{2-51}$$

其中，
$$b = \frac{c}{n-1} \tag{2-52}$$

这就是宫胁诸之介推导出的与罗辛-拉姆勒粒度特性方程相关的粉碎能耗公式。

在一定的粉碎设备和粉碎条件下，被粉碎物料存在“粉碎极限”。一些学者从出现“粉碎极限”时物料的比表面积出发，提出了与能耗有关的极限比表面积理论。

1954 年，田中达夫提出

$$\frac{\mathrm{d}S}{\mathrm{d}W} = k(S_\infty - S) \tag{2-53}$$

式中 S——比表面积；

W——粉碎能耗；

S_∞——极限（或粉碎平衡时）比表面积（图 2-9）；

k——系数。

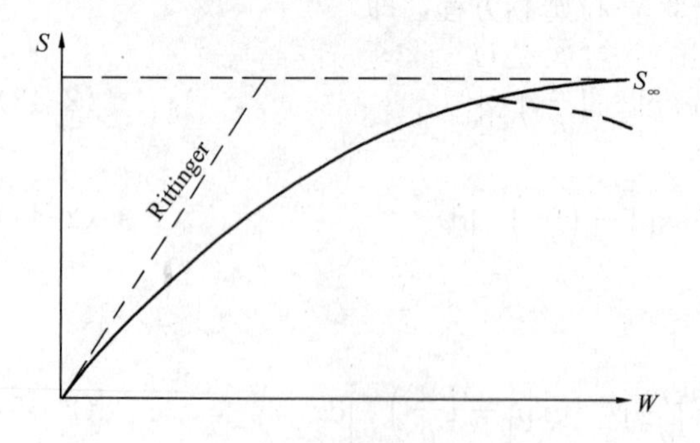

图 2-9 粉碎极限的表示方法

将式（2-53）积分，且当 $S_\infty \gg S$ 时，可得

$$S = S_\infty(1 - e^{-kW})\ (k\ 为系数) \tag{2-54}$$

1967 年，C · C 哈里斯（Harris）提出修正式为

$$S = \frac{S_\infty}{\left(\frac{a}{A}\right)^n + 1} \tag{2-55}$$

式中 a、n——均为系数。

除了表面能的增加之外，粉碎能还可能消耗于表面能的增加和其后转为热能和弹性能的储存以及固体表面某些机械化学性质的变化。综合考虑这些因素提出的能耗公式为

$$\eta_m W = ke\ln\frac{S}{S_0} + [ke + (\beta l + \gamma)S_\infty]\ln\frac{S_\infty - S_0}{S_\infty - S} \tag{2-56}$$

式中 η_m——机械的粉碎效率；

W——粉碎能耗；

k——与粉体颗粒形状有关的系数；

S——粉碎产物的比表面积；

S_0、S_∞——粉碎开始时和达到粉碎平衡时的比表面积；

e、β——比弹性变形能和比塑性变形能；

l——物理化学变形层的厚度。

2.2.9　热力学效率与能量利用率

与机械能相关的超细粉碎工艺过程是非常复杂的，这一过程中，除了固体颗粒的变形、裂纹形成及其扩展以及粉碎外，还伴随着晶格振动、晶格缺陷的形成和转移、非晶态化和新相的形成等所谓机械化学的变化，系统的内能、熵、自由焓等热力学性质也必然发生变化。这些变化直接关系到粉碎过程的效率和能量利用率。粉碎过程热力学就是从热力学的角度研究粉碎过程、能量利用率和粉碎效率。

设粉碎单元作业为一稳态系统，粉碎机入料和出料的热力学状态参数分别为温度 T_1、T_2，压力 P_1、P_2，体积 V_1、V_2，热 Q_1、Q_2，内能 U_1、U_2，熵 S_1、S_2，输入功 W、与环境的热交换（即散热）为 Q_0。对于单位质量的被粉碎物料，如果不考虑其势能和动能的变化，根据热力学第一定律，可写出

$$W-Q_0+U_1+V_1P_1+Q_1=U_2+V_2P_2+Q_2 \tag{2-57}$$

$$W-(Q_0+Q_2+Q_1)=(U_2+V_2P_2)-(U_1+V_1P_1) \tag{2-58}$$

令

$$Q=Q_0+Q_2-Q_1$$

又因为

$$U_2+V_2P_2=H_2,\ U_1+V_1P_1=H_1$$

所以

$$W-Q=H_2-H_1=\Delta H \tag{2-59}$$

式中　H_1、H_2——分别为粉碎机入料和出料的焓，ΔH 为焓的变化。

如果粉碎过程中给料和排料的压力变化很小，且体积变化也可忽略，则有

$$W-Q=\Delta U \tag{2-60}$$

式中　ΔU——内能的变化。

设粉碎过程中环境的温度为 T，则系统与环境的热交换使环境中熵的变化为 $\Delta S_0=\dfrac{Q_0}{T}$；因被粉碎物料升温而增加的熵值变化为 $\Delta S=S_2-S_1=\dfrac{Q_2}{T_2}-\dfrac{Q_1}{T_1}$；因此，粉碎系统总的熵值变化为

$$\Delta S_{总}=\Delta S_0+\Delta S \tag{2-61}$$

将式（2-61）代入式（2-59）得

$$W=T\Delta S+\Delta H \tag{2-62}$$

根据热力学第二定律，$\Delta S \geqslant 0$。对于粉碎作业，因是一个需消耗外功的不可逆过程，

$\Delta S>0$，过程的损失功为

$$W_e = T\Delta S \tag{2-63}$$

由此可见，粉碎过程的不可逆性越大，ΔS 越大，粉碎过程中变为不可利用的能量（即损失功）也就越大。如果以完全可逆过程所需的功为理想功，那么，对于实际的粉碎过程，其需要的功为

$$W_s = W_i + W_e \tag{2-64}$$

式中　W_i——基于完全可逆过程的最小需要功。

对于发生与完全可逆过程相同状态变化的实际的粉碎过程，其热力学效率可表示为

$$\eta = \frac{W_i}{W_s} \tag{2-65}$$

对于分段完成的过程，损失功为每一段损失功的和，因此，对于需要功的粉碎过程

$$W_s = W_i + \Sigma W_e \tag{2-66}$$

$$\eta = \frac{W_s - \Sigma W_e}{W_s} \tag{2-67}$$

由比表面能的热力学概念可知，系统内能或焓增加的过程也就是增加表面能的过程。但是内能或焓并不等于表面能，这是因为内能的变化还包括形变储能及晶格键能等的变化，而粉碎过程中只有物料表面能增加所消耗的外功才是真正的用于其粒度减小的有用功。因此一般用式（2-68）来计算粉碎过程的热力学效率

$$\eta = \frac{E_s}{W} = \frac{\gamma\Delta A}{W} \tag{2-68}$$

式中　E_s——被粉碎物料的表面能；

ΔA——物料的粉碎后新增的比表面积；

γ——物料的比表面能。

经量热计测定，石英和重晶石的热力学粉碎效率为

石英：$$\eta = \frac{920 \sim 925}{7000 \sim 117000} \times 100\% = 0.8\% \sim 1.3\%$$

重晶石：$$\eta = \frac{310}{71600} \times 100\% = 0.43\%$$

由此可见，粉碎作业的热力学效率很低，但是不同研究者得出的结论是有争议的。Rose 等人研究认为，表面能只占整个磨矿能耗的 0.3%；而 Hiorns 研究得出，5%～10%的磨矿能耗用于被粉碎物料新增比表面积。需要指出的是，即使对于同一种物料，相同的给料粒度，选用不同粉碎设备所得的热力学粉碎效率肯定是不同的；如果磨矿细度不同，那么粉碎热力学效率无疑也将不同。

K. Tkavova 用黄铁矿、方解石和菱镁矿作试料，在“量热计磨机”中细磨，测定磨细前后物料的溶解热来确定物料内能的变化，得出磨矿过程的不可逆储能为

$$W - Q = \Delta U_{m} + \Delta U_{i} \tag{2-69}$$

式中 W——磨矿能耗；

Q——总的热损失；

ΔU_{m}——被磨物料内能的增加；

ΔU_{i}——研磨介质内能的增加。

在“量热计磨机”中进行的一系列试验表明，大约 25%～30%的输入能积蓄在物料中（即消耗于增加物料和介质的内能）。

2.3 超细粉碎过程机械力化学

粉碎不仅是物料粒度减小的过程，物料在受到机械力作用而被粉碎时，在粒度减小的同时还伴随着被粉碎物料晶体结构和物理化学性质不同程度的变化。这种变化对相对较粗的粉碎来说是微不足道的，但对于超细粉碎来说，由于粉碎时间较长、粉碎强度较大以及物料粒度被粉碎至微米级或小于微米级，这些变化在某些粉碎工艺和条件下显著出现。这种因机械超细粉碎作用导致的被粉碎物料晶体结构和物理化学性质的变化称为粉碎过程机械化学或机械化学效应。这种机械化学效应对被粉碎物料的应用性能产生一定程度的影响，正在有目的地应用于对粉体物料进行表面活化处理。

粉碎过程的机械化学变化主要包括：①被激活物料原子结构的重排和重结晶，表面层自发的重组，形成非晶质结构；②外来分子（气体、蒸汽、表面活性剂等）在新生成的表面上自发地进行物理吸附和化学吸附；③被粉碎物料的化学组成变化及颗粒之间的相互作用和化学反应；④被粉碎物料物理性能的变化。

这些变化并非在所有的粉碎作业中都有显著存在，它与机械力的施加方式、粉碎时间、粉碎环境以及被粉碎物料的种类、粒度、物化性质等有关。研究表明，只有超细粉碎或超细研磨过程，上述机械化学现象才会出现或检测到。这是因为超细粉碎是单位粉碎产品能耗较高的作业，机械力的作用力强度大，物料粉碎时间长，被粉碎物料的比表面积大、表面能高。

2.3.1 晶体结构的变化

在超细粉碎过程中，由于强烈和持久机械力的作用，粉体物料不同程度地发生晶格畸变，晶粒尺寸变小、结构无序化、表面形成无定形或非晶态物质，甚至发生多晶转换。这些变化可用 X 衍射、红外光谱、核磁共振、电子顺磁共振以及差热仪等进行检测。

因粉碎作用引起的粉体物料的晶格畸变 η、晶粒尺寸 D_{c}（mm）可用 Hall 公式进行计算

$$\beta\cos\theta/\lambda = 1/D_{c} + 2\eta\sin\theta/\lambda \tag{2-70}$$

式中 β——实际的 X 射线的积分宽度；

θ——衍射角度；

λ——X 射线的波长。

反映结构变化的有效德拜参数（effect temperature factor）可用式（2-71）计算

$$\ln(I/I_0) = \ln k - 2B_{\text{eff}}(\sin^2\theta/\lambda^2) \tag{2-71}$$

式中 I、I_0——被测试样品和标准试样的衍射峰强度；

k——常数。

物料结晶程度随衍射峰强度的变化而变化，可用 Stricket 公式进行计算

$$k = I/I_0 \times 100\% \tag{2-72}$$

石英是晶体结构和化学组成最简单的硅酸盐矿物之一，也是人们较早认识到机械能诱发结构变化和较全面研究粉碎过程机械化学现象所选择的矿物材料之一。图 2-10 是用振动磨研磨石英所得到的 X 射线衍射曲线以及晶粒尺寸和晶格扰动随时间的变化。通过将微分方程应用于表示晶体变化与时间的关系，计算得出在研磨的最初阶段以晶粒减小为主，但是随着研磨时间的延长，当粉碎达到平衡后，伴随有重结晶和表面的无定形化。

基于无定形材料的数量及比表面积数据，Rehbinder 和 Hodakov 曾计算了无定形表面层。结果发现，对于粗粒研磨石英，表面变形层为 2nm。但是，在干磨过程中该变形增加到几十纳米，在很长一段研磨时间之后，整个颗粒变成无定形材料。在湿磨时，所检测到的样品的溶解度较小。但这决不表明石英在湿磨过程中不形成无定层。其主要原因是，颗粒的无定形在湿磨过程中不断被溶解在水中。此外，水介质的冷却散热作用和润湿作用（减小粘附）也是湿磨过程中是相互转换和无定形化较轻的原因之一。

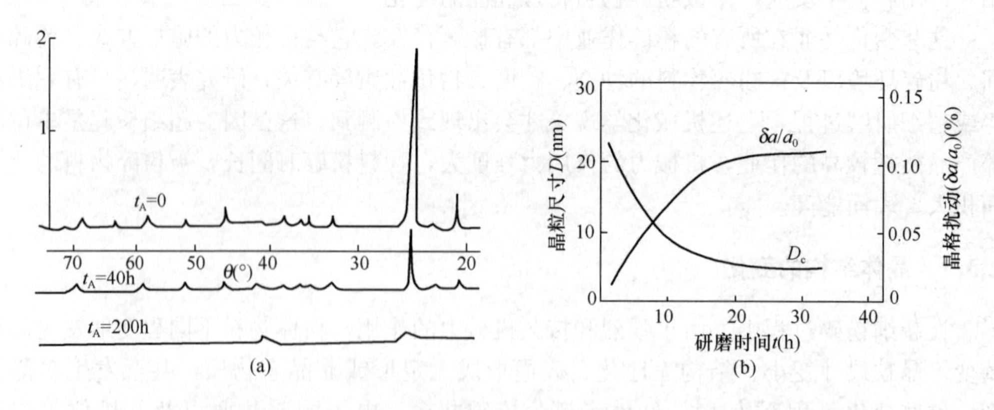

图 2-10 石英的 X 射线衍射和晶粒尺寸及晶格扰动随研磨时间的变化

（a）振动磨研磨石英所得的 X 射线衍射曲线；（b）晶粒尺寸和晶格扰动随研磨时间的变化

层状硅酸盐矿物（高岭土、云母、滑石、膨润土、伊利石等）在超细粉碎加工过程中的机械激活作用下不同程度地失去其有序晶体结构并无定形化。由于在这些矿物中无定形一般与晶体结构中脱羟基且键能下降有关，因此，除了 X 射线衍射外，这些矿物在超细研磨中的结构变化也可用热分析（DTA 和 DTG）以及红外光谱（IR）等来进行检测。图 2-11 所示为各种不同层状硅酸盐矿物在细磨后差热曲线的变化。

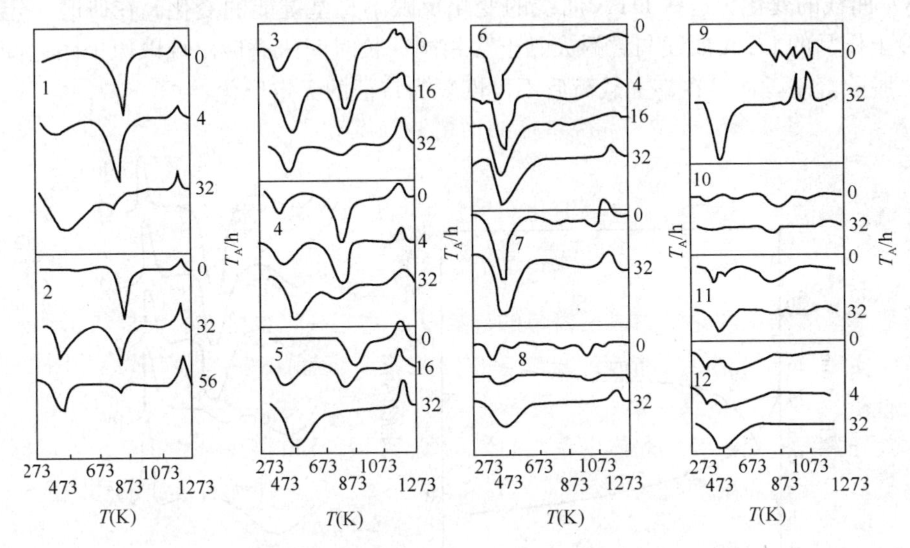

图 2-11　各种不同层状硅酸盐矿物在细磨后差热曲线的变化

1—高岭土；2—水洗高岭土；3—高岭岩；4—耐火黏土；5—含高岭土的地开石；6，7—膨润土；8—伊利石；9—含绿泥石的滑石；10—滑石；11—沸石；12—火山灰

表 2-11 所列为用实验室振动球磨机对高岭土进行干磨后高岭土衍射峰强度的变化。

表 2-11　高岭土衍射峰强度的变化

衍射面	磨矿时间（h）						
	0	6	12	24	48	96	192
	衍射强度						
001	2961	3801	3696	3086	2163	1534	1084
002	2806	3465	3480	2951	1939	1499	1184
003	396	460	488	419	333	280	224
020	746	743	750	729	724	545	460
$1\bar{1}0$	1350	754	738	694	678	—	—

从表 2-11 中可以发现两种情形：一种是（001）衍射面强度的变化，在磨矿开始阶段该衍射方向的强度增大，达到最大值后迅速下降，然后逐渐趋于平缓；另一种情形是除了（001）衍射方向以外的衍射强度变化在整个磨矿过程中呈下降趋势。这种强度变化反映出高岭石晶体结构的变化。磨矿最初阶段，高岭石沿（001）面发生解理，增加了（001）方向的衍射几率，从而使（001）面衍射强度增大。但是，随着磨矿的进行，解理作用逐渐减缓直至停止，晶体结构逐步无序化，从而使衍射强度达到最大值后迅速下降。和（001）衍射方向不同，高岭石其他结晶方向是晶体断裂方向，有序排列的晶面随磨矿过程不断减少，有序程度下降，从而在整个磨矿过程中，衍射强度不断下降。

图 2-12 是在振动磨中研磨后高岭土晶体尺寸（D_c）、无定形（RAm）及差热

(DTA) 曲线的变化。这些 DTA 曲线的变化反映了羟基键能的变化。在研磨一定时间后高岭土样品的 DTA 曲线与"耐火黏土"相同。长时间研磨后出现以原子团之间键合断裂、脱除羟基，而且在卸去载荷后不再恢复为特征的无定形化。

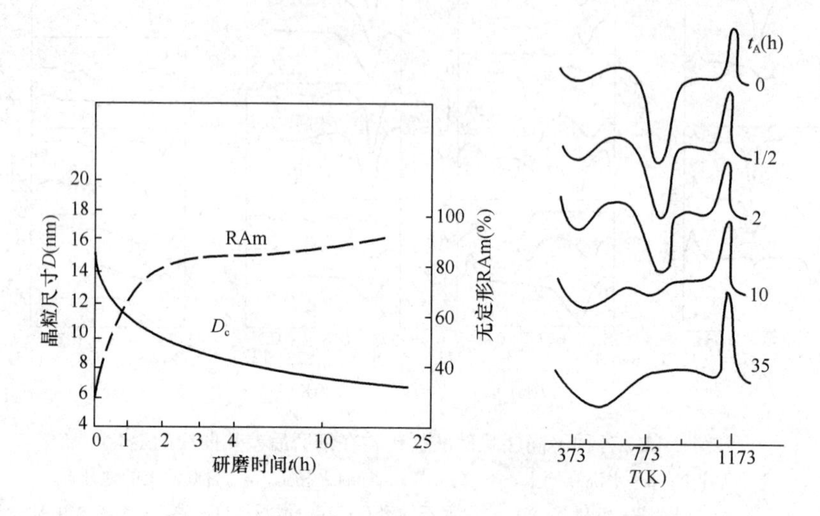

图 2-12　在振动磨中研磨后高岭土晶体尺寸 (D_c) 无定形 (RAm) 及差热 (DTA) 曲线的变化

在滑石和叶蜡石的研磨中，当磨至 Mg^{2+} 成为可交换离子后，开始出现无定形化。图 2-13 所示为在振动磨中研磨一定时间后，叶蜡石的 DTA 曲线。结果表明，研磨 32h 后已部分产生无定形化。

用振动磨研磨 MgO 时也发现，随研磨时间的延长，晶粒尺寸连续减小，晶格扰动不断增大 (图 2-14)。

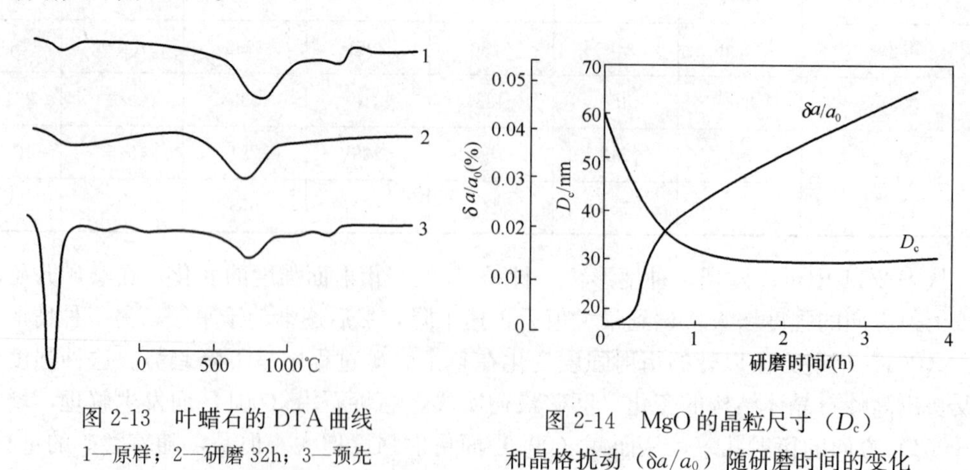

图 2-13　叶蜡石的 DTA 曲线

1—原样；2—研磨 32h；3—预先用 $MgCl_2$ 处理后研磨 48h

图 2-14　MgO 的晶粒尺寸 (D_c) 和晶格扰动 ($\delta a/a_0$) 随研磨时间的变化

方解石在研磨中转化为菱形的霰石。这种转变在室温和常压下不稳定，也即方解石与霰石的转化是可逆的。将方解石或霰石长时间研磨后这两种产物的比例基本相等。图

2-15 所示为研磨中的机械力大小对方解石向霰石转换的影响。霰石在研磨达到临界点时出现，而且其所占的比例随研磨机械力的增大而增加。霰石的形成是通过方解石晶格的扰动来进行的。

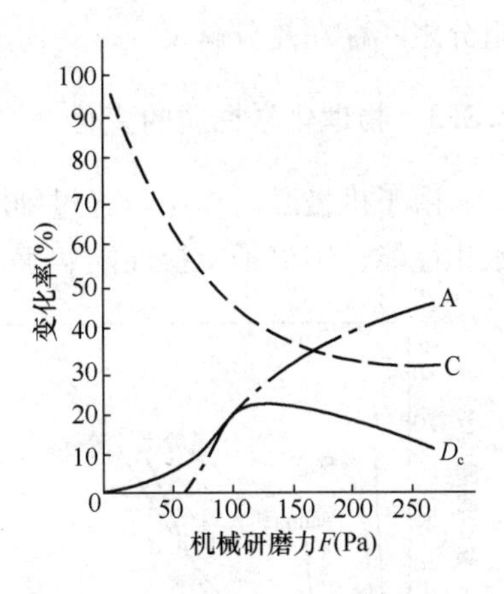

图 2-15　方解石（C）转化为霰石（A）其晶粒尺寸（D_c）的变化与机械研磨力（F）之间的关系

2.3.2　机械化学反应

由于较强的机械激活作用，物料在超细粉碎过程中的某些情况下直接发生化学反应。反应类型包括分解、气—固、液—固、固—固反应等。

有许多关于碳酸盐在机械研磨作用下分解的报道：如在真空磨机中研磨方解石、菱镁矿、霰石及铁晶石时分解出二氧化碳；碳酸钠、碱土金属等的碳酸盐在研磨中也发生分解；在气流磨中粉碎时也发现了二氧化碳的形成和碳酸盐含量的下降。当碳酸锌在二氧化碳气氛中研磨时，观察到碳酸锌的反应（$ZnCO_3 \longrightarrow ZnO + 2CO_2\uparrow$）是可逆的，其平衡点取决于研磨的方式。对于碱土金属碳酸盐，在室温下其分解反应常数很小。

除了碳酸盐矿物外，其他物料在研磨中也观察到发生机械化学分解。如过氧化钡分解产生氧化钡。一些含有结构水（—OH）的氢氧化物和硅酸盐矿物在研磨中直接按下式分解

$$2(M—OH) \longrightarrow M_2O + (H_2O)\uparrow$$

延长研磨时间，在均相反应期间产生的硅酸盐凝胶分解

$$(M_2O)\cdot(H_2O)_{gel} \longrightarrow M_2O + (H_2O)\uparrow$$

多种物料的机械混磨可导致固—固机械化学反应，生成新相或新的化合物。如方解石或石灰石与石英一起研磨时生成硅酸盐和二氧化碳。其反应式为

$$CaCO_3 + SiO_2 = CaO\cdot SiO_2 + CO_2\uparrow$$

图 2-16 所示为石灰石和石英混磨不同时间后的 X 射线衍射图和差热分析曲线。结果发现，研磨 100h 后产品出现强烈团聚和非晶态化。研磨 150h 后在 0.298nm 处出现一低强度的新衍射峰，很可能是形成了一种钙硅酸盐化合物。图 2-16（b）所示的热解分析证实在石灰石和石英的混磨中释放二氧化碳，碳酸钙的分解吸热峰随着磨矿时间的延长而下降，150h 以后基本消失。石英的存在加速了碳酸钙的机械化学分解，两种

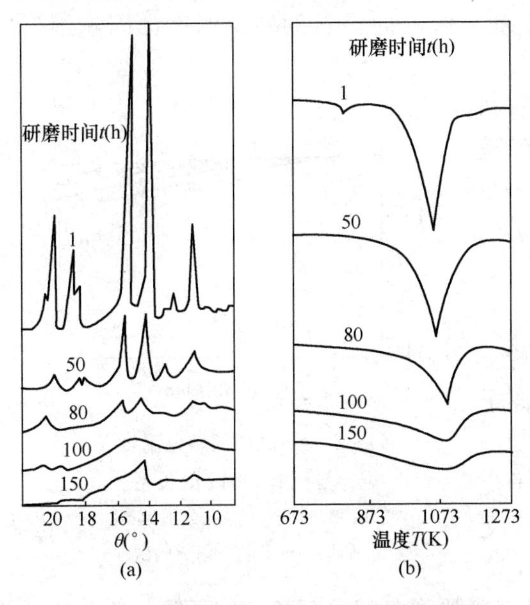

图 2-16　石英和石灰石混磨不同时间后的 X 射线衍射图和差热分析曲线

（a）X 射线衍射图；（b）差热分析曲线

组分之间存在复分解反应。

2.3.3 物理化学性质的变化

由于机械激活作用，经过细磨或超细研磨后物料的溶解、烧结、吸附和反应活性、水化性能、阳离子交换性能、表面电性等物理化学性质发生不同程度的变化。

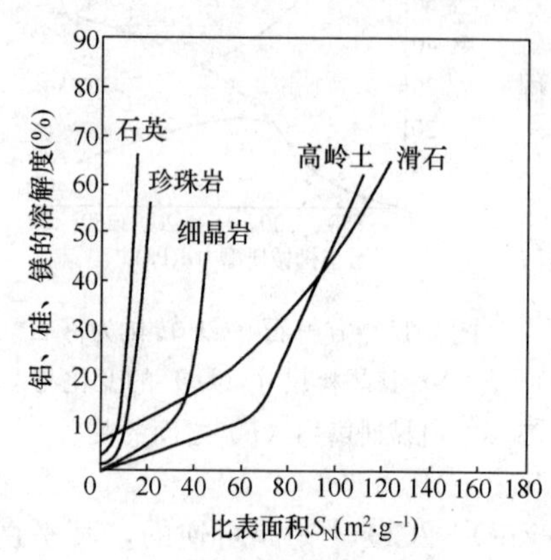

图 2-17 硅酸盐矿物的溶解度与物料比表面积的关系

（1）溶解度

研究表明粉石英经干式超细研磨后在稀碱及水中的溶解度增大。其他矿物，如方解石、刚玉、铝土矿、火山灰、高岭土等经细磨或超细研磨后在无机酸中的溶解速度及溶解度均有所增大。

图 2-17 所示为部分硅酸盐矿物经振动磨研磨后，各组分（铝、硅、镁）的溶解度与比表面积的关系。

（2）烧结性能

因细磨或超细研磨导致的物料热性质的变化主要有以下两种：①由于物料的分散度提高，固相反应变得容易，制品的烧结温度下降，而且制品的机械性能也有所改进。例如，白云石在振动磨中细磨后，用其制备耐火材料的烧结温度降低了 375～573K，而且材料的机械性能提高；石英和长石经超细研磨后可以缩短搪瓷的烧结时间；瓷土的细磨提高了陶瓷制品的强度等；②晶体结构的变化和无定形化导致晶相转变温度变化。例如，α 石英向 β 石英及方石英的转变温度和方解石向霰石的转变温度都因超细研磨而变化。

用行星振动球磨机对陶瓷熔块原料进行细磨后发现熔块的熔融温度由 1683K 下降至 1648K 和 1603K，同时改善了釉面性能。图 2-18 所示为试样的熔融温度 T 与粉磨时间 t 的关系。

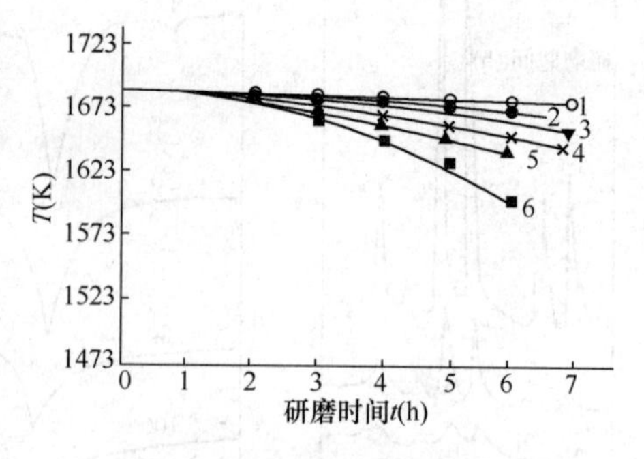

图 2-18 试样的熔融温度 T 与研磨时间 t 的关系

1、2、3、4、5、6 分别为不同研磨条件和化学组成的试样

（3）阳离子交换容量

部分硅酸盐矿物，特别是膨润土、高岭土等一些黏土矿物，经细磨或超细研磨后阳离子交换容量发生明显变化。

图 2-19 所示是机械研磨对膨润土离子交换反应的影响。随着研磨时间的延长，离子交换容量（Γ）在增加到 0.525mmol/g 后呈下降趋势；而钙离子交换容量（Ca_Γ）则在开始时随研磨时间的延长急剧下降，达到最低值后基本上不再变化。

图 2-20 是高岭土的比表面积及阳离子交换容量随磨矿时间的变化。由此可见，经

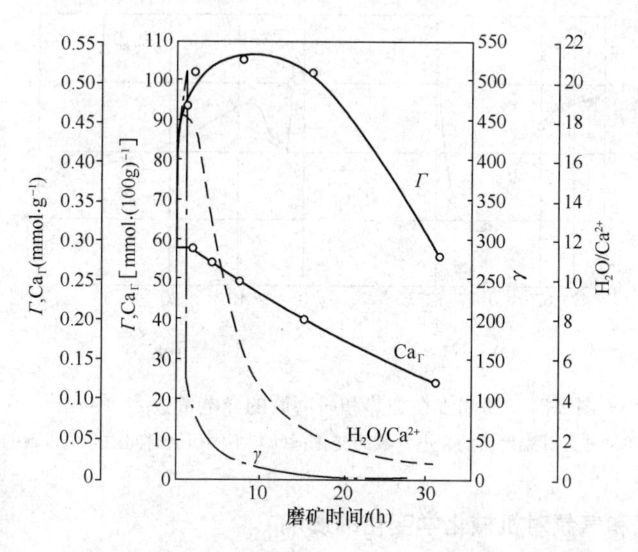

图 2-19 膨润土的阳离子交换容量及其他性能随磨矿时间的变化

Γ—阳离子交换容量；Ca_Γ—Ca^{2+}交换容量；γ—电导率（单位（S/m）$\times10^{-6}$）；

H_2O/Ca^{2+}—Ca^{2+}周围配位的水分子数

一定时间的研磨后，高岭土的离子交换容量提高，说明可交换的阳离子增多。

除了膨润土、高岭土、沸石之外，其他如滑石、耐火黏土、云母等的离子交换容量也在细磨或超细磨后不同程度地发生变化。

（4）电性

细磨或超细磨还影响矿物的表面电性和介电性能。如黑云母经冲击粉碎和研磨作用后，其等电点、表面动电电位（Zeta 电位）均发生变化（表 2-12）

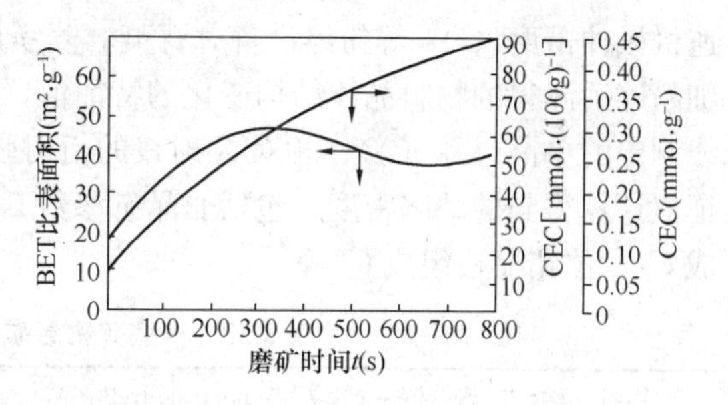

图 2-20 高岭土的比表面积（S_W）及阳离子交换容量（CEC）与磨矿时间的关系

表 2-12 黑云母粉体和等电点及 Zeta 电位

样品名称	比表面积（$m^2\cdot g^{-1}$）	等电位（pH）	Zeta 电位（pH=4）（mV）	样品名称	比表面积（$m^2\cdot g^{-1}$）	等电位（pH）	Zeta 电位（pH=4）（mV）
原矿	1.1	1.5	−31	湿磨产品	12.6	1.5	−18
干磨产品	14.4	3.7	−3				

图 2-21 所示为经不同热处理温度和研磨时间后膨润土的相对介电常数的变化。

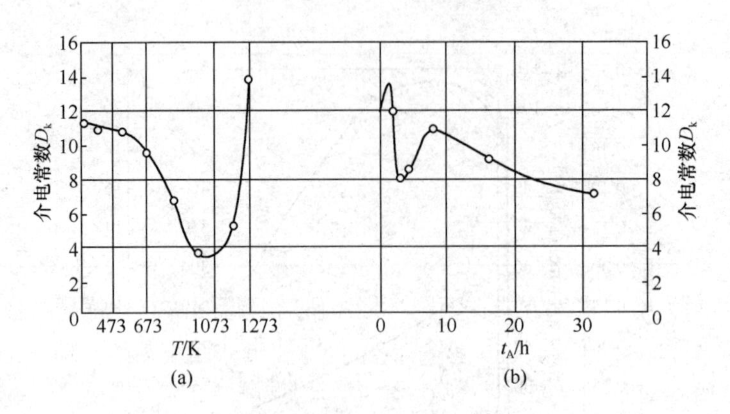

图 2-21 膨润土在加热和研磨后的介电常数 D_k 的变化

（a）不同热处理温度后的介电常数的变化；（b）不同研磨时间的介电常数的变化

2.3.4 粉碎方式和气氛对机械化学变化的影响

除了粉碎或机械激活时间之外，物料因超细粉碎而导致的机械化学变化还与粉碎方式或机械力的施加方式以及粉碎环境或气氛等有关。

表 2-13 所示是分别用球磨机（K）、振动磨（V）、搅拌磨（A）、辊压磨（W）、高速机械冲击磨（D）等粉碎设备对石英、菱镁矿、方解石、高岭土、锶铁素体等进行超细粉碎后测得的物料晶体结构变化的特征值，这些特征值包括比表面积（S_W）、用 X 射线测定的单晶尺寸（Λ）、相对 X 射线的衍射强度（Irel）、相对晶格变形以及由上述特征值计算得到的缺陷密度，包括非晶态参数 C_P、表面晶格组成 C_A、结晶界面的晶格组成 C_K、位错晶格组成 C_V 等。

表 2-13 一些矿物磨矿的结构变化特征值

物料名称		S_W($m^2\cdot g^{-1}$)	Λ(nm)	Irel(%)	$\Delta a/a$(%)	$C_A(Q_w)$	C_p(Irel)	$C_k(\Lambda)$	$C_v(\Delta a/a)$
石英	D	2	80	75		0.0018	0.25	0.025	
	V	5	70	70		0.045	0.30	0.029	
	W	3	90	80		0.0036	0.30	0.025	
	K	4	80	70		0.0036	0.30	0.025	
菱镁矿	V	11	20	70		0.0120	0.30	0.108	
	D	1	60	90		0.0011	0.10	0.036	
方解石	V	8	25	50		0.0086	0.50		
	D	2	45	80		0.0021	0.20		
	A（n）	13	35	60		0.0189	0.40		
高岭土	V	15		10		0.027	0.90		
	D	30		20		0.100	0.20		
	A（n）	50		80		0.100	0.20		

续表

物料名称		$S_W(m^2 \cdot g^{-1})$	Λ(nm)	Irel(%)	$\Delta a/a$(%)	$C_A(Q_w)$	C_p(Irel)	$C_k(\Lambda)$	$C_v(\Delta a/a)$
锶铁素体	V	3		0		0.0065	1		
	V (n)	25	60	25	4.3	0.0541	0.75	5.042	0.093
	A (n)	6	80	60	2.5	0.0130	0.40	0.032	0.029
	A (n)	40	25	25	6.0	0.0865	0.75	0.101	0.165

图 2-22 所示为不同粉碎方式在不同环境中研磨后得到的有效德拜参数（B_{eff}）和结晶层菱面晶体石墨的偏移（*akh*）。结果显示，用冲击式超细粉碎机在空气中粉碎，反映石墨晶体结构缺陷的有效德拜参数 B_{eff} 最大；用振动磨在氦气中研磨，石墨的有效德拜参数和结晶的菱面晶体石墨偏移均最小。

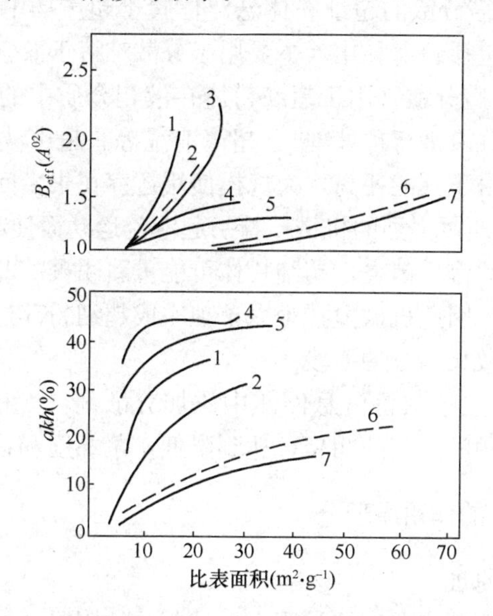

图 2-22　粉碎方式和环境对石墨晶体结构的影响

（B_{eff}—有效德拜参数；*akh*—结晶层的菱面晶体石墨偏移）

1—乳体（空气）；2—球磨机（氧气）；3—振动球磨机（氧气）；

4—冲击式超细粉碎机（空气）；5—冲击式超细粉碎机（氮气）；

6—球磨机（氦气）；7—振动球磨机（氦气）

总之，影响物料机械化学变化的因素除了原料性质和给料粒度以及粉碎或激活时间外，还有设备类型、粉碎方式、粉碎环境或气氛、粉碎助剂等。

2.4　分散与助磨

在超细粉碎过程中，当颗粒的粒度减小至微米级后，颗粒的质量趋于均匀，缺陷减少，强度和硬度增大，粉碎难度大大增加。同时，因比表面积及表面能显著增大，微细颗粒相互团聚（形成二次或三次颗粒）的趋势明显增强；对于湿法超细粉碎，这时矿浆的黏度显著提高，矿浆的流动性明显变差。如果不采取一定的工艺措施，粉碎效率将显著下降，单位产品能耗将明显提高，这就是在超细粉碎过程中必须使物料良好分散以及在某些情况下使用分散剂或助磨剂的原因。

助磨剂是一类显著提高超细粉碎作业效率或降低单位产品能耗的化学物质，它包括不同状态（固态、液态和气态）的有机物和无机物。添加助磨剂的主要目的是提高物料的可磨性，阻止微细颗粒的粘结、团聚和在磨机衬板及研磨介质上的粘附，提高磨机内物料的流动性，从而提高产品细度和细产品的产量，降低粉碎极限和单位产品的能耗。很显然，分散剂也是一种助磨剂，它是通过阻止颗粒的团聚，降低矿浆黏度来起到助磨作用的。

在湿式超细粉碎过程中，除了采用分散剂分散或化学分散外，还可采用物理分散的方法。物理分散方法包括以下几种：

① 超声分散。将所需分散的超细粉体悬浮体置于超声场中，用适当的超声频率和作用时间加以处理。它包括超声乳化（主要用于分散难溶于液态的药剂和难以相溶的两种或多种液态物质）、超声分散（用于超细粉体在液相介质中的分散，在测量超细粉体粒度时，通常使用超声分散进行预处理）、超声清洗等。超声波用于超细粉体悬浮体的分散效果虽然较好，但由于其能耗高，大规模使用还存在很多问题。

② 机械搅拌分散。通过强烈的机械搅拌引起液流运动而使超细粉体聚团碎解悬浮。但是在停止搅拌后，分散作用消失，超细粉体可能重新团聚。此外，在超细设备中，转速往往受到一定的限制，因此机械搅拌难以单独完成超细粉碎过程“降黏”的目的。因此，必须采用与化学分散相结合的手段。

③ 化学分散。通过在超细粉体悬浮体中添加分散剂（无机电解质、表面活性剂、高分子分散剂等）阻止颗粒之间的团聚，达到降低矿浆黏度和物料稳定分散的目的。

2.4.1 助磨剂和分散剂的作用原理

（1）助磨剂的作用原理

关于助磨剂的作用原理主要有两种观点。一是“吸附降低硬度”学说，认为助磨剂分子在颗粒上的吸附降低了颗粒的表面能或者引起近表面层晶格的位错迁移，产生点或线的缺陷，从而降低了颗粒的强度和硬度；同时，阻止新生裂纹的闭合，促进裂纹的扩展。二是“矿物流变学调节”学说，认为助磨剂通过调节矿浆的流变学性质和矿粒的表面电性等，降低矿浆的黏度，促进颗粒的分散，从而提高可流动性，阻止矿粒在研磨介质及磨机衬板上的粘附以及颗粒之间的团聚。

在磨矿时，磨矿区内的矿粒通常受到不同种类应力的作用，导致形成裂纹并扩展，然后被粉碎。因此，物料的力学性质，如在拉应力、压应力或剪切应力作用下的强度性质将决定对物料施加的力的效果。显然，物料的强度越低、硬度越小，粉碎所需的能量就越少。根据格里菲斯定律，脆性断裂所需的最小应力为

$$\sigma=\left(\frac{4E\gamma}{L}\right)^{\frac{1}{2}} \tag{2-73}$$

式中 σ——抗拉强度；

E——杨式弹性模量；

γ——新生表面的表面能；

L——裂纹的长度。

式（2-73）说明，脆性断裂所需的最小应力与物料的比表面能成正比。显然，降低颗粒的表面能，可以减少使其断裂所需的应力。从颗粒断裂的过程来看，根据裂纹扩展的条件，助磨剂分子在新生表面的吸附可以降低裂纹扩展所需的外应力，防止新生裂纹的扩展。助磨剂分子在裂纹表面的吸附如图 2-23 所示。

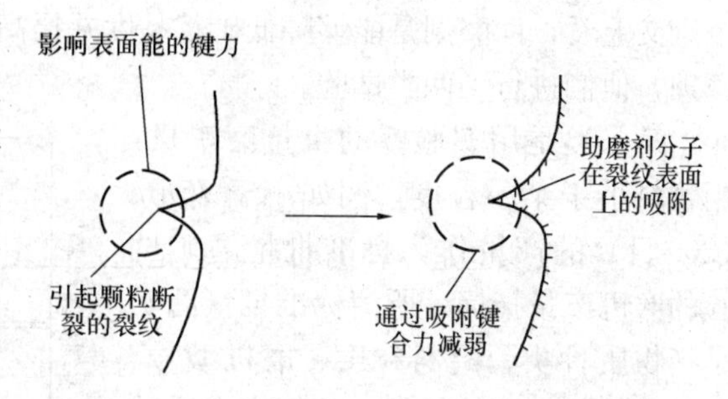

图 2-23　助磨剂分子在裂纹表面吸附的示意图

实际颗粒的强度与物料本身的缺陷有关，使缺陷（如位错等）扩大无疑将降低颗粒的强度，促进颗粒的粉碎。

列兵捷尔（Rehbinder）首先研究了在有无化学添加剂两种情况下液体对固体物料断裂的影响。他认为，液体尤其是水将在很大程度上影响断裂，添加表面活性剂可以扩大这一影响，原因是固体表面吸附表面活性剂分子后表面能降低了，从而导致键合力的减弱。

列兵捷尔等人提出的上述机理得到了一些试验结果的验证。例如，在振动球磨机中研磨 64h 后，石英粉的表面自由能从未加助磨剂（5%硬脂酸）的 51.44mJ/m² 降低到 36.87mJ/m²（20℃）。

表 2-14 所列为水对岩石抗压强度影响的测定结果。结果显示，岩矿湿抗压强度较干抗压强度低。磨矿实践也表明，添加 0.5g/L 草酸钠后，赤铁矿的莫氏硬度降低了 42.5%，显微硬度降低了 38%。

表 2-14　水对岩石抗压强度的影响

岩石类型	抗压强度（MPa）		(湿/干)（%）
	干	湿	
玄武岩	172	86.5	50.3
含砂岩玄武岩	66	29	44.0
白云石	116.9	86.9	83.0
花岗岩	160.9	108.9	67.7
石灰石	86.9	49	56.3
石英岩	261.8	209.8	80.2

除了前述颗粒的强度和硬度以及比表面能外，从粉碎工艺来考察，影响粉碎机产量、粉碎产品细度和单位产品能耗的主要因素还有矿浆的黏度，矿粒之间的粘结、聚结或团聚作用，矿粒在研磨介质及磨机衬板上的粘附等。这些因素都将影响磨机内矿浆的流动性。因此，在一定程度上改善矿浆的流动性可以明显提高磨矿效率。对此，克兰帕尔（Klimpel）等人进行了大量的实验室和工业试验。结果表明，助磨剂改善了干粉或

矿浆的可流动性，明显提高了物料连续通过磨机的速度；物料流动性的提高改善了研磨介质的磨矿作用；助磨剂通过保持颗粒的分散阻止颗粒之间的聚结或团聚。因此，从这个意义上看，助磨剂是能够降低矿浆黏度并提高矿浆流动性的物质。为了解释这一作用原理，他们进行了两类试验。

第一类是用实验室的批量磨矿机，用物料小于某一粒度，例如小于 75μm（200 目）的产量作为标准批量磨矿试验的磨机产量指标。所谓标准批量磨矿是指物质种类、给料粒度、磨机型号、磨矿条件（如磨矿时间）等恒定。这种实验得到的试验结果（小于指定粒级的产率）与矿浆黏度的关系，如图 2-24 所示。他们将这一关系分为三个区域。其中，A、B 属于一阶粉碎区域，在该区域内，细粒级产率随矿浆黏度（或矿浆浓度）的增大而提高；C 区属于非一阶粉碎区域，当矿浆黏度（或浓度）增大到一定值后，指定细粒级产率开始下降。在一阶粉碎区域，添加助磨剂几乎没有什么效果，但是在非一阶粉碎区域内添加助磨剂后显著提高了细粒级产率，而且将一阶粉碎区域从 A 和 B 扩大到 Λ 和 B'，即添加助磨剂后可相应地增大磨矿浓度。

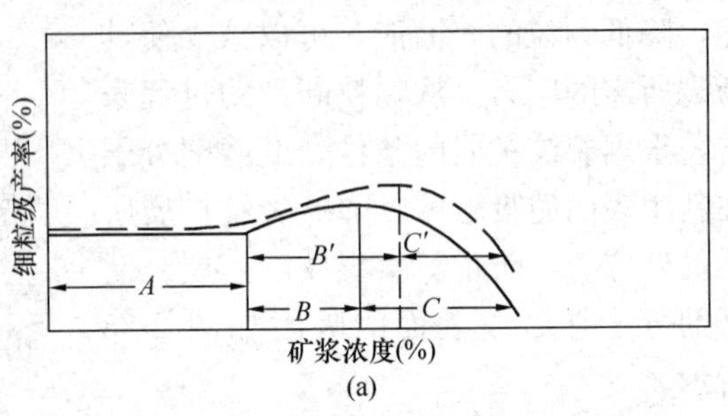

(a)

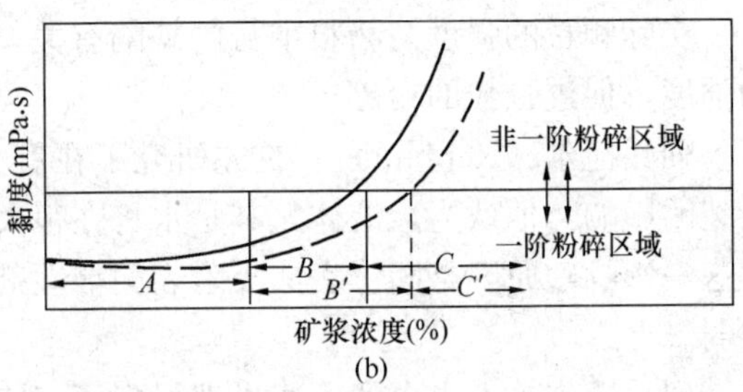

(b)

图 2-24　指定细粒级产率及矿浆黏度与矿浆浓度的关系

（a）细粒级产率与矿浆浓度的关系；
（b）矿浆黏度与矿浆浓度的关系
—不加助磨剂；－－加助磨剂

第二类试验也是在实验室批量磨机上进行，采用比粉碎速度 S_j 和一阶粉碎分布 B_{ij} 来进行评价。当粉碎属于一阶时给定颗粒的粉碎速度与该粒度的质量或产率成正比。因此，j 粒级的粉碎速度$=S_jW_j(t)W$，式中 S_j 为 j 粒级的比粉碎速度；W 为磨机中的装料量，$W_j(t)$为磨矿时间 t 时 j 粒级物料的质量分数。若开始给料时，$W_j(0)$为给料中最大粒级的质量分数，则

$$-\frac{\mathrm{d}W_j(t)}{\mathrm{d}t}=S_jW_j(t) \tag{2-74}$$

$$\log W_j(t)=\log W_j(0)-\frac{S_j(t)}{2.3} \tag{2-75}$$

测定该粒级的量随磨矿时间的减少，使用对数坐标图，可以直接得出三种重要参数。第一种，如果绘出的图是直线，那么 j 粒级是一阶粉碎方式，负的斜率就是 S_j 的值；第二种，S_jW 直接给出磨机产量；第三种，如果绘出的图是非线性的，说明黏度增加或者细粒级增多，那么粉碎速度将减慢。图 2-25 所示的为 $\log W_1(t)/W_1(0)$随磨矿时间的变化。由此可见，图 2-25（a）及图 2-25（b）反映的则是一阶粉碎区域，图 2-

25（c）反映的则是非一阶反应区域。在非一阶反应区 S_j 显著下降。

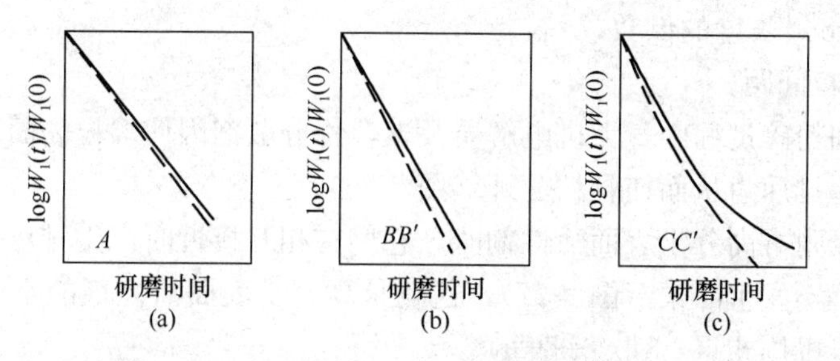

图 2-25　比粉碎速度 S_j 在不同黏度区域的变化

（a）A 区；（b）BB′区；（c）CC′区

—不加助磨剂；- - 加助磨剂

式（2-74）是假设给料为单一粒级导出的，对于混合粒级，设 1 表示最大粒级，2 表示次大粒级，依此类推，则应写成

$$-\frac{\mathrm{d}W_j(t)}{\mathrm{d}t}=S_jW_j(t)-\sum_{i=j+1}^{n}b_{ij} \tag{2-76}$$

式中　$\sum b_{ij}=B_{ij}$——j 粒级物料粉碎后进入 i 粒级及其他更细粒级分数的累积。

以上分别从磨矿工艺的不同过程，即磨机内机械力对颗粒的作用过程及物料分散和输送过程解释了助磨剂的作用机理。实际上，影响磨矿产量或产品细度的因素是很复杂的。除了设备类型外，还有物质的强度和硬度性质、表面性质、给料粒度、矿浆黏度或浓度、颗粒的团聚与分散状态等。因此，从整个细磨或者超细磨工艺来看，上述两种作用原理是统一的，同时存在的。

（2）分散剂的作用原理

在超细粉体悬浮体中，粉体分散的稳定性取决于颗粒间相互作用的总作用能 V_T，即取决于颗粒间的范德华作用能、静电排斥作用能、吸附层的空间位阻及溶剂化作用能的相互关系。粒间分散与团聚的理论判据是颗粒间的总作用能，可用式（2-77）表示

$$V_T=V_W+V_R+V_{K_j}+V_{r_j} \tag{2-77}$$

式中　V_W——范德华作用能。两个半径分别为 R_1 和 R_2 的球形颗粒的范德华作用能可表示为

$$V_W=\frac{AR_1R_2}{6H(R_1+R_2)} \tag{2-78}$$

若 $R_1=R_2=R$，则有　$V_W=\dfrac{AR}{12H}$　(2-79)

式中　H——颗粒间距；

A——颗粒在真空中的 Hamaker 常数；

V_R——双电层静电作用能。半径为 R_1 和 R_2 的球形颗粒在水溶液中的静电作用能可用式（2-80）表示

$$V_R=\frac{\varepsilon R_1R_2}{4(R_1+R_2)}(\varphi_1^2+\varphi_2^2)\times\left[\frac{2\varphi_1\varphi_2}{\varphi_1^2+\varphi_2^2}\ln\left(\frac{1+e^{-KH}}{1-e^{-KH}}\right)+\ln(1-e^{-2KH})\right] \tag{2-80}$$

式中　φ——颗粒的表面电位；

ε——水的介电常数；

K——Debye 长度的倒数；

H——颗粒间距。

在湿式超细粉碎过程中，无机电解质及聚合物分散剂因使颗粒表面产生相同符号的表面电荷，引起排斥力从而使颗粒分开（图 2-26）。

颗粒表面吸附有高分子表面活性剂时，它们在相互接近时产生排斥作用，使粉体分散体更加稳定，不发生团聚（图 2-27），这就是高分子表面活性剂的空间位阻作用。空间位阻作用能可以用式（2-81）来表示

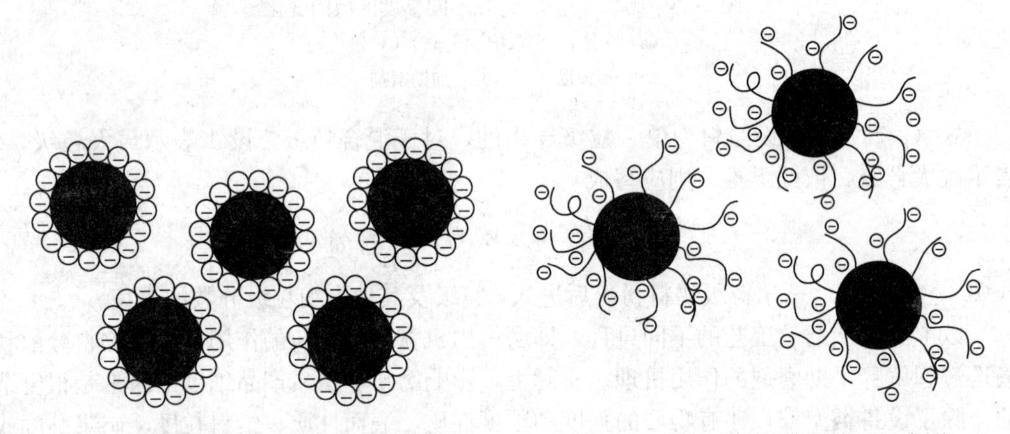

图 2-26 颗粒的静电排斥作用示意图　　图 2-27 颗粒的空间位阻作用示意图

$$V_{K_j} = \frac{4\pi R^2(\delta - 0.5H)}{A_P(R\delta)} \cdot kT\ln\frac{2\delta}{H} \tag{2-81}$$

式中 A_P——高分子在颗粒表面占据的面积；

δ——高分子吸附层厚度；

H——颗粒间距；

k——波尔兹曼常数；

T——绝对温度。

颗粒在液相中引起周围液体分子结构的变化，称为溶剂化作用。当颗粒表面吸附阳离子或含亲水基团（—OH、PO_4^{3-}、—N（CH_3）$_3^+$、—$CONH_2$、—COOH 等）的有机物，或者由于颗粒表面极性区域对相邻的溶剂分子的极化作用，在颗粒表面会形成溶剂化作用。当有溶剂化膜的颗粒相互接近时，产生排斥作用能，称为溶剂化作用能。半径为 R_1 和 R_2 的球形颗粒的溶剂化作用能可以表示为

$$V_{r_j} = \frac{2\pi R_1 R_2}{R_1 + R_2} h_0 V_{r_j}^0 \exp(-H/h_0) \tag{2-82}$$

式中 h_0——衰减长度；

H——颗粒间距；

$V_{r_j}^0$——溶剂化作用能能量参数，与表面润湿性有关。

当颗粒间的排斥作用能大于其相互吸引作用能时，颗粒处于稳定的分散状态；反

之，颗粒之间产生团聚。显然，作用于颗粒间的各种作用力是随着条件变化而变化的。添加分散剂对超细粉体在液相中的表面电性、空间位阻、溶剂化作用以及表面润湿性等有重要影响。

2.4.2　助磨剂及分散剂的种类及选择

（1）助磨剂的种类

按照添加时的物质状态，助磨剂和分散剂可以分为固体、液体、气体三种；根据其物理化学性质，助磨剂和分散剂可以分为有机和无机两种。

固体助磨剂和分散剂：如六偏磷酸钠、三聚磷酸钠、焦磷酸钠、硬脂酸盐类、胶体二氧化硅、炭黑、胶体石墨等。

液体助磨剂：包括各种表面活性剂、高分子聚合物等。

气体助磨剂：如蒸汽状的极性物质（丙酮、硝基甲烷、甲醇、水蒸气等）以及非极性物质（四氯化碳）等。表 2-15 是部分实验室及工业细磨或超细磨中应用的助磨剂和分散剂。从结构化学上来说，助磨剂和分散剂应具有良好的选择性分散作用，能够调节矿浆的黏度，具有较强的抗 Ca^{2+}、Mg^{2+} 的能力，受 pH 值的影响较小等。助磨剂和分散剂的分子结构也要与细磨或者超细磨系统复杂的物理化学环境相适应。在非金属矿的湿式超细粉碎中，常用的助磨剂和分散剂根据其化学结构有以下三类。

一是碱式聚合无机盐，在这类中，除了用于硅酸盐矿物的粉碎外，一般多聚磷酸盐优于多聚硅酸盐；二是碱式聚合有机盐，在这类中，常用的是聚丙烯酸盐、胺盐及脂，它受 pH 值的影响较小；三是偶极一偶极有机化合物。

表 2-15　助磨剂和分散剂的种类及应用

类型	助磨剂和分散剂名称	应用
液体助磨剂	乙醇、丁醇、辛醇、甘醇、环烷基磺酸钠	石英、石英岩
	甲醇、三乙醇胺、聚丙烯酸钠等	方解石等
	乙醇、异丙醇、环烷酸（钠）	石英、石英岩、方解石等
	丙酮、三氧甲烷、三乙醇胺、丁醇等	方解石、石灰石、水泥、锆英石等
	有机硅	氧化铝、水泥等
	12～14 胺、FlotagamP	石英、石英岩、石灰石等
	月桂醇、棕榈醇、油醇（钠）、硬脂酸盐	石灰石、方解石等
	硬脂酸（钠）	浮石、白云石、石灰石、方解石
	N-链烷系	苏打、石灰
	焦磷酸钠、氢氧化钠、碳酸钠、水玻璃等	伊利石、水云母等黏土矿物
	碳酸钠、聚马来酸、聚丙烯酸钠	石灰石、方解石等
	氯化钠、氯化铝	石英岩等
	六偏磷酸钠、三聚磷酸钠、水玻璃等	石英、硅藻土、硅灰石、高岭上、长石、云母等
	六偏磷酸钠	硅灰石等
	水玻璃、硅酸钠	石英、长石、黏土、云母等
	聚羧酸盐	滑石等
	焦磷酸钠、六偏磷酸钠、聚丙烯酸钠等	黏土矿物
	硅酸钠、六偏磷酸钠、聚丙烯酸钠（酯）等	高岭土、伊利石、碳化硅等

续表

类型	助磨剂和分散剂名称	应用
固体助磨剂	石膏、炭黑	水泥、煤等
气体助磨剂	二氧化碳、丙酮蒸汽	石灰石、水泥
	氢气、氮气、甲醇	石英、石墨等

（2）助磨剂和分散剂的选择

在超细粉碎中，助磨剂和分散剂的选择对于提高粉碎效率和降低单位产品能耗是非常重要的。但是助磨剂和分散剂的作用具有选择性，即对某种物料可能是有效的助磨剂和分散剂，对于另一种物料可能没有助磨作用甚至起阻磨作用。

选择助磨剂和分散剂时，首先要考虑被磨物料的性质，由于前人已经做了大量的试验研究和文献总结工作，我们可以从有关文献资料中查阅到适用于待磨物料的助磨剂和分散剂，然后进行比较实验；其次要考虑粉碎方式和粉碎环境，如干法粉碎还是湿法粉碎，在某些干法作业中可能选用某些气体助磨剂更方便和效果更好；第三要考虑助磨剂和分散剂的成本和来源，如果成本太高、来源很少，即使作为助磨剂效果很好也应该慎用；第四要考虑助磨剂对后续作业的影响，如选矿分离作业、分级、过滤脱水乃至干燥作业等；最后一个因素是对环境的影响，选用的助磨剂和分散剂必须满足环保要求，不污染环境和危害工人健康。

2.4.3　影响助磨剂和分散剂作用效果的因素

虽然助磨剂和分散剂在一定条件下对于提高超细粉碎作业的效率、降低单位产品的能耗具有显著的效果，但其作用效果受诸多因素的影响。其主要的影响因素是：助磨剂和分散剂的用量、用法、矿浆浓度、pH 值、被磨物料粒度及其分布、粉碎机械种类及粉碎方式等，以下予以分别讨论。

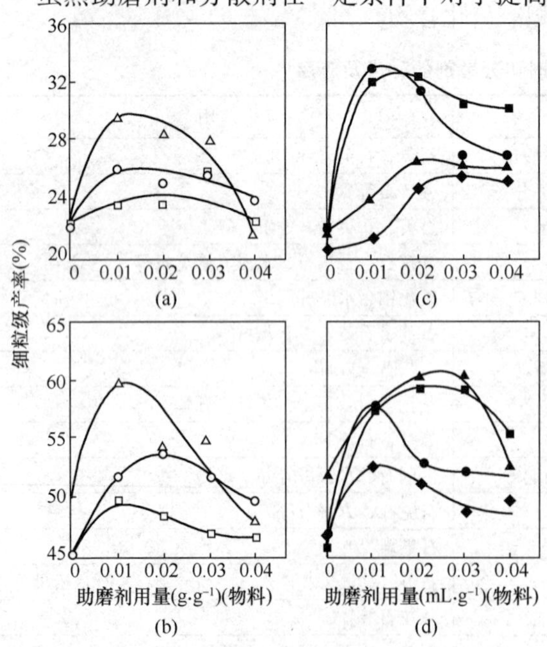

图 2-28　助磨剂用量对方解石干式磨矿的影响

(a)、(c) 研磨时间 5min；(b)、(d) 研磨时间 10min

○—磷酸；□—三聚磷酸；△—硅酸；●—甲醇；■—乙醇；▲—丙醇；◆—丁醇

（1）助磨剂和分散剂的用量

助磨剂和分散剂的用量对助磨的效果有重要影响。一般来说，每种助磨剂和分散剂都有其最佳用量。这一最佳用量与要求的产品细度、矿浆浓度、助磨剂和分散剂的分子的大小及其性质有关。

图 2-28 是用振动球磨机干式研磨方解石时，几种无机和有机助磨剂和分散剂对细粒级产品产量的影响。由此可见，除了丙醇和丁醇在试验的用量范围内细粒级产品未随其用量增

大而下降外，其余都在达到一定最高点后下降，其中以硅酸、甲醇和乙醇最为敏感。对于以调节料浆黏度为目的的分散剂来说，分散剂的用量对矿浆黏度有重要影响，对于某些聚合物类分散剂，用量过大，将导致浆料黏度增大。图 2-29 和图 2-30 分别为高聚物分散剂用量对固含量 80％的超细重质碳酸钙浆料和 59％的超细高岭土浆料的降黏效果。由图可见，对于分散剂聚丙烯酸盐，在适当的用量下有明显的降黏效果，但随着用量的进一步增大，浆料黏度反而增加，特别是对于重质碳酸钙浆料。其原因可用图 2-31 来解释，用量过大后，引发聚合物链的缠绕，使颗粒形成聚团。

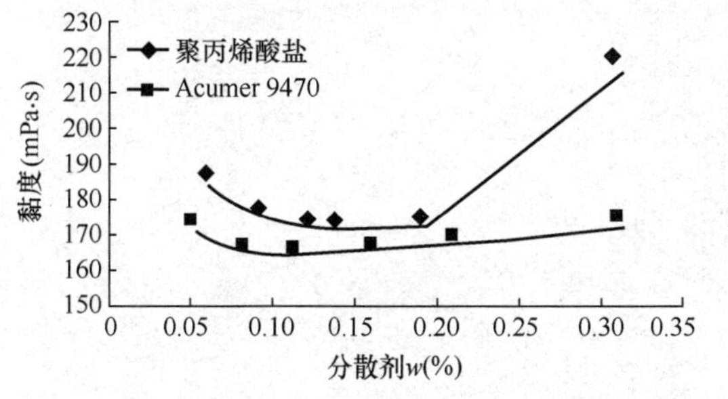

图 2-29　高聚物分散剂用量对重质碳酸钙浆料黏度的影响（80％固含量）

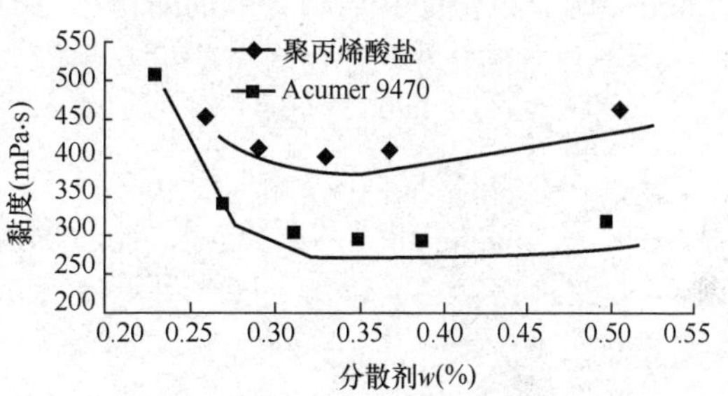

图 2-30　高聚物分散剂用量对高岭土浆料黏度的影响（59％固含量）

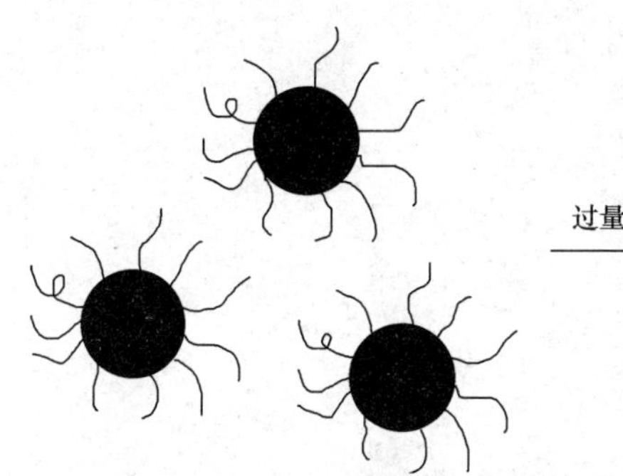

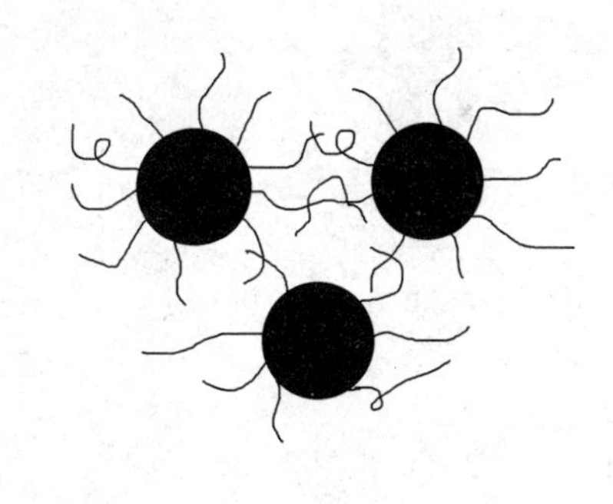

图 2-31　过量聚合物分散剂引发颗粒相互缠绕示意图

由上述例子可见，助磨剂的用量对其助磨效果有重要影响。在一定的粉碎条件下，对于某种物料有一最佳用量。用量过少，达不到助磨效果，用量过多则不起助磨作用，甚至起负作用。因此，在实际使用时，必须严格控制用量。最佳用量依产品细度或比表面积、浓度、pH 值以及粉碎方式和环境等变化，最好通过具体试验来确定。

（2）矿浆浓度或黏度

关于助磨剂作用效果的许多试验研究表明，只有矿浆浓度或体系的黏度达到某一值时，助磨剂才有较明显的作用效果。

（3）粒度大小及其分布

粒度大小及其分布对助磨剂作用效果的影响体现在两个方面：一是粒度越小，颗粒质量越趋于均匀，缺陷越小，粉碎能耗越高，助磨剂则通过裂纹形成和扩展过程中的防“闭合”和吸附降低硬度作用，可以降低颗粒的强度，提高其可磨度；二是粒度越细，比表面积越大，在相同固含量情况下系统的黏度增大。因此，粒度越细，分布越窄，使用助磨剂的作用效果越显著。

（4）矿浆 pH 值

矿浆 pH 值对某些助磨剂作用效果的影响：一是通过对颗粒表面电性及定位离子的调节，影响助磨剂分子与颗粒表面的作用；二是通过对矿浆黏度的调节，影响矿浆的流变学性质和颗粒之间的分散性。

第3章　超细粉碎设备

3.1　超细粉碎设备的分类

目前工业上应用的超细粉碎设备的类型主要有气流磨、高速机械冲击磨、旋磨机、搅拌球磨机、研磨剥片机、砂磨机、振动球磨机、旋转筒式球磨机、行星式球磨机、辊（滚）磨机、均浆机、胶体磨等，其中气流磨、高速机械冲击磨、旋磨机、辊（滚）磨机等为干式超细粉碎设备，研磨剥片机、砂磨机、均浆机、胶体磨等为湿式超细粉碎机，搅拌球磨机、振动球磨机、旋转筒式球磨机、行星式球磨机等既可以用于干式也可以用于湿式超细粉碎。表3-1所列为各类超细粉碎设备的粉碎原理、给料粒度、产品细度及应用范围。

表3-1　超细粉碎设备类型及其应用范围

设备类型	粉碎原理	给料粒度（mm）	产品细度 d_{97}（μm）	应用范围
气流磨	冲击、碰撞	＜2	3～45	高附加值非金属矿物粉体材料
高速机械冲击磨/旋磨机	冲击、碰撞、剪切、摩擦	＜30	5～74	中等硬度以下非金属矿物粉体材料
振动磨	摩擦、碰撞、剪切	＜5	2～74	各种硬度非金属矿物粉体材料
搅拌磨	摩擦、碰撞、剪切	＜1	2～45	各种硬度非金属矿物粉体材料
旋转筒式球磨机	摩擦、冲击、	＜5	5～74	各种硬度非金属矿物粉体材料
行星式球磨机	压缩、摩擦、冲击	＜5	5～74	各种硬度非金属矿物粉体材料
砂磨机	摩擦、碰撞、剪切	＜0.2	1～20	各种硬度非金属矿物粉体材料
辊磨机	挤压、摩擦	＜30	10～45	各种硬度非金属矿物粉体材料
高压均浆机	空穴效应、湍流和剪切	＜0.03	1～10	高岭土、云母、化工原料、食品等
胶体磨	摩擦、剪切	＜0.2	2～20	石墨、云母、化工原料、食品等

3.2　气　流　磨

气流磨又叫气流粉碎机、喷射磨或能流磨，是一种利用高速气流（300～500m/s）或过热蒸汽（300～400℃）的能量对固体物料进行超细粉碎的机械设备。其粉碎原理是颗粒在高速气流或过热蒸汽流的裹挟下与器壁冲击碰撞或颗粒之间的冲击碰撞被粉碎。

气流磨是最主要的超细粉碎设备之一，依靠内分级功能和借助外置分级装置，可加工 $d_{97}=3\sim5\mu m$ 的粉体产品，产量从每小时几十千克到几吨。气流粉碎产品具有粒度分布较窄、颗粒形状规则等特点，但单机生产能力较低，单位产品能耗较高，适用于生产纯度要求较高、粒形比较规则、附加值较高的无机非金属粉体的生产。

目前气流磨或机主要有圆盘（扁平）式、循环管式、对喷式、流化床对喷式、旋冲或气旋式、靶式等几种机型和数十余种规格，应用最为广泛的是流化床对喷式气流粉碎机。

3.2.1 圆盘式气流磨

圆盘式气流磨，又称之为扁平式气流粉碎机，是工业上应用最早的气流粉碎设备，国外商品名称为 Micronizer。如图 3-1 所示，这种气流粉碎机主要由进料系统、进气系统、粉碎—分级及出料系统等组成。由座圈和上下盖用 C 型快卸夹头紧固，形成一个空间即为粉碎—分级室（靠近座圈内壁为粉碎区域，靠近中心管为分级区域）。工质（压缩空气、过热蒸汽或其他惰性气体）由进料喷气口进入座圈外侧的配气管。工质在自身压强作用下，通过切向配置在座圈四周的数个喷嘴（超音速喷嘴或音速喷嘴）产生高速喷射流与进入碎室内的物料碰撞。一般在上、下盖及座圈内壁安装有不同材质制成的内衬以满足不同物料粉碎的需要。

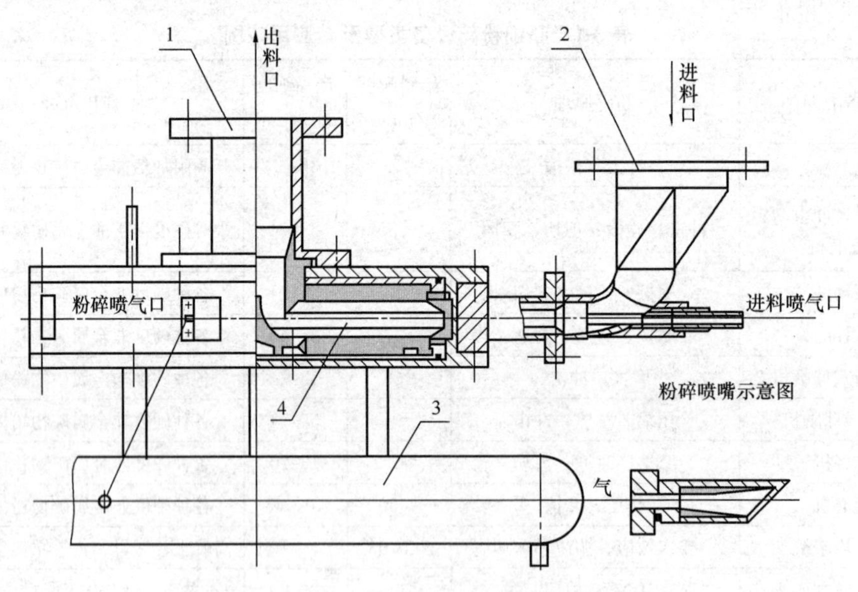

图 3-1 水平圆盘式气流粉碎机的结构

1—出料系统；2—进料系统；3—进气系统；4—粉碎腔

由料斗、加料喷嘴和文丘里管组成的加料喷射器作为加料装置。料斗中的物料被加料喷嘴射出来的喷气流引射到文丘里管，在文丘里管中物料和气流混合并增压后进入粉碎室。粉碎后的物料被气流带到中心阻管处并越过阻管轴向进入中心排气管向上（或向下）进入捕集装置。由于各喷嘴的倾角都是相等的，所以各喷气流的轴线切于一个假想的圆周，这个圆周称为分级圆。整个粉碎—分级室被分级圆分成两部分，分级圆外侧到座圈内侧之间为粉碎区，内侧到中心排气管之间为分级区。在粉碎区内的物料受到喷嘴出口处喷气流极高速度的冲击后相互冲击碰撞；相邻两喷气流之间的工质形成若干强烈旋转的小旋流，在小旋流中颗粒高度湍流运动，以不同的运动速度和运动方向进行激烈地冲击、摩擦，以极高的碰撞几率互相碰撞而被粉碎；部分颗粒与粉碎内壁发生碰撞，由于冲击和摩擦而被粉碎。

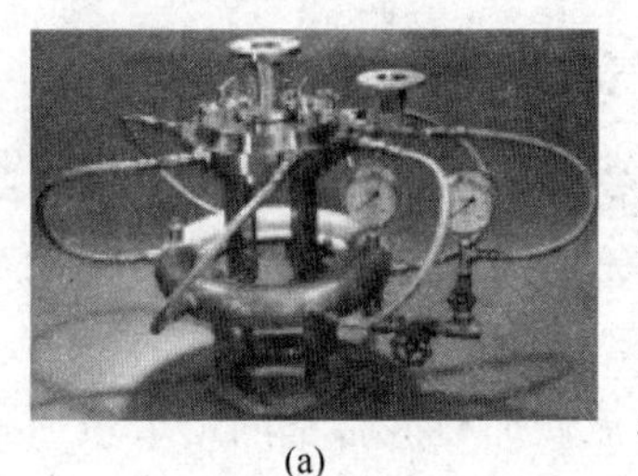

(a)

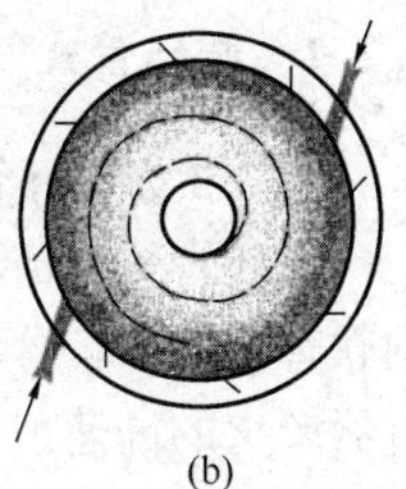

(b)

图 3-2　圆盘式气流粉碎机的外形(a) 与工作原理示意图 (b)

在粉碎机内的工质喷气流既是粉碎的动力，又是分级的动力。被粉碎物料由主旋流带入分级区以层流的形式运动而进行分级。大于分级粒径的颗粒返回粉碎区继续粉碎而小于分级粒径的颗粒随气流进入中心排气管排出机外。其外形和工作原理如图 3-2 所示。

表 3-2、表 3-3 和表 3-4 所示分别为 QS 型、STJ 型圆盘式气流粉碎机和 QYN 型（超音速）圆盘式气流粉碎机的主要技术参数。

表 3-2　QS 型圆盘式气流粉碎机的主要技术参数

型　号	QS 50	QS 100	QS 200	QS 280	QS 300	QS 350	QS 500	QS 600
粉碎室直径（mm）	50	100	200	280	300	350	500	600
粉碎压力（MPa）	0.6～0.8							
空气耗量（m^3/min）	0.6～0.8	1～5	5～6	7～10	5～6	7.2～10.8	17～18	23
生产能力（kg/h）	0.5～2	2～10	30～75	50～150	20～75	30～150	200～500	300～600
电机功率（kW）	7.5	15	37	65～75	37	65～75	130	190

表 3-3　STJ 型圆式气流粉碎机的主要技术参数

型　号	STJ-100	STJ-200	STJ-315	STJ-400	STJ-475	STJ-560	STJ-670	STJ-750
空气压力（MPa）	0.65～1.2							
空气耗量（m^3/min）	1.2	2.7	5.2	7.7	10.6	17.5	30.7	41.4
需要动力（kW）	11	22	37	55	75	125	180	255
处理量（kg/h）	0.5～0.2	2.0～50	10～100	20～200	50～300	100～500	300～800	600～1200

表 3-4　QYN 型（超音速）圆盘式气流粉碎机的主要技术参数（江苏密友粉体新装备制造有限公司）

型　号	QYN 200	QYN 400	QYN 600
生产能力（kg/h）	30～100	100～300	300～600
空气耗量（m^3/min）	6	10	20
工作压力（MPa）	0.7～0.8		
进料粒度（目）	60～325		
产品细度 d_{97}（μm）	5～45		
装机功率（kW）	45	75	160

3.2.2 循环管式气流磨

图 3-3 为循环管式气流磨的外形图及结构与工作原理示意图。

循环管式气流磨主要由机体、机盖、气体分配管、粉碎喷嘴、加料系统、连接不锈钢软管、接头、分级导叶、混合室、加料喷嘴、文丘里管等组成。压力气体通过加料喷射器产生的高速射流使加料混合室内形成负压，将粉体原料吸入混合室并被射流送入粉碎腔。

粉碎、分级主体为梯形截面的变直径、变曲率“O”形环道，在环道的下端有由数个喷嘴有角度地向环道内喷射高速射流的粉碎腔，在高速射流的作用下，使加料系统送入的颗粒产生激烈的碰撞、摩擦、剪切等作用，使粉碎过程在瞬间完成。被粉碎的粉体随气流在环道内流动，其中的粗颗粒在进入环道上端曲率逐渐增大的分级腔中由于离心力和惯性力的作用被分离，经下降管返回粉碎腔继续粉碎，细颗粒随气流与环道气流成 130°夹角逆向流出环道。流出环道的气固二相流在出粉碎机前以很高的速度进入一个蜗壳形分级室进行第二次分级，较粗的颗粒在离心力作用下分离出来，返回粉碎腔，细颗粒随气流通过分级室中心出料孔排出粉碎机进入捕集系统进行气固分离。

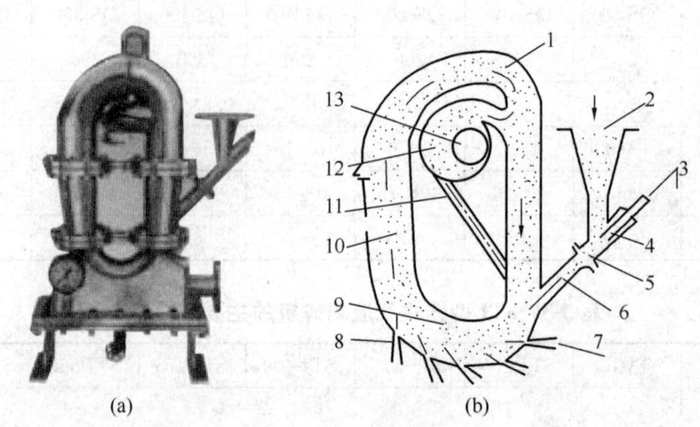

图 3-3 循环管气流磨的外形图（a）及结构与工作原理示意图（b）

1—一级分级腔；2—进料口；3—压缩空气；4—加料喷射器；5—混合室；
6—文丘里管；7—压缩空气；8—粉碎喷嘴；9—粉碎腔；10—上升管；
11—回料通道；12—二次分级腔；13—产品出口

循环管式气流粉碎机的主要粉碎部位是加料喷射器和粉碎腔。加料口下来的原料受到加料喷射器出来的高速气流冲击使粒子不断加速，由于粒子粗细不均，造成在气流中运动速度不同，因而使粒子在混合室与前方粒子冲撞造成粉碎，这部分主要是对较大颗粒进行粉碎。粉碎腔是整个粉碎机的主要粉碎部位。气流在喷射口以高的速度向粉碎室喷射，使射流区域的粒子激烈碰撞造成粉碎。在两个喷嘴射流交叉处也对粉体冲击形成粉碎作用；此外旋涡中每一高速流周围产生低压区域，形成很强的旋涡，粉体在旋涡中运动，相互激烈冲击、摩擦。

表 3-5 为 JOM 型循环管式气流粉碎机的主要技术参数。

表 3-5　JOM 型循环管式气流粉碎机的主要技术参数

型　号	JOM-0101	JOM-0202	JOM-0304	JOM-0405	JOM-0608	JOM-0808
使用压力（MPa）	0.65～1.2					
用气量（m^3/min）	1.0	2.6	7.6	16.1	26.4	35.0
需要动力（kW/h）	11	22	55	125	150	220
产量（kg/h）	0.5～20	2.0～20	20～200	150～500	200～700	400～1000

3.2.3　对喷式气流磨

图 3-4 所示为 Trost Jet Mill 对喷式气流磨的结构及工作原理示意图。该型气流磨的粉碎部分采用对喷式气流粉碎机结构，分级部分则采用扁平式气流磨的结构。因此，它兼有对喷式和扁平式气流磨的特点。被粉碎的物料随气流上升到分级室 2，在这里气流形成主旋流，挟带物料的两股加速气流在粉碎室内相向高速冲击、碰撞，粉碎后的物料向上进入分级区进行分级。粗颗粒处于分级室外围，在气流带动下，返回粉碎室 6 进一步粉碎。细颗粒经由产品出口 1 排出粉碎机进行气—固分离，成为产品。

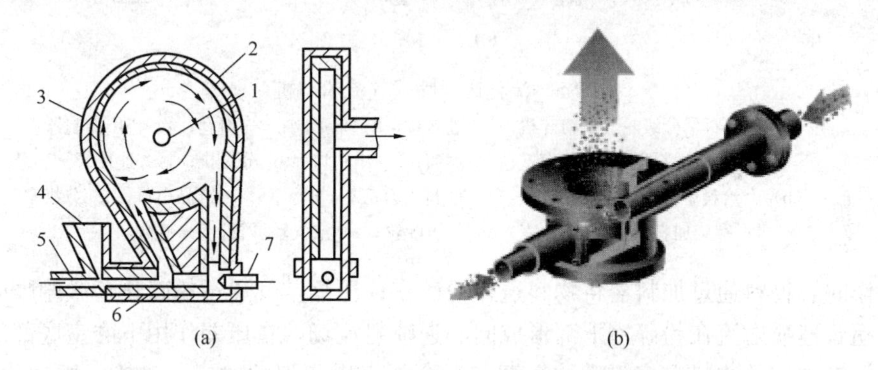

图 3-4　Trost Jet Mill 对喷式气流磨的结构及工作原理示意图

1—产品出口；2—分级室；3—衬里；4—料斗；5—加料喷嘴；6—粉碎室；7—粉碎喷嘴

表 3-6 是麦克罗杰特（Miro Jet）DT 型对喷式气流磨的主要技术参数。

表 3-6　Miro Jet DT 型对喷式气流磨的主要技术参数

型　号	DT-20	DT-30	DT-40	DT-60	DT-80
空气耗量（Nm^3/min）	20	30	40	60	80
生产能力（kg/h）	50～200	100～300	200～600	500～2500	1500～6000
质量（kg）	700～1200	1500～2300	3000～4500	5000～8000	6000～12000
高度（m）	3.5～6	4.5～6	4.5～8	6～12	8～15
产品粒度范围（μm）	2～75	2～75	4～100	4～100	6～150

3.2.4　流化床对喷式气流磨

流化床（逆向）对喷式喷射气流磨是德国某公司于 20 世纪 70 年代末开发成功的一

种气流粉碎机，也是目前市场占有率最大的气流磨机型。图 3-5 所示分别为两种单分级轮和多分级轮流化床对喷式气流磨的结构及工作原理示意图。多分级轮可以提高产品产量。

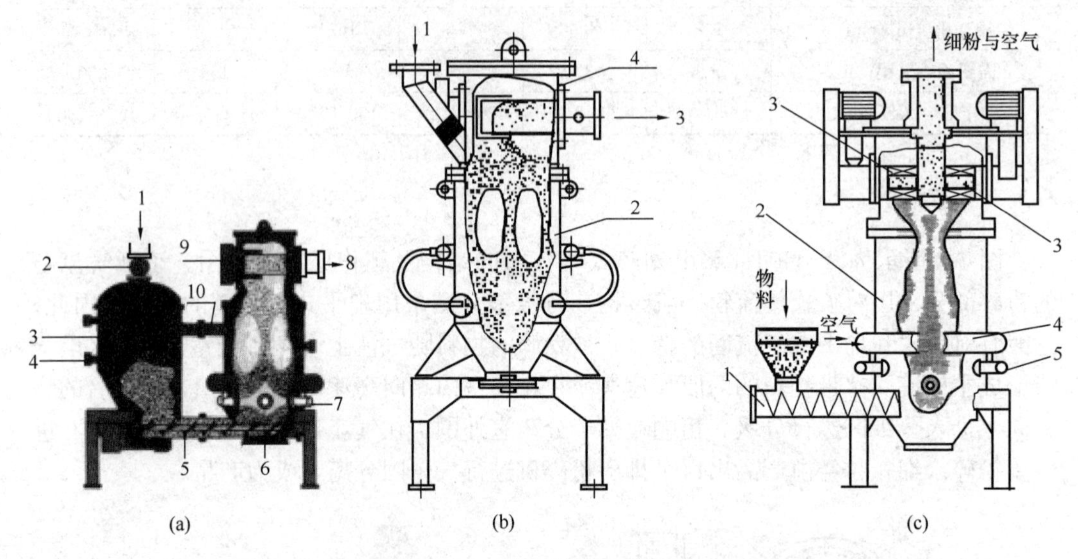

图 3-5　流化床对喷式气流粉碎机

(a) 下给料单分级轮气流粉碎机：1—进料口；2—星形阀；3—料仓；4—料位控制器；5—螺旋加料器；6—粉碎室；7—喷嘴；8—出料口；9—分级机；10—连接管

(b) 上给料单分级轮气流粉碎机：1—原料入口；2—粉碎室；3—产品出口；4—分级室

(c) 1—螺旋加料器；2—粉碎室；3—分级叶轮；4—空气环形管；5—喷嘴

工作时，物料通过加料器将物料送入粉碎室；压缩空气通过粉碎喷嘴激剧膨胀加速产生的超音速喷射流在粉碎室下部形成向心逆喷射流场，在压差作用下磨室底部的物料流态化；被加速的物料在多喷嘴的交汇点汇合，产生剧烈的冲击、碰撞、摩擦而粉碎；被粉碎物料随上升的气流一起运动至粉碎室上部的一定高度，粗颗粒在重力的作用下，沿磨室壁面回落到磨室下部，细颗粒随气流一起被带到上部的涡轮分级机，在分级机流场内，粗颗粒在离心力作用下被抛向筒壁附近，并随失速粗粉一起回落到磨室再进行粉碎；而符合细度要求的微粉则通过分级片流道向轴心运动，经与气流一起经分级机排出，至旋风分离器进行气固分离和收集；少量超微细颗粒由袋式收尘器进一步捕集；经布袋收尘后的净化空气由引风机排出机外。连接管可使料仓与粉碎室的压力保持一致。料仓上、下料位由精密料位传感器自动控制星形阀给料或螺杆加料器进料速度，使粉碎始终处于合适的状态。

涡轮分级机的转速由变频器控制，产品的粒度可在一定范围内任意调节，同时在涡轮分级机传动结构上设计了特殊的气封装置，防止了微粉进入轴承，避免高速轴承受到磨损。

与早期圆盘式、循环管式以及对喷式气流磨相比，流化床式气流粉碎机具有以下特点：

(1) 因为给料和高能气流分开，且采用逆向对喷，颗粒以相互冲击和碰撞粉碎为主，避免了颗粒对磨室器壁及给料器（文丘里管）的磨损以及因此导致的被粉碎物料的污染，因此，流化床对喷式气流磨除了可以粉碎传统气流磨所能粉碎的物料外，还可用于高硬物料和高纯度物料的超细粉碎。

（2）将传统的气流磨的线面冲击粉碎变为空间立体冲击粉碎，并利用对喷冲击所产生的高速射流能用于粉碎室的物料流动中，使磨室内产生类似于流化状态的气固粉碎和分级循环流动效果，提高了冲击粉碎效率和能量利用率。

（3）因为采用流化床式结构，粉碎室被粉碎物料在流化床上升过程中气流对其具有良好的分散作用，部分粗颗粒因为重力作用落回粉碎室，提高了分级机的效率和减轻了对分级机的磨损。

（4）内置精细分级装置，对粉碎后的物料进行强制分级，不仅可以调控产品细度和粒度分布，而且可以提高粉碎效率和降低单位产品能耗。

流化床型气流磨的喷嘴有多种形式，如水平布置、倾角配置（对不易流化的物料较适用）等。

表3-7～表3-12分别为国产LHL、QF、QLD、LNJ、QLM型以及AFG型流化床对喷式气流磨的主要技术参数。

表3-7　LHL型流化床对喷式气流磨的主要技术参数

型　号	LHL-3	LHL-6	LHL-10	LHL-20	LHL-40	LHL-60	LHL-120
入料粒度（目）	20～400						
产品细度 d_{97}（μm）	2～150						
生产能力（kg/h）	15～100	40～250	90～500	200～1100	500～2500	750～4000	1500～8000
空气耗量（m^3/min）	3	6	10	20	40	60	120
空气压力（MPa）	≥0.8						
装机功率（kW）	27.5	53	75	159	300	440	830

表3-8　QF型流化床对喷式气流磨的主要技术参数（江苏密友粉体新装备制造有限公司）

型　号	QF-88	QF-148	QF-248	QF-348	QF-488	QF-588	QF-688	QF-788
工作压力（MPa）	0.75～0.85							
空气耗量（m^3/min）	1.5	3	6	10	20	40	60	80
进料粒度（目）	45～150	60～325					45～200	
粉碎细度 d_{97}（μm）	0.5～30						5～150	
生产能力（kg/h）	0.5～8	5～100	50～200	80～380	200～500	400～1000	600～2200	800～3000
装机功率（kW）	20	40	60	95	188	376	560	728

表3-9　QLD型流化床对喷式气流磨的主要技术参数

型　号	QLD 100	QLD 350	QLD 450	QLD 680
粉碎压力（MPa）	0.6～0.9	0.6～1.2	0.6～1.2	0.6～1.2
空气耗量（m^3/min）	2.2	8～12	16～22	33～44
生产能力（kg/h）	2～10	20～250	50～500	120～1500

续表

型　号	QLD 100	QLD 350	QLD 450	QLD 680
粉碎细度 d_{97}（μm）	2.5～40	2～50	2～50	2～50
分级机最大转速（r/min）	6000	8000	6000	4000
系统总功率（kW）	20	65～90	132～160	300～335
设备质量（kg）	150	270	530	1200

表 3-10　LNJ 型流化床气流粉碎机的主要技术参数

型　号	LNJ-6	LNJ-18	LNJ-36	LNJ-120	LNJ-240
空气消耗量（m^3/min）	1	3	6	20	40
最大入料粒度（mm）　≤	3	3	3	3	3
成品粒度（可调）（μm）	2～90				
生产能力（kg/h）	0.2～5	5～50	6～200	40～800	50～1000
装机功率（kW）	8.5	27.5	38.5～48	130～150	257～300

表 3-11　QLM 型对喷式流化床气流磨的主要技术参数

型　号		QLM-Ⅱ	QLM-Ⅲ	QLM-Ⅳ	QLM-Ⅴ
空气消耗量（m^3/h）		600	1200	2400	7200
生产能力对比系数 F（%）		0.1	0.4	1	2.5
	电机功率（kW）	4	5.5	15	15×3
	最大转速（r/min）	8000	6000	4000	4000
空压机	排气压力（MPa）	0.8	0.8	0.8	0.8
空压机	排气量（m^3/min）	10	20	40	120
空压机	电机功率（kW）	55	132	264	250×3
引风机装机功率（kW）		4	7.5	18.5	45
系统总功率（kW）		64.5	148	302.5	846

表 3-12　AFG 型流化床对喷式气流磨的主要技术参数

型　号	产品细度 d_{97}（μm）	额定空气耗量（Nm^3/h）	粉碎喷嘴（个）		分级器类型（轮数）	分级电机功率（kW）	分级轮转速（r/min）
			AFG	AFG-R			
200/1	4～60	300	3	3	ATP100/1	3	11500
280/1	4～100	600	3	3	ATP140/1	4	8600
400/1	5～120	1200	3	4	ATP200/1	5.5	6000
400/4	4～100	1200	3	4	ATP100/4	12	11500
630/1	6～150	3000	4	5	ATP315/1	11	4000
710/1	7～150	4800	4	5	ATP400/1	15	3150
710/4	5～120	4800	4	5	ATP200/4	22	6000
800/1	8～150	8400	4	5	ATP500/1	30	2400

续表

型　号	产品细度 d_{97} (μm)	额定空气耗量 (Nm^3/h)	粉碎喷嘴（个）		分级器类型（轮数）	分级电机功率（kW）	分级轮转速（rpm）
			AFG	AFG-R			
800/3	6～150	8400	4	5	ATP315/3	33	4000
1000/1	9～200	12000	4	5	ATP630/1	45	2000
1250/6	6～150	16800	4	5	ATP315/6	90	4000
1500/3	8～150	22500	4	5	ATP500/3	120	2400

3.2.5　靶式气流粉碎机

靶式气流粉碎机又称为单喷式气流粉碎，是最早问世的气流粉碎机。在这类气流粉碎机中，物料的粉碎方式是颗粒与固定板（靶）进行冲击碰撞。固定板（靶）一般用坚硬的耐磨材料制造并可以拆卸和更换。早期的靶式气流粉碎机由于效率低、固定靶容易磨损以及产品粒度较粗且可控性差等原因，没有被大规模应用，但近20年来，靶式气流粉碎机的结构有显著改进。

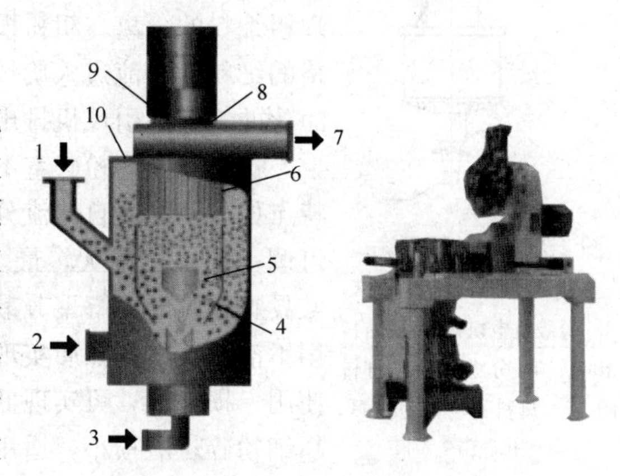

图3-6　MJT型靶式气流粉碎机的结构与工作原理示意图

1—给料；2—喷射气流；3—粉碎气流；4—塔靶；5—分级粗颗粒二次碰撞区；6—分级机；7—排料；8—清洁空气；9—转轴；10—冲洗气体

图3-6所示为日本某公司生产的MJT型靶式气流粉碎机的结构与工作原理示意图。除了粉碎室和粉碎原理外，其结构吸取了流化床对喷式气流磨的结构，上部设置分级机强制分级，且补充清洁空气分散进入分级机的粉体物料，以提高分级精度和效率，也可以引入不活泼气体，如N_2，确保物料在粉碎过程中不被氧化。

MJT-1型塔靶式气流粉碎机的主要技术参数如下：压缩空气耗量8Nm^3/h，生产能力30～80kg/h，分级机转速7000r/min，功率5.5kW，风机风量20Nm^3/h。

表3-13所示为LNJR型喷射靶式气流磨的主要技术参数。这种靶式气流磨采用旋转靶，并结合了水平圆盘式气流磨的结构，强化了碰撞和冲击粉碎作用，提高了粉碎效率，同时提高了靶的使用寿命。

表3-13　LNJR型喷射靶式气流磨的主要技术参数

型　号	LNJR-36A	LNJR-120A	LNJR-240A	LNJR-480A
空气消耗量（m^3/min）	6	20	40	80
最大入料粒度（mm）	3	3	3	3
成品粒度（可调）（μm）	2～90			
生产能力（kg/h）	50～360	500～1200	600～2500	1200～6000
装机功率（kW）	40.3～41	134～154	268～311	520～750

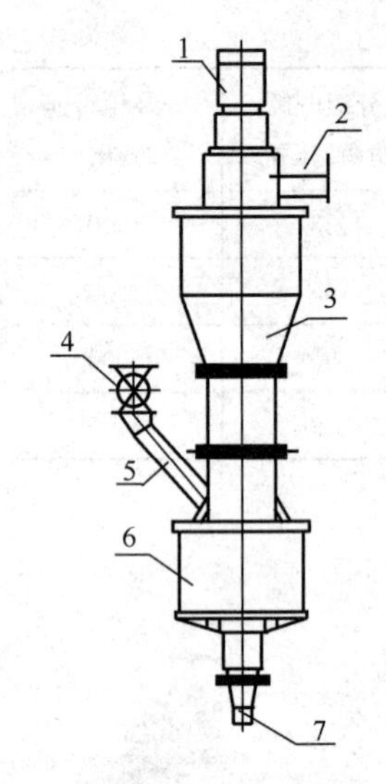

图 3-7　LHC 型气旋式气流磨外形结构图

1—分级机电机；2—成品料出口；3—分级区；4—进料阀；5—进料管；6—粉碎区；7—压缩空气入口

3.2.6　气旋式流态化气流粉碎机

图 3-7 所示是 LHC 型气旋式气流磨外形结构图。其工作过程如下：压缩空气经过冷却、过滤、干燥后，经喷嘴形成超音速气流射入旋转粉碎室，使物料呈流态化，在旋转粉碎室内，被加速的物料在数个喷嘴的喷射气流交汇点汇合，产生剧烈的碰撞、摩擦、剪切而达到颗粒的超细粉碎。粉碎后的物料被上升的气流输送至叶轮分级区内，在分级轮离心力和风机抽力的作用下，实现粗细粉的分离，粗粉根据自身的重力返回粉碎室继续粉碎，合格的细粉随气流进入旋风收集器，微细粉尘由袋式除尘器收集，净化的气体由引风机排出。

这种气流磨粉碎室不同于流态化对喷式气流磨，其主要性能特点如下：配置自分流分级系统，产品粒度分布窄，且产品细度可调；进料粒度大，最大进料粒度可达 5mm；除超细粉碎外，兼具颗粒整形、解聚分散功能；对易燃、易爆、易氧化的物料可用不活泼气体作介质实现闭路粉碎，且可实现不活泼气体的循环使用，损耗低；可实现低温粉碎，适用于低熔点、热敏性物料的超细粉碎；磨损小，适用于于高硬度、高纯度物料的超细粉碎。

表 3-14 为 LHC/Y 型气旋式气流粉碎机的主要技术参数。

表 3-14　LHC/Y 型气旋式气流粉碎机的主要技术参数

型　号	LHC/Y-3	LHC/Y-6	LHC/Y-10	LHC/Y-20	LHC/Y-40	LHC/Y-60
入料粒度（mm）	≤3					
产品细度 d_{97}（μm）	5～45					
生产能力（kg/h）	5～150	60～300	100～500	200～1500	600～3000	800～4500
空气耗量（Nm^3/min）	3	6	10	20	40	60
空气压力（MPa）	0.8					
总装机功率（kW）	30	59	85	165	310	450

3.2.7　过热蒸汽气流磨

过热蒸汽气流磨是以过热蒸汽作为粉碎工质或动能的气流粉碎机。其特点：一是粉碎强度大，空气介质气流磨形成的气流速度一般为 500m/s，蒸汽动能磨气流速度可达到 1000m/s 以上；二是设备可大型化，目前最大的空压机 200～300m^3/min，压缩空气介质气流磨很难大型化，而锅炉大型化设备已普及，容易实现蒸汽动能气流磨的大型化，提高了单机设备的产能；三是兼具干燥功能，加工后的粉体分散性好。

蒸汽动能磨（LNGS Steam Jet Mill）是以工业余热产生的过热蒸汽（压力≥0.2MPa，温度为≥200℃）作为工质，通过高速加速装置实现粉碎腔中过热蒸汽的超音速流动，物料在超音速气流的带动下进行加速，加速后的物料颗粒在粉碎腔中心部分发生碰撞粉碎，粉碎后的物料通过分级机进行分级，最后通过除尘器进行收集。这种气流磨由于利用工业余热蒸汽，可以节能和降低粉碎成本。表 3-15 为 LNGS 型过热蒸汽动能磨的主要技术参数。这种气流磨已用于粉煤灰、钢渣、固硫灰等物料的超细粉碎。

表 3-15　LNGS 型过热蒸汽动能磨的主要技术参数

型　号	LNGS-200	LNGS-1000	LNGS-2000	LNGS-3000	LNGS-6000	LNGS-10000
蒸汽耗量（kg/h）	200	1000	2000	3000	6000	10000
入料粒度（mm）≤	3	5				
成品粒度 d_{50}（μm）	1～74（可调）					
生产能力（kg/h）	50～200	100～1000	500～4000	1000～7000	2000～10000	5000～20000

3.3　机械冲击式超细磨

机械冲击式超细磨机是指围绕水平或垂直轴高速旋转的回转体（棒、锤、片等）对物料进行激烈打击、冲击、剪切等作用，使其与器壁或固定体以及颗粒之间产生强烈的冲击碰撞从而使颗粒粉碎的一类超细粉碎设备。这些设备主要应用于煤系高岭土、方解石、大理石、白垩、滑石、叶蜡石等中等硬度以下非金属矿物以及化工粉体产品的超细粉碎与解聚。以下主要介绍非金属矿行业适用的几种机械冲击式超细粉磨机。

3.3.1　LHJ 型超细粉碎机

图 3-8 所示为 LHJ 型超细粉碎机的结构与外形图。其结构主要由机壳、给料斗、粉碎室、分级区、出料口、主机底座、电机以及分级机电机等构成，其作用原理是特殊设计的旋转冲击盘在高速旋转下不仅对颗粒物料进行直接打击和剪切，而且在粉碎室内

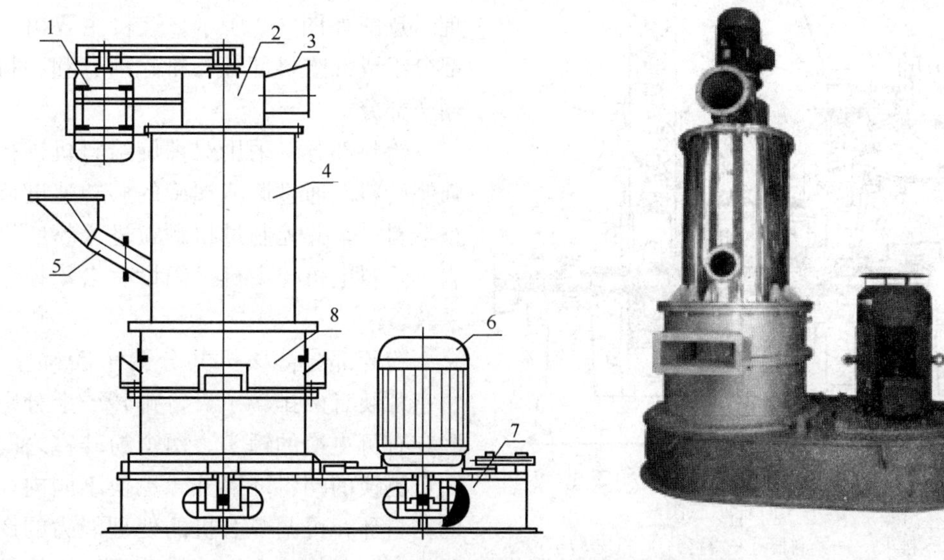

图 3-8　LHJ 型超细粉碎机的结构与外形图

1—分级机电机；2—分级轴；3—出料口；4—分级区；5—进料口；6—主机电机；7—机座；8—粉碎室

形成强大的涡旋流造成颗粒间的相互撞击、摩擦和剪切作用。

工作过程：物料由进料装置输送至主机粉碎腔，物料与高速回转器件及颗粒之间互相冲击、碰撞、摩擦、剪切、挤压而实现粉碎。粉碎后的物料由气流携带进入上部的分级机进行精细分级，合格的超细粉体由粉碎机上部的出口排出，粗粉由分级机外沿回落到粉碎室再次粉磨，净化的气体由引风机排出。

LHJ 型超细粉碎机的主要性能特点是：①粉碎比较大。入料粒度 30mm，产品细度可达到 $d_{97}\leqslant5\mu m$；②内置精细分级装置，产品细度和粒度分布可精确和方便调整；③负压生产，无粉尘污染；④粉碎结构多样化，对物料的适应性强；⑤具有选择性粉碎作用，特别适合生产硅灰石、纤维海泡石、蛇纹石、透闪石等针状矿物粉体料，产品长径比能达到 15∶1；⑥单位产品能耗较低。

LHJ 型超细粉碎机的主要技术参数列于表 3-16。这种机械冲击式粉碎机是当今非金属行业的主流超细粉碎设备之一，适用于中等硬度以下非金属矿物的超细粉碎，广泛应用于高岭土、滑石、重晶石、硅灰石等非金属矿超细粉体的生产。

表 3-16　LHJ 型超细粉碎机的主要技术参数

型　号	LHJ-50	LHJ-70	LHJ-150	LHJ-260	LHJ-500	LHJ-750
进料粒径（mm）	≤10	≤30				
产品细度 $d_{97}/(\mu m)$	4～200					
产量（kg/h）	100～1200	250～3000	500～6000	1000～15000	1500～25000	2500～45000
主机率（kW）	75	132	160	—		

3.3.2　CM 型超细粉磨机

CM 型超细粉磨机的结构和工作原理示意图如图 3-9 所示。该机主要由三部分组成：给料部分、粉碎部分和物料输送部分。

给料部分：采用双螺旋给料机进行强制给料。通过调节螺旋的旋转速度调整给料量，并控制过粗颗粒进入粉磨机内。给料电机与主机之间设有自动控制系统。

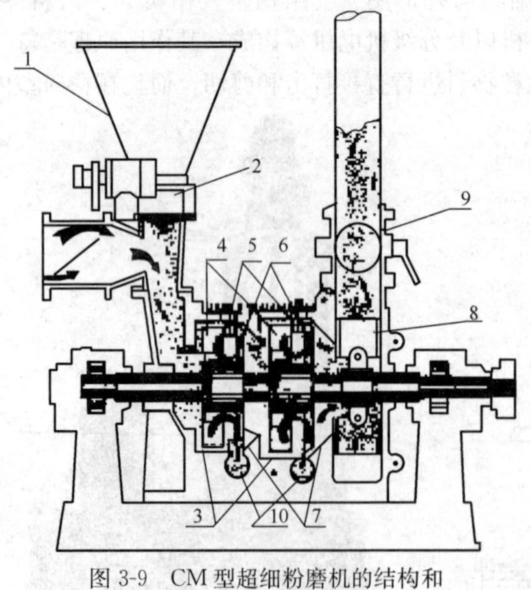

图 3-9　CM 型超细粉磨机的结构和工作原理示意图

1—料斗；2—给料器；3—衬套；4—1 号转子；5—固定销；6—2 号转子；7—粒度调节环；8—风机；9—阀；10—排渣口

粉碎部分：该机共分两个粉碎室，每室各装有两排转子，每排转子上分别固定有可更换的锤头。两个粉碎室之间由可更换的挡料环隔开。更换不同内径的挡料环，可调节磨机的处理能力的产品细度。各粉碎室内壁均装有可更换的带有细齿形的衬板，它与各排锤头的间隙约为3mm。每室两排锤头之间各装有4枚撞针，通过调整撞针偏心距来调节它与锤头侧面间隙的大小。

物料输送部分：在主风机所产生负压和粉磨机主轴右端的风扇作用下将已磨细的物料送入分级机内进行分级。合格的超细颗粒进入产品收集装置，粗粒物料沿器壁落入返料筒，回到粉磨机再磨，或单独作为产品。

CM 51型超细粉磨机的主要技术参数：功率55kW，主轴转速2400r/min，产量100～300kg/h，D_{50}＝1.5～5.5μm；进料粒度≤8mm，粉碎室2个，锤头数量28块，配置分级机及集料器、收尘器的成套设备装机功率92kW，占地面积40m²。

这种设备在20世纪80～90年代曾是中国非金属矿行业干法超细粉碎的主流设备之一，但近十年来由于生产能力较小等原因，用户逐渐减少，目前化工行业仍有应用。

3.3.3　JCF型冲击磨

图3-10所示为JCF型冲击磨的外形及结构与工作原理示意图。该机主要由加料器、粉碎部件、分级部件、机壳及底架、主电机等组成。

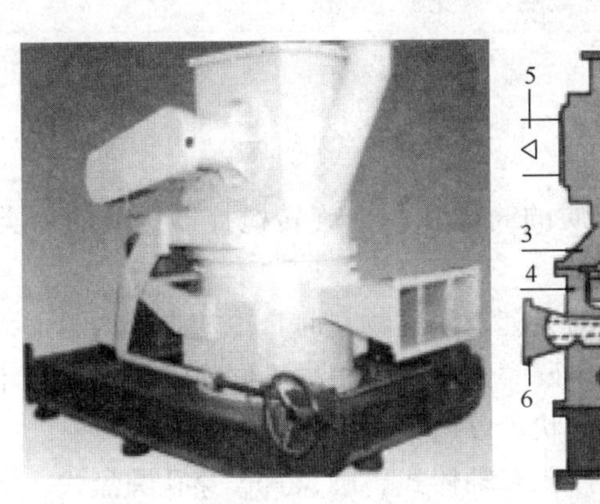

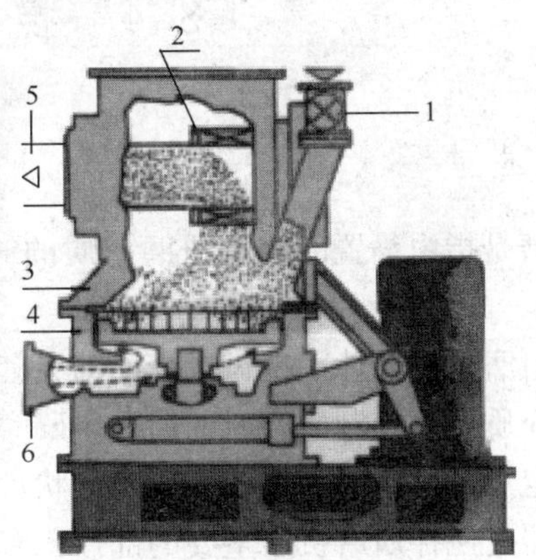

图3-10　JCF型冲击磨的外形及结构与工作原理示意图

1—星形阀；2—分级转子；3—分级部筒体；4—粉碎部机壳；5—排料口；6—吸风罩

工作时，原料由星形阀从设备上部加入，经过斜管进入分级室，在进料中已达到产品细度要求的粉料从分级轮中排出机外，余下的物料进入粉碎室，受到均匀分布在围绕垂直轴急速旋转的回转体外周冲击锤的激烈冲击；同时，在冲击锤与衬板之间的间隙处受到冲击、摩擦、剪切等作用；被粉碎的物料随气流上升至分级轮处进行分级。细粒级产品从排料口排出机外，粗颗粒沿筒壁边缘降落至粉碎室进一步粉碎；空气从下部的吸风口进入粉碎室，并上升到分级室，然后从上部的排料口随细粒级产品一起排出机外。JCF型冲击磨的主要技术参数列于表3-17。

表3-17　JCF型冲击磨的主要技术参数

型　号	JCF 400		JCF 630		JCF 1000	
	分级	粉碎	分级	粉碎	分级	粉碎
电机功率（kW）	5.5(7.5)	15(18.5)	11	37	15	75

续表

型 号	JCF 400		JCF 630		JCF 1000	
	分级	粉碎	分级	粉碎	分级	粉碎
最高转速（r/min）	6000	5600	4000	3550	2400	2250
产量（kg/h）	40～400		50～1000		400～3000	
设备质量（kg）	807		2450		5330	
外形尺寸（长×宽×高）（mm×mm×mm）	1460×780×1707		2145×1330×1710		3460×1866×2350	
最大给料粒度（mm）	5		5		15	
产品细度 d_{97}（μm）	6～120		10～120		8～150	
风机风量（m^3/h）	1000～1500		2950		6000～10000	
风机功率（kW）	15		30		45（55）	

3.4 搅 拌 磨

3.4.1 概述

搅拌磨是指由静置的内填研磨介质的筒体和一个旋转搅拌器构成的一类超细研磨设备。

搅拌研磨机的筒体一般做成带冷却夹套，研磨物料时，冷却夹套内可通入冷却水或其他冷却介质，以控制研磨时的温升。研磨筒内壁可根据不同研磨要求镶衬不同的材料或安装固定短轴（棒）和做成不同的形状，以增强研磨作用。

搅拌器是搅拌研磨机最重要的部件，有轴棒式、圆盘式、穿孔圆盘式、圆柱式、圆环式、螺旋式等类型。

连续研磨时或研磨后，研磨介质和研磨产品（料浆）要用分离装置分离。这种介质分离装置种类很多，目前常用的是圆筒筛，筛孔尺寸一般为50～1500μm。

搅拌研磨机主要通过搅拌器搅动研磨介质产生不规则运动，对物料施加撞击或冲击、剪切、摩擦等作用使物料粉碎。

超细研磨时，搅拌研磨机一般使用平均粒径小于10mm的球形介质。其中，转速小于350r/min的搅拌盘或棒边缘线速度小于300m/min的低速搅拌磨一般采用3～10mm的研磨介质；线速度高于650m/min的高速搅拌磨一般采用0.5～3mm的介质。研磨介质的直径对研磨效率和产品粒径有直接影响。此外，研磨介质的密度（材质）及硬度也是影响搅拌研磨机研磨效果的重要因素之一。常用的研磨介质有氧化铝、氧化锆、硅酸锆、陶瓷等陶瓷球或珠以及刚玉、碳化硅、玻璃、钢球（珠）等。

搅拌磨根据作业方式分为间歇式、循环式、连续式三种，按工艺可分为干式搅拌研磨机和湿式搅拌研磨机，按搅拌器的不同还可分为棒式搅拌磨、圆盘式搅拌磨、螺旋或塔式搅拌磨、环隙式搅拌磨，按筒体配置方式分为立式搅拌磨和卧式搅拌磨。

3.4.2　研磨原理

（1）介质的运动

搅拌磨介质之间的相对运动是颗粒研磨粉碎的前提，介质之间没有相对运动，颗粒就不能受力，也就不能被粉碎。介质在搅拌器搅拌下运动，其运动是复杂的，速度也是时刻变化的。但是，其运动只能是平动和转动的合成。如图 3-11 所示，磨筒内任意处相邻两介质，选取正交坐标系 n 和 τ，其中 n 轴通过两介质中心，运动分解为 n 方向相对正碰撞和 τ 方向的相对切向运动以及相对滚动三种形式。如图 3-12 所示，介质的平动速度为 u_1、u_2，转动速度为 ω_1、ω_2。将平动速度在 τ、n 两个方向上分解为 $u_{1\tau}$、u_{1n}、$u_{2\tau}$、u_{2n}；这样，介质的运动正碰撞的相对速度为 $u_{2n}-u_{1n}$，对充填在介质间楔形内部分颗粒进行挤压粉碎，同时楔形边缘物料被冲击逃逸而不能被捕获粉碎；切向运动对物料产生冲击粉碎；相对滚动对楔形内部分颗粒捕获碾碎，楔形边缘颗粒不能被捕获碾碎。实际上，介质间碰撞运动、切向运动和相对滚动三种形式同时并存，只是大小不等，作用的结果是对颗粒的捕获粉碎和冲击粉碎。捕获使物料无处逃逸而被强制粉碎，是最有效的粉碎过程。

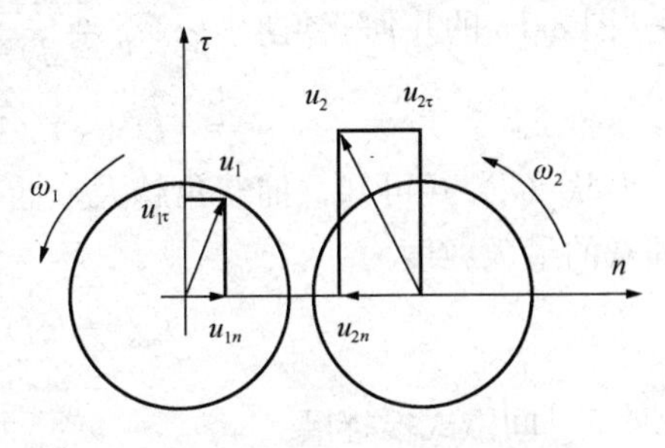

图 3-11　研磨介质运动示意图

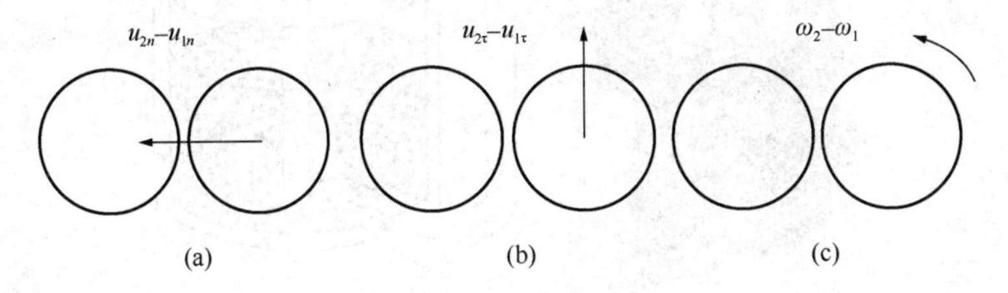

图 3-12　介质运动的三种形式

（a）相互碰撞；（b）切向运动；（c）相对滚动

（2）介质直径与捕获粒度的关系

如图 3-13 所示，直径为 D 的介质被搅拌器搅拌，两介质间缝隙为 e，直径为 d 的物料颗粒填充到介质之间，介质向缩小 e 的方向运动并有捕获颗粒被压碎的趋势，颗粒受到介质的正压力 N_1、N_2 和摩擦力 fN_1、fN_2，摩擦力的方向与颗粒逃逸方向相反，颗粒与介质的摩擦系数为 f，$\tan\mu=f$，μ 为摩擦角。在 n、τ 坐标系中，颗粒所受合力在两个方向的分力分别为 F_n 和 F_τ。当 $F_\tau\geqslant 0$ 时，颗粒受指向介质间的狭缝内部的力，颗粒不能逃逸而被捕获粉碎；当 $F_\tau<0$ 时，颗粒受力的方向指向介质外部，颗粒就会受到冲击力而加速逃逸。所以，颗粒被捕获粉碎的条件为：

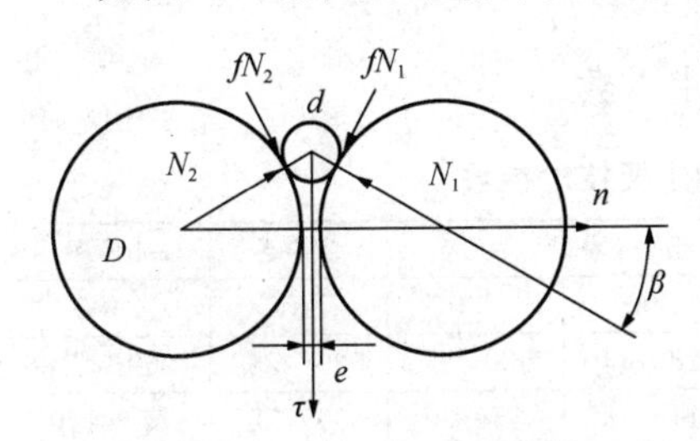

图 3-13　颗粒捕获力学模型

$$\begin{cases}\sum F_{\tau} \geqslant 0 \\ \sum F_{n} = 0\end{cases}$$

$$\begin{cases}-N_1\sin\beta - N_2\sin\beta + fN_1\cos\beta + fN_2\cos\beta \geqslant 0 & (1) \\ -N_1\cos\beta + N_2\cos\beta - fN_1\sin\beta + fN_2\sin\beta = 0 & (2)\end{cases}$$

由（2）得 $N_1 = N_2$，代入（1）并整理解得：

$\sin(\mu-\beta)\geqslant 0$，$\beta\leqslant\mu$，就是说在 $\beta\leqslant\mu$ 的范围内，颗粒均能被捕获，最大捕获角 $\beta=\mu$。图 3-13 的几何三角形中 $\cos\beta=\dfrac{D+e}{D+d}$，$d=(D+e)\dfrac{1}{\cos\beta}-D$，或

$$d=(D+e)\sqrt{1+\tan^2\beta}-D \quad \beta\in(0,\mu) \tag{3}$$

从（3）式可知，捕获角越大，捕获粒度就越大。当捕获角取得最大值 μ 时，介质捕获的最大粒度为：

$$d_{\max}=(D+e)\sqrt{1+\tan^2\mu}-D$$

3.4.3　间歇式搅拌磨

图 3-14 所示为 S 型间歇式搅拌球磨机的外形及结构与工作原理示意图。其结构包括电机、减速机、机架、搅拌轴、磨桶、搅拌臂、配电系统、蜗轮副系统等部分。

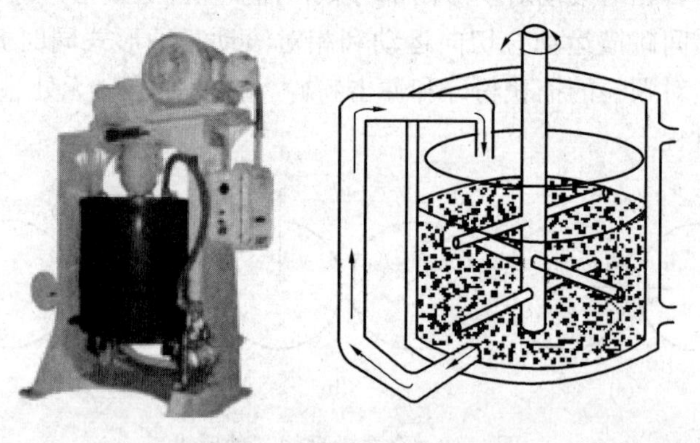

图 3-14　S 型间歇式搅拌球磨机的外形及结构与工作原理示意图

工作原理：在主电机动力驱动下，搅拌轴带动搅拌臂高速运动迫使磨桶内的介质球与被磨物料做无规则运动；物料和介质球之间因相互撞击、剪切和摩擦而被粉碎。其研磨作用主要发生在研磨介质与物料之间。

表 3-18 所列为 S 型间歇式搅拌球磨机的主要技术参数。

表 3-18　S 型间歇式搅拌球磨机的主要技术参数

型　号	5-S	10-S	15-S	30-S	50-S	100-S	200-S	400-S
研磨缸容积（L）	30	60	90	200	300	600	1200	2400
工作容积（L）	15～19	26～34	38～45	87～95	128～140	265～285	530～568	1060～1136
功率（kW）	12～4	3～5	3～7	7～15	11～18	15～30	30～55	55～110
高度（cm）	185	200	210	230	250	270	310	375
占地（cm×cm）	86×158	132×107	132×104	155×110	188×127	208×142	224×183	275×203
机重（kg）	600	800	800	1400	2800	4200	4000	5300

3.4.4　循环式搅拌磨

图3-15所示为Q型循环式搅拌磨的外形及结构与工作原理示意图。这种搅拌磨主要由一个直径较小的研磨筒和一个容积较大的浆料循环罐组成。研磨筒实际上是一个小型搅拌磨，内填研磨介质并在上部装有隔离研磨介质及粗粒物料的筛网。研磨介质的充填率占研磨筒有效容积的85%～90%。其工作过程是浆料连续在研磨筒和循环罐内快速循环，直到产品细度合格。

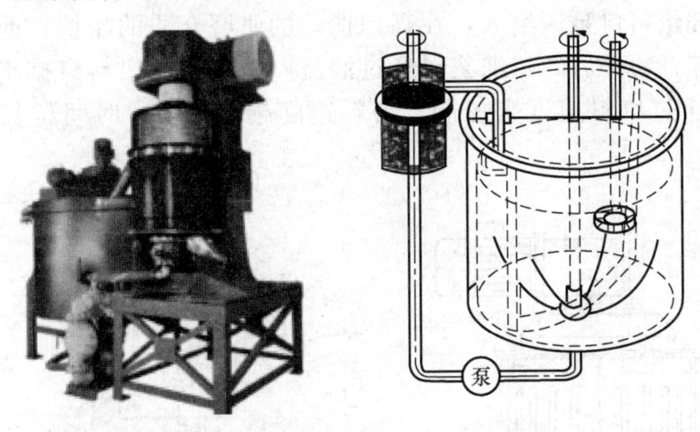

图3-15　循环式搅拌磨的外形及结构与工作原理示意图

这种搅拌磨的特点是由于浆料连续快速地通过旋转的研磨介质层和筛网，合格细粒级产品及时排出，避免了因过磨而导致的微细颗粒的团聚，研磨效率较高，且可获得窄粒级分布的研磨产品。循环缸具有混合和分散作用，可在循环罐内添加分散剂或助磨剂。此外，由于浆料每次在研磨筒内的滞留时间短，从循环筒内新泵入的矿浆足以平衡研磨筒内的温升，因此，这种搅拌磨的磨筒无需冷却。

这种搅拌磨有实验室型（Q-2）到工业型的多种规格。表3-19是Q型循环式搅拌磨的主要技术参数。

表3-19　Q型循环式搅拌磨的主要技术参数

型　号	Q-2	Q-6	Q-15	Q-25	Q-50	Q-100
研磨筒容积（L）	9.8	30	65	100	210	420
磨介量（L）	8.3	28	56	95	190	380
预混缸容积（建议）（L）	20～40	280	560	950	1900	3800
电机功率（kW）	2.2～3.7	6～11	11～18	18～30	37～56	75～112
浆料/循环速度（L/min）	13	40	80	130	265	490
全高（cm）	138	188	218	244	305	315
机台至卸料口高度（cm）	—	82	94	110	135	150
占地（长×宽）（cm×cm）	66×27	84×117	94×135	105×153	127×178	160×199
机器质量（kg）	360	820	1400	1800	2900	4500

3.4.5 连续搅拌磨

（1）立式连续搅拌磨

立式连续搅拌磨按工艺可分为干法和湿法两种。

图 3-16 所示分别为 WPM 型立式湿法连续搅拌磨（a）和 CYM 型大型湿法搅拌磨的结构示意图。与间歇式搅拌磨相比，其结构特点是研磨筒体高（长径比大），且在研磨筒内壁上安装有固定臂。立式连续搅拌磨多采用圆盘式搅拌器。其工作过程是：料浆从下部给料口泵压给入，在高速搅动的研磨介质的摩擦、剪切和冲击作用下，物料被粉碎；粉碎后的超细浆料经过溢流口从上部的出料口排出。物料在研磨室的停留时间通过给料速度来控制，给料速度越慢，停留时间越长，产品粒度就越细。

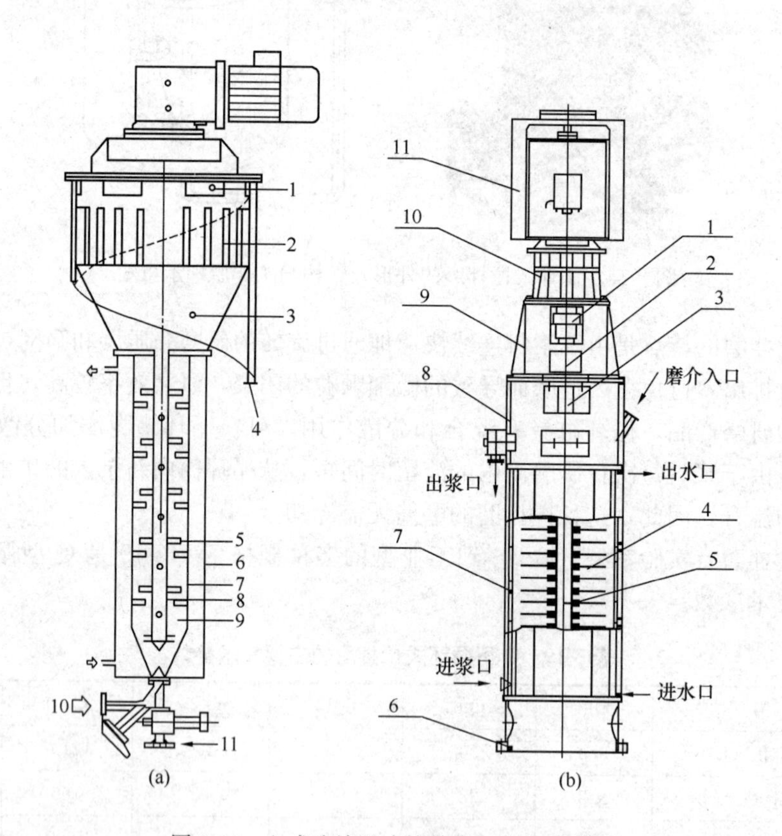

图 3-16 立式连续湿式搅拌磨的结构示意图

（a）WPM 型：1—溢流口；2—叶片；3—磨矿介质存放室；4—成品料浆出口；5—研磨室；6—冷却夹套；7—磨筒；8—搅拌轴；9—固定臂；10—给料口；11—放料阀

（b）CYM 型：1—联轴节；2—轴承座；3—主轴；4—研磨盘；5—研磨室；6—底座；7—筒体；8—出浆筒节；9—上筒体；10—减速机；11—电机

表 3-20～表 3-24 分别为 CYM、LXJM、WRMJ、LJM 型以及 RWM 型立式湿法搅拌磨的主要技术参数。

表3-20 CYM型湿法超细搅拌磨的主要技术参数

型　号	CYM3500A	CYM3500B	CYM5000A	CYM5000B	CYM11000	CYM20000
筒体容积（L）	3500	3500	5000	5000	11000	20000
研磨物料	重质碳酸钙	高岭土	重质碳酸钙	高岭土	高岭土	高岭土
入料粒度（目）	325					
出料粒度(−2μm)（%）	≥90					
成品浆料固含量（%）	70～75	40～55	70～75	40～55	50～55	
浆料产量（t/h）	1.8～2.2	1.6～2.6	3.0～4.0	2.2～4.2	8～12	16～24
装机功率（kW）	250	220	315	250	630	1120

表3-21 LXJM型湿法超细搅拌磨的主要技术参数（长沙高新开发区万华粉体设备有限公司）

型　号	磨机容积（L）	主电机功率（kW）	干处理能力（kg/h）	外形尺寸（长×宽×高）（mm×mm×mm）
LXJM-1000	1000	132	600～1500	2800×2600×4350
LXJM-1600	1600	160	800～2000	3040×2700×4680
LXJM-3000	3000	185	2000～2800	3400×2000×3250
LXJM-3600	3600	250	1500～3800	3600×3600×8700
LXJM-5600	5600	355	4000～5000	4200×2380×3500

表3-22 WRMJ型湿法超细搅拌磨的主要技术参数

型　号	WRMJ-500	WRMJ-1500	WRMJ-4000	WR6-35
浆料产品产量（kg/h）	1～1.5	1.8～3	2.6～5.8	4.5～9.5
浆料产品细度−2μm（%）	50～97			
浆料固含量（%）	50～70			
装机功率（kW）	75	160	250	355
外形尺寸（长×宽×高）（mm×mm×mm）	2500×1500×4500	3000×3000×5500	3600×3600×8600	ϕ2800×3500

表3-23 LJM型湿法超细搅拌磨的主要技术参数

型　号	磨机容积（L）	主电机功率（kW）	处理能力（kg/h）	外形尺寸（长×宽×高）（mm×mm×mm）
LXJM-800	800	75～90	400～800	1400×1400×5000
LXJM-1200	1200	90～110	600～1200	16800×18600×5600
LXJM-1800	1800	132～160	1000～2000	1900×1900×6200
LXJM-2200	2200	160～185	1200～2500	2000×2000×7000
LXJM-2600	2600	185～220	1500～3900	2000×2000×7900
LXJM-3600	3600	250～280	1900～3900	2200×2200×8800
LXJM-4800	4800	315～400	2600～5200	2400×2400×10500
LXJM-5800	5800	500～600	3900～7800	2600×2680×12000

表 3-24　RWM 型湿法超细搅拌磨的主要技术参数

型　号		RWM-800	RWM-1000	RWM-1500	RWM-2000	RWM-3000	RWM-4500	RWM-9000
磨筒容积（L）		800	1000	1500	2000	3000	4500	9000
装机功率（kW）		160	315	500	630	945	1250	2500
磨机高度（mm）		5000	7500	8150	9300	10350	11550	14400
磨机长度（mm）		1875	2150	2250	2400	2700	3150	3750
磨机质量（t）		10.5	17.5	21.5	29.0	55.0	76.0	108.0
研磨介质充填量（kg）		1600	2000	3000	4000	6000	9000	18000
产量（t/h）	$D_{60}\leqslant 2\mu m$	1.8	3.5	5.6	7.1	10.6	14.0	28.0
	$D_{90}\leqslant 2\mu m$	1.1	2.1	3.3	4.2	6.3	8.3	16.6

图 3-17 所示为 LHE 型多角形筒体湿法搅拌磨的结构示意图与外形图。其中图 3-17（a）是结构剖视图，（b）是 A 向视图，（c）是研磨筒盖图。

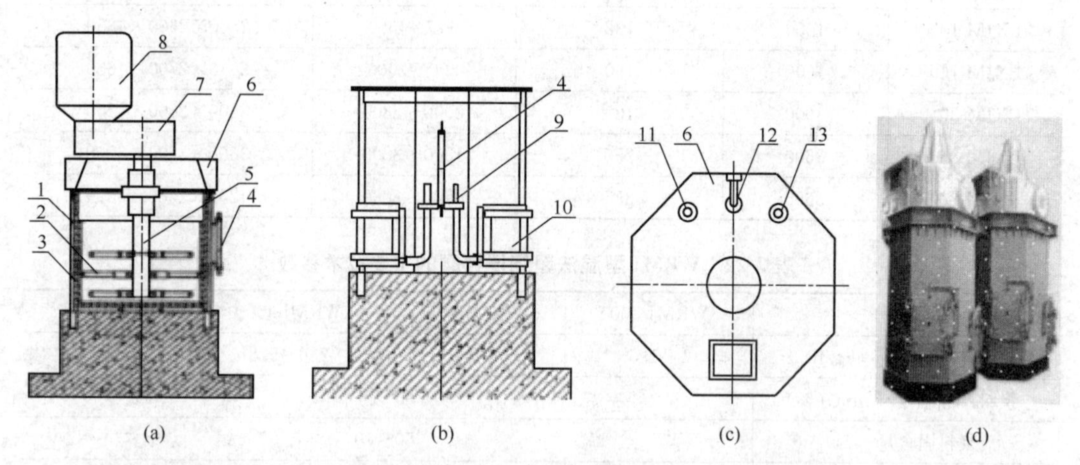

图 3-17　LHE 型湿法搅拌磨的结构示意图（a、b、c）与外形图（d）

1—研磨筒；2—搅拌棒；3—研磨内衬；4—液位计；5—转轴；6—研磨筒盖；7—减速器；8—电动机；9—溢流管；10—排料口；11—浆料进口；12—分散剂添加口；13—排气口

这种搅拌磨的结构特点是：筒体“较矮”但直径较大，且筒体的长径比小。因此，生产现场容易安装。这种搅拌磨与前述高长径比搅拌磨相比其他主要特点是：上部给料，中下部排料；筒体内部做成多边形（六边形或八边形），增加了颗粒被研磨的概率和研磨强度。该磨机上部设有进浆口、分散剂添加口和排气口，下部侧壁设有浆料出口和研磨介质排出口。被磨浆料依靠重力作用，从上到下经历研磨介质的强烈摩擦、剪切和碰撞冲击作用，被超细粉碎后的浆料从出口自流排出。由于浆料停留时间较短，一方面物料不容易过磨；另一方面，研磨过程温升较小，不容易出现粘胀，因而研磨效率较高。这种磨机近几年在重质碳酸钙浆料和超细煅烧高岭土生产中得到了越来越多的应用。

表 3-25 是 LHE 型湿法搅拌磨的主要技术参数，表 3-26 是类似结构的 DCC5000 型湿法搅拌磨的主要技术参数。

表 3-25 LHE 型湿法搅拌磨主要技术参数

型 号	LHE-1000	LHE-2000	LHE-3500	LHE-5000
有效容积（L）	1100	2100	3800	5400
装机功率（kW）	90	160～180	220～250	315～355
成品产量（kg/h）[1]	400～1000	800～2500	1500～4000	3000～8000
浆料产品细度−2μm（%）	60～95			

[1] 重质碳酸钙，浆料浓度 70%～75%。

表 3-26 DCC5000 型湿法搅拌磨主要技术参数

产品规格	$D_{60}\leqslant 2\mu m$	$D_{90}\leqslant 2\mu m$	$D_{95}\leqslant 2\mu m$
浆料固含量（%）	60～70	65～72	70～76
浆料产量（t/h）	11.5～7.8	8.5～5.5	4.5～3.5
电耗（kWh/t 浆料）	≤30	≤130	≤185
介质损耗（kg/浆料）	0.2～0.3	0.3～0.5	0.5～1.0
分散剂消耗（kg/浆料）	3～5	5～8	5～15

图 3-18(a) 所示为北京某研究院研发的 GJ5×2 大型双槽搅拌磨机的结构示意图，3-18(b) 为该类设备中 SDM-12 型的外形图。其主要结构由槽体、电动机、减速器、皮带传动装置和搅拌器等组成。槽体由底部连通的两个相同尺寸的立方体槽子构成，一个用作预磨，设有给料口；另一个用作精细磨，设有隔离筛和排料口。每个槽内设有一个搅拌器，槽上方各有一套驱动装置，两槽底部各设有一个卸料口和压缩空气入口，槽顶部设有排气管。该搅拌磨的结特点是双叶轮搅拌器、方形双槽体结构以及压缩空气负荷启动技术。

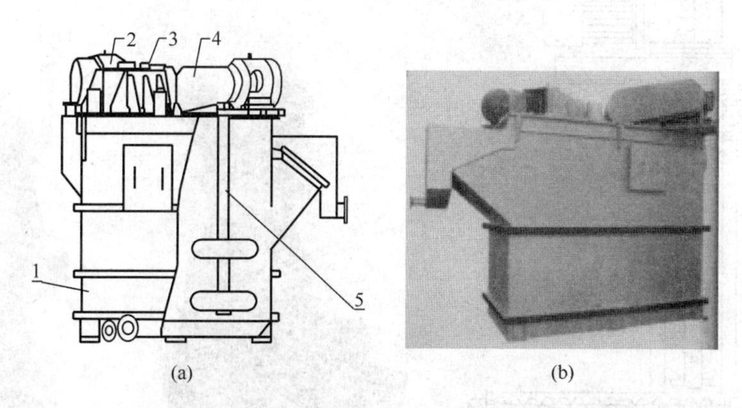

图 3-18 GJ5×2 大型双槽搅拌磨机的结构示意图（a）和 SDM-12 型外形图（b）
1—槽体；2—电动机；3—减速器；4—皮带传动装置；5—搅拌器

工作时，搅拌器高速旋转（叶轮外沿线速度达到 9.5m/s），对介质和矿浆进行强力搅拌，使颗粒物料受到强烈摩擦和撞击作用。矿浆首先从进料口进入预磨槽预磨，然后从底部进入精细磨槽，最后经隔离筛从出料口排出。

GJ5×2 大型双槽搅拌磨机的主要技术参数如下：槽体有效容积 $10m^3$，介质添加量

8～10t，安装功率150kW，外形尺寸（长×宽×高）4416mm×2706mm×3553mm，质量16t，入料粒度－45μm，产品细度单台－2μm≥85％，两台串联－2μm≥90％，生产能力1.2～1.5t/h。

SDM-12型大型双槽湿法超细磨机的主要技术参数如下：槽体有效容积12m^3，安装功率150kW，入料粒度－45μm，产品细度单台－2μm≤90％，矿浆浓度≤50％，生产能力2.0t/h。

WX型大型双槽湿法超细磨机（WX超细涡流磨）的主要技术参数列于表3-27。

表3-27 WX型大型双槽湿法超细磨机的主要技术参数（江阴鑫久机械制造有限公司）

型　号	WX-4800	WX-7200	WX-10000	WX-12000	WX-15000
研磨槽容积（L）	2×2400	2×3600	2×5000	2×6000	2×7500
装机功率（kW）	2×30	2×55	2×75	2×75	2×90
给料粒度（目）	325				
浆料浓度（％）	35～70				
成品粒度－2μm（％）	60～90				
生产能力（t/h）	0.5～1.2	0.8～1.4	1.3～2.0	1.6～2.5	2.0～3.0

图3-19所示是一种干法立式连续搅拌磨的结构示意图。这种搅拌磨的基本结构与湿法磨相似，只是给料方式不同，即采用螺旋给料机上给料和下排料。

图3-20为Hosokawa Micron Co. 的PV型内置精细分级式干法搅拌球磨机的外形

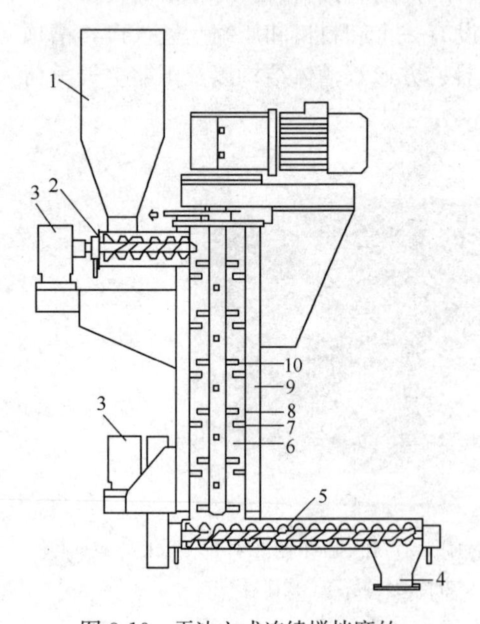

图3-19　干法立式连续搅拌磨的结构示意图
1—料斗；2—给料螺旋；3—减速机；4—产品及介质排出口；5—排料螺旋；6—搅拌棒；7—转轴；8—固定臂；9—冷却夹套；10—研磨室

图3-20　PV型内置精细分级式干法搅拌球磨机的外形（a）与工作原理示意图（b）
1—给料口；2—进气口；3—排料口

与工作原理示意图。待磨物料从机器上部给入研磨室，研磨后的物料被从下部进入的空气流携带进入上部的分级机内进行精细分级，合格超细粒级粉体随空气流从上部排出，粗颗粒从分级机外沿回落到搅拌研磨室继续研磨。这种干法搅拌磨的主要技术参数列于表 3-28。

表 3-28　PV 型内置精细分级式干法搅拌球磨机的主要技术参数

型　号	PV-150	PV-270	PV-450	PV-600	PV-800	PV-1000
研磨电机功率（kW）	0.75	2.2	11	18.5	37	75
分级电机功率（kW）	1	1	3.7	7.5	15	30
空气耗量（m^3/min）	0.7	1～1.5	6～9	10～15	18～28	30～40

（2）卧式连续搅拌磨

图 3-21 所示分别为美国某公司的 DM 型卧式湿法连续搅拌磨的结构与外形图。这种搅拌磨的结构特点，一是独特的盘式搅拌器消除了磨机在运转时的抖动并使研磨介质沿整个研磨室均匀分布，从而提高了能量利用率和研磨效率；二是采用动力介质分离筛消除了介质对筛的堵塞及筛面磨损。

表 3-29 为 DM 型卧式湿法连续搅拌磨的主要技术参数。

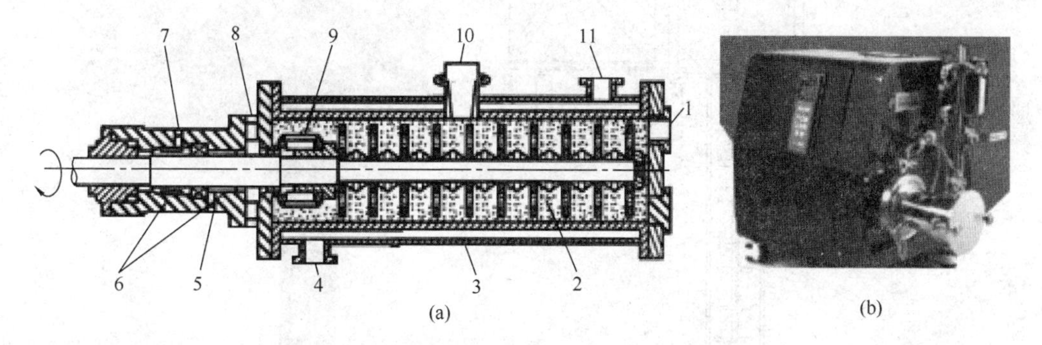

图 3-21　卧式湿法连续搅拌磨的结构（a）及外形图（b）

1—给料口；2—搅拌器；3—筒体夹套；4—冷却水入口；5—密封液入口；6—机械密封件；7—密封液出口；8—产品出口；9—旋转动力介质分离筛；10—介质入孔；11—冷却水出口

表 3-29　DM 型卧式湿法搅拌磨主要技术参数

机　型	DM-2	DM-10	DM-20	DM-50	DM-120
总容积（L）	2.7	12	22	60	144
标准功率（kW）	3.7	11	22	55	92
产量（L/h）	8～160	24～460	84～940	120～2380	200～4000
尺寸（长×宽×高）（mm×mm×mm）	1186×574×112	1377×905×1594	1377×918×1594	1683×1237×1657	2423×1696×2168
机重（kg）	310	807	1039	2338	5299

3.5 砂 磨 机

3.5.1 立式砂磨机

砂磨机又称珠磨机，因最初使用天然砂和玻璃珠做研磨介质而得名。砂磨机可分为敞开型和密闭型两类，每类又可分为立式和卧式两种，一般均为湿法生产。

图 3-22 所示为 HRWM 型砂磨机的结构示意图及外形。其结构主要由进料系统、筒体、研磨盘、传动和电控系统等组成。工作时研磨筒内大部分空间装填研磨介质，其介质是用陶瓷或特殊材料制成的粒径不等的球形颗粒。物料从立式仓筒的底部泵入，与研磨介质混合。搅拌轴由传动系统驱动，以适当的转速搅拌物料与介质的混合物。颗粒物料因研磨介质对其的摩擦和碰撞作用被粉碎，颗粒细度及粒度分布符合要求的浆料从上部排出。

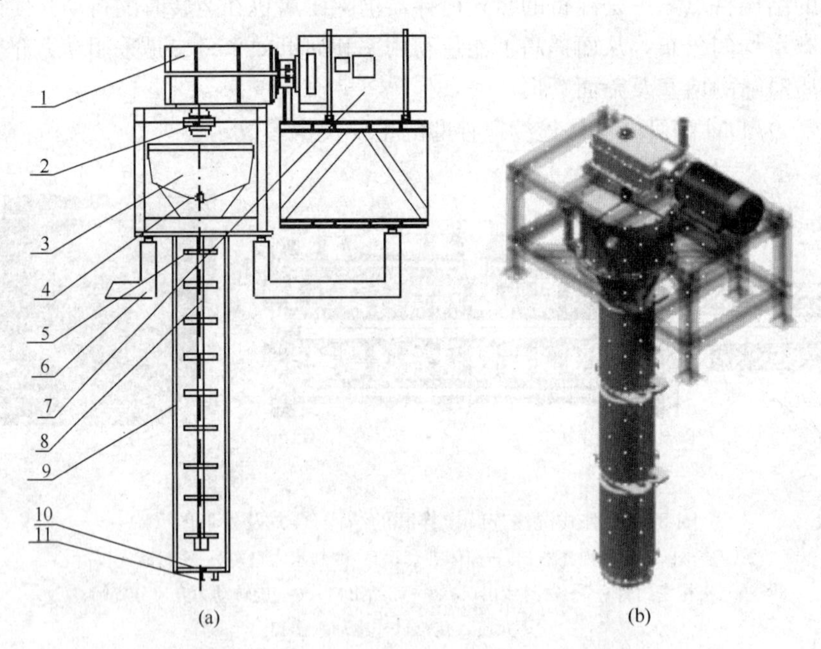

图 3-22　HRWM 型砂磨机的结构示意图（a）及外形（b）

1—轴承箱；2—联轴器；3—出料斗；4—出料口；5—研磨盘；6—支承基础；7—主电机；8—主轴；9—研磨筒；10—卸料口；11—进料口

HRWM 型砂磨机整体采用模块化设计，筒体为可拆分结构，加料系统采用变频可调控制。其主要技术参数列于表 3-30。

表 3-30　HRWM 型立式砂磨机的主要技术参数

型　号	HRWM-200	HRWM-500	HRWM-800	HRWM-1000	HRWM-1250
容积（L）	200	500	800	1000	1250
配用动力（kW）	75	160	250	315	400

续表

型　号		HRWM-200	HRWM-500	HRWM-800	HRWM-1000	HRWM-1250
介质容量（kg）		300	700	1100	1400	1800
产量（t/h）	$D_{60}\leqslant 2\mu m$	0.65	1.60	2.55	3.20	3.80
	$D_{90}\leqslant 2\mu m$	0.30	0.75	1.20	1.50	1.80
外形尺寸(长×宽×高)（mm×mm×mm）		1250×800×4500	1700×1100×6100	2000×1300×7150	2150×1450×7500	2300×1500×8500

图 3-23 所示为 DCD 型高流量珠磨机和德国 DCP-SUPERFLOW 型立式砂磨机的结构与工作原理示意图及外形图。该机主要由筒体、转子、定子壳、研磨腔、出料以及冷却、动力装置等构成。转子垂直于筒体内，筒体在顶部通过机械密封密闭。外部转子表面装有大量的搅拌棒钉。上半部转子有槽状的开口。定子壳由外层定子、定子底壁和内层定子组成，是完整的双层夹套。外层研磨腔内水平排列着定子棒钉，内层定子的棒钉螺旋排列。内层定子上方有保护筛网，与中央排料管连接。研磨腔中转子及其外部、内部工作表面位于定子中间。研磨腔内充满直径为 0.2～1.5mm 的磨珠。磨腔装满物料时，保护筛网始终在装料线的上方。由于给料泵的压力，研磨后的物料在内层研磨腔上方因离心力与磨球分离后反方向进入研磨机中心，物料首先通过安装在内层定子上的筒状保护筛网，然后向下由中央的排料管排出。其工作原理如下：磨珠在外层研磨腔转子与定子棒钉之间以及内层研磨腔的定子棒钉和内层转子表面之间流动。待研磨的物料从磨机上端均匀地进入外层转子。物料首先向下流入外层研磨腔，经过该腔研磨后沿轴向由定子下端流入内层研磨腔，内层转子的光滑表面和垂直螺旋状排列的定子棒钉产生强烈的扰动。充分混合的物料和磨珠由于转子旋转的离心作用并经装在内层转子上的挡板通过定子棒钉。挡板和转子上的开口比邻。由于密度和尺寸的差异，磨珠由于离心力的作用通过开口进入外层研磨腔的进口区域。新加入的物料带动磨珠向下流入研磨腔。如

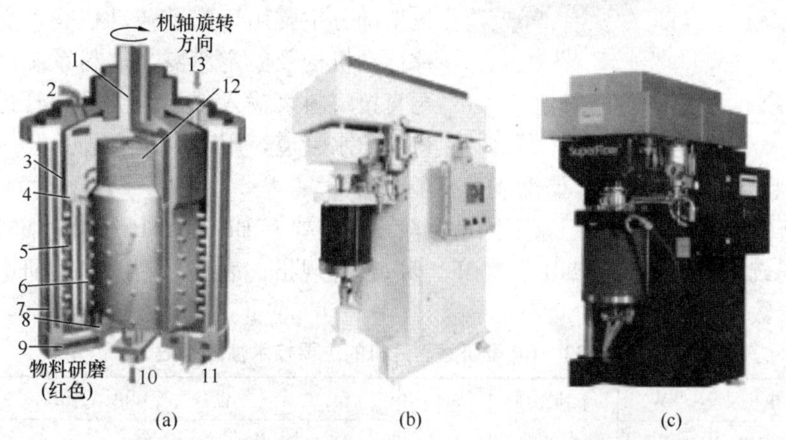

图 3-23　高流量立式砂/珠磨机的结构与工作原理示意图（a）及 DCD 型（b）和 DCP 型（c）的外形图

1—转子；2—进料口；3—物料剪切研磨；4—研磨介质离心研磨；5—第一研磨腔；6—第二研磨腔；7—外层定子；8—内层定子；9—冷却；10—出料口；11—卸珠口；12—出料筛网；13—研磨介质添加口

此，磨珠在外层研磨腔之间实现再循环。

这种砂磨机有从实验室到工业型的各种规格，产品细度可以达到 200～300nm。DCD 型高流量砂/珠磨机的主要技术参数见表 3-31。

表 3-31 DCD 型高流量砂/珠磨机的主要技术参数

型　号	DCD-12	DCD-100	DCD-200	DCD-400	DCD-800
主机功率（kW）	5.5	22/30	45/55	90/110	250
研磨腔容积（L）	1.2	10	17	30	79
产品流量（L/h）	300	1200	3000	6000	12000

研磨剥片机也是一种立式砂磨机。它主要由传动机构、剥片盘（圆盘搅拌器）、剥片筒、筛网部件、机身、电气系统、进料系统七大部分组成。矿浆经进料泵系统从下部送入研磨剥片筒内，传动机构带动剥片器（盘）高速旋转，通过剥片盘的强力搅拌及分散作用，使矿浆与研磨（剥片）介质之间产生强烈的挤压、撞击、研磨、剪切等作用，使矿浆中的颗粒物料被磨细。符合细度要求的粒子在泵压下随浆液向上经筛网由出料口流出。

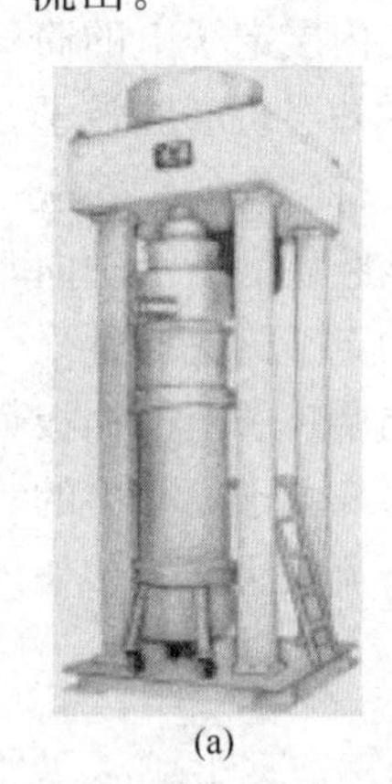
(a)

(b)

图 3-24 研磨剥片机外形图
(a) 300L；(b) 500L

传动机构由电机、带轮部件、轴承装置、传动轴、上联轴器组成。剥片器（盘）由下联轴器、剥片轴、撑套、剥片盘等主要部件所组成。剥片筒由筒身部件、进料口、放砂部件、筛网、筛网罩壳、出料斗等部分组成。筒身分内外两层，中间焊有导流板，内层用于储料，外层装有抱箍便于筒身定位固定。机身由机架部分，即传动箱、立柱、滚轮架等部件组成。机架部分主要用于安装传动机构，立柱主要支撑传动机构及固定筒身。进料系统由气动隔膜泵直接将料浆输入料筒内。冷却管道分进水管道和出水管道，用于冷却水循环。

图 3-24 为 300L 和 500L 研磨剥片机的外形图。

国产研磨剥片机因生产厂家不同型号较多，主要有 BP、MBP、MB、SM 型等，规格大体相同或相近，主要有 80L、300L、500L 等规格。表 3-32 为 BP 型研磨剥片机的主要技术参数。

表 3-32 BP 型研磨剥片机的主要技术性能参数

型　号	电机功率（kW）		主轴转速 (r/min)	容积 (L)	设备主要尺寸（mm）				
	主机	泵			A	B	C	D	E
BP-300	75	3	580	300	2420	1440	3800	1950	1000
BP-500	132	4	480	500	2820	1620	4230	2160	1100

3.5.2　卧式砂磨机

图 3-25 所示为实验室型 MINIZETA 卧式砂磨机的结构图。研究表明，该型砂磨机内物料的粉碎主要是由介质颗粒间的碰撞作用引发的。碰撞类型包括颗粒与筒壁的碰撞、颗粒与颗粒的碰撞以及颗粒与搅拌轴面的碰撞。以颗粒与颗粒之间的碰撞比例最大，颗粒与筒体壁面碰撞所占的比例最小。颗粒碰撞中法向碰撞作用力小于切向碰撞作用力，说明粉碎作用中摩擦粉碎作用占主要地位。磨机内，壁面附近和轴销附近处发生的粉碎作用主要由摩擦作用引起，该作用力随转速的增大而增大，随浓度的增大而减小。

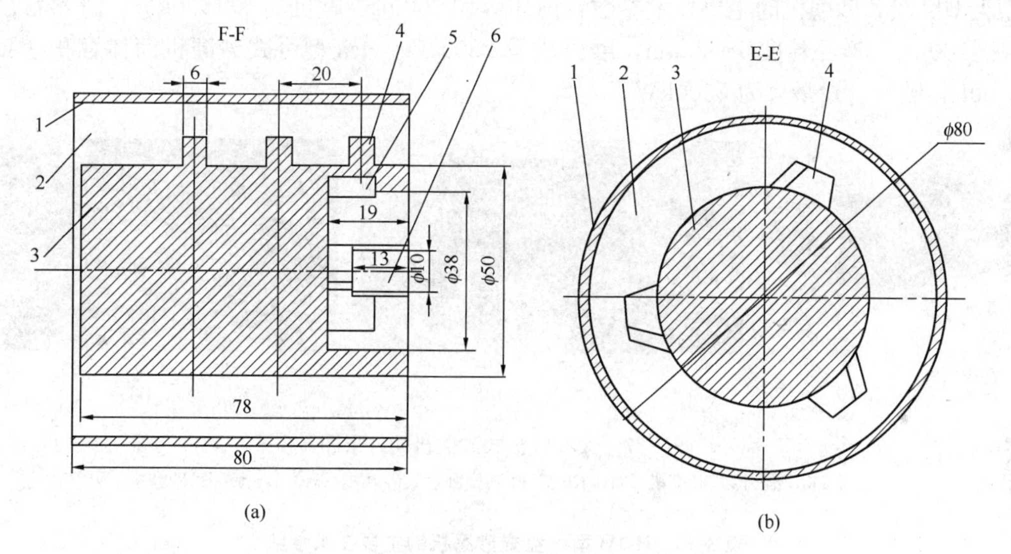

图 3-25　MINIZETA 卧式砂磨机的结构图

（a）轴向剖面；（b）径向剖面

1—研磨腔壁；2—研磨腔；3—搅拌轴；4—搅拌轴销；5—物料循环孔；6—进料管

图 3-26 所示为 CDS 型卧式砂磨机的结构与工作原理示意图及外形图。该型卧式砂磨机主要由带冷却的夹层式筒体、转子和研磨盘、离心轮、出料滤网以及电机和控制系统等组成。表 3-33 为其主要技术性能参数。

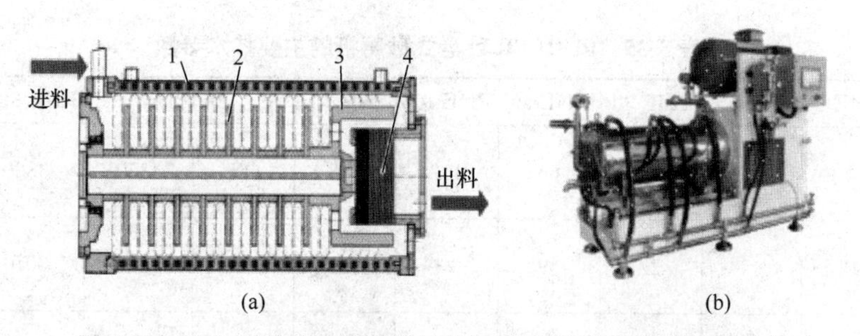

图 3-26　CDS 型卧式砂磨机的结构与工作原理示意图及外形图

1—带冷却的夹层式筒体；2—转子和研磨盘；3—离心轮；4—出料滤网

表 3-33　CDS 型卧式砂磨机的主要技术参数

型　号	CDS-2	CDS-5	CDS-20	CDS-30	CDS-50/60	CDS-100	CDS-300	CDS-500
主机功率（kW）	3.7	5.5/7.5	18.5/22	22/30	37/45	55/75	90/132	160/200
研磨筒容积（L）	2	5	20	30	50/60	100	300	500
产品流量（L/h）	5～20	10～100	50～250	100～500	200～1000	250～2500	>2000	>3000

图 3-27(a) 和（b）分别为 HDM 型卧盘式砂磨机和 RKM-3000 型大型卧盘式砂磨机以及 Isa 大型卧式砂磨机的外形图。HDM 型卧盘式砂磨机的生产方式可以连续、多批次和循环，产品细度可以达到 1μm 以下，其主要技术参数列于表 3-34。RKM-3000 型大型卧盘式砂磨机的主要技术参数：筒体容积 3000L，电机功率 1120kW，进料粒度 30～100μm，产品粒度 5～20μm，磨机质量 26000kg。Isa 型卧式砂磨机筒体容积达到 8000L，装机容量最大为 3300kW。

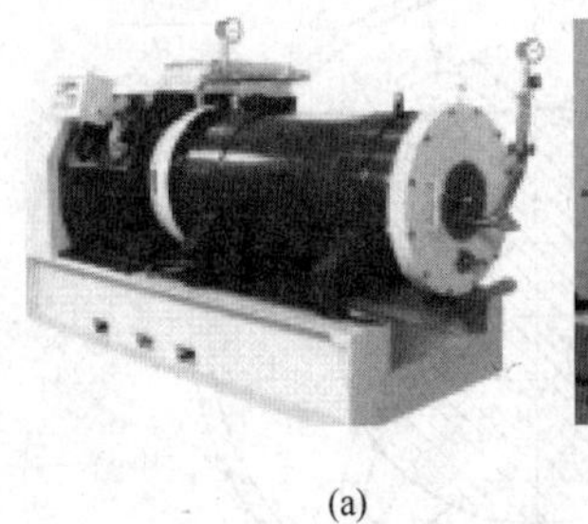
(a)

(b)

(c)

图 3-27　大型卧盘式砂磨机的外形图

（a）HDM 型卧盘式砂磨机；（b）RKM-3000 型卧盘式砂磨机；（c）Isa 型卧式砂磨机

表 3-34　HDM 型卧盘式砂磨机的主要技术参数

型　号	HDM-100	HDM-200	HDM-300	HDM-500	HDM-800	HDM-1000	HDM-1200
筒体容积（L）	100	200	300	500	800	1000	1200
加工批量（L）	500～3000			3000～10000		5000～15000	
装机功率（kW）	55	75	90	160	200	315	355

表 3-35 和表 3-36 分别为 PUHLER 卧盘式砂磨机和 PM SuperTex 卧盘式砂磨机的主要技术参数。

表 3-35　PUHLER 卧盘式砂磨机的主要技术参数

型　号	PHE 5	PHE 15	PHE 30	PHE 50	PHE 100	PHE 200	PHE 500	PHE 1000	PHE 3000	PHE 6000
筒体容积（L）	4	17	33	68	113	248	666	1350	3820	7200
有效容积（L）	4	15	27	49	93	185	486	1017	3070	6800
加工批量（L）	15～120	50～250	100～500	200～1000	500～2500	100～1000	—	—	—	—

续表

型　号	PHE 5	PHE 15	PHE 30	PHE 50	PHE 100	PHE 200	PHE 500	PHE 1000	PHE 3000	PHE 6000
转速（r/min）	800～2300	700～1600	700～1600	800	650	500	350	250	200～350	200～300
产量（kg/h）	22～260	52～420	70～700	140～1400	250～2500	420～4200	840～8400	1400～14000	2600～33000	—
驱动功率（kW）	7.5	13.5～15	18.5～24	37	55～75	75～90	160～200	315～355	1200	2200
长度（mm）	950	1286	1628	1944	2000	4188	3654	5855	18000	32000
宽度（mm）	410	932	1065	1150	760	1252	2180	2645	3000	6800
高度（mm）	1400	1638	1850	2115	1572	1850	1350	1680	3800	4500
质量（kg）	320	750	850	2050	2500	3700	8100	17000	43000	60000

表 3-36　PM SuperTex 卧盘式砂磨机的主要技术参数

型　号	SuperTex 15	SuperTex 30	SuperTex 60	SuperTex 140	SuperTex 270	SuperTex 600	SuperTex 1200
有效容积（L）	15	22.5	51.5	122.5	232	526	1063
功率（kW）	15	22～30	30～45	44～75	75～110	132～200	250～355
长度（mm）	1370	1680	2110	2320	2720	3110	4000
宽度（mm）	765	875	1115	1500	1750	1950	2240
高度（mm）	1595	1850	2000	1570	1720	2520	2715
质量（kg）	1300	1350	1950	2500	3450	6500	9800

3.6　振　动　磨

振动磨是利用研磨介质（球状和棒状）在作高频振动的筒体内对物料进行冲击、摩擦、剪切等作用而使物料粉碎的细磨和超细磨设备。

振动磨按其振动特点分为惯性式、偏旋式，按筒体数目分为单筒式和多筒式，按操作方式又可分为间歇式和连续式。振动磨既可用于干式粉碎也可用于湿式粉碎。

通过调节振动的振幅、振动频率、介质类型和介质尺寸，可加工不同物料，包括高硬度物料和各种细度的产品。超细振动磨产品的平均粒度可达到1μm左右。

图3-28为MZ型双筒超细振动磨的结构示意图。双筒振动磨主要由入料口、上磨筒、衬板、检查口、箅板、出料调节器、端盖、护网、联轴器、电机、电源接口、气源

接口、过料管、高度控制器、冷却水进出口、下磨管、机架、出料口、激振器、空气弹簧、冷却水管等组成。单筒超细振动磨除了少一个磨管外，基本结构与双筒振动磨相似，主要由激振器、磨管、空气弹簧、底盘等构成。

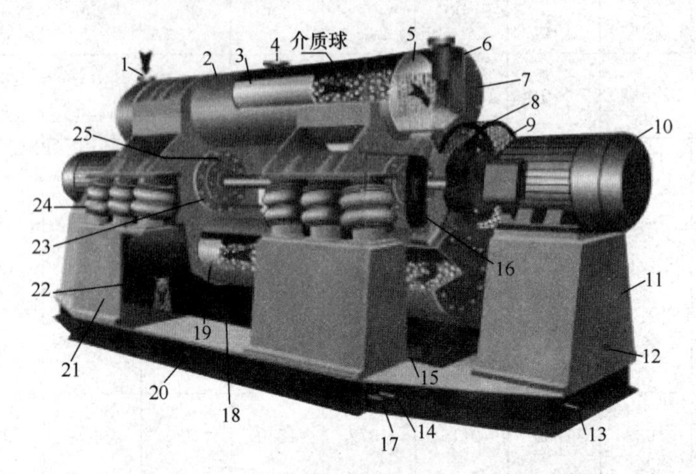

图 3-28　MZ 型双筒超细振动磨的结构示意图

1—入料口；2—上磨筒；3、19—衬板；4—检查口；5—箅板；6—出料调节器；7—端盖；8—护网；9—联轴器及联结板；10—电机；11—电机座；12—电源接口；13—气源接口；14—冷却水出口；15—高度控制器；16—过料管；17—冷却水进口；18—下磨管；20—底架；21—主支架；22—出料口；23—激振器；24—空气弹簧；25—冷却水管

工作原理：MZ 型超细振动磨是一个无限自由度的弹性结构，由空气弹簧所支承。磨机的振源是两端的激振器，由两端的电机驱动激振器的振子高速转动，产生交叉方向的激振力，两端对称的激振力激发磨筒以同样频率围绕筒体中心轴做强迫振动，磨筒又将振动能量传递给研磨介质，大量研磨介质相互撞击、摩擦、剪切，使被磨物料粉碎。

MZ 型超细振动磨主要有四种机型。表 3-37 为其主要技术参数。

表 3-37　MZ 型超细振动磨的主要技术参数

机　型	垂直双磨筒			水平双磨筒
磨筒容积（L）	750×2	515×2	48×2	19×2
振幅（mm）	≤12	≤14	≤16	≤20
振动频率（Hz）	16.3	16.3	16.3	16.3，20
电机功率（kW）	45×2	37×2	7.5	3.0
动力强度（G）	≤10	≤10	≤12	≤15
磨机质量（kg）	9800	7900	680	396
外形尺寸（长×宽×高）（mm×mm×mm）	5932×1966×2317	5500×1706×2346	2138×850×1137	1200×740×650

MZD 型单筒式振动磨机的主要技术参数列于表 3-38。

表 3-38　MZD 型单筒式振动磨机的主要技术参数

型　号	MZD-300	MZD-400	MZD-500	MZD-650	MZD-900	MZD-1200	MZD-1500
筒径（mm）	300	400	500	650	900	1200	1500
电机转速（r/min）	1500	1500	1500	1500	980	980	980
振幅（mm）	5～10						
给料粒度（mm）	≤2						
排料粒度（mm）	1～45						
装机功率（kW）	11	22	45	75	90	132	200
产量（kg/h）	10～1000	50～3000	100～5000	200～8000	500～12000	800～15000	1200～20000

3.7　辊　磨　机

3.7.1　环辊磨

图 3-29 所示为离心环辊磨的结构与工作原理示意图及 HCH 型环辊磨内部结构图、CYM 型环辊磨外形图和 LHG 型环辊磨的结构与外形图。该机主要由机体、主轴、甩料盘、磨环、磨环支架、磨圈、分流环、分级轮等构成。

工作原理：物料由给料机定量送入主机腔进行研磨，主机腔内安装在转盘上的磨辊绕中心轴旋转，磨辊与磨辊销之间存在很大的活动间隙，在离心力的作用下磨辊水平向外摆动，从而使磨辊压紧磨环，磨辊同时绕磨辊销自转。物料通过磨辊与磨环之间的间隙，因磨辊的滚碾、冲击、挤压作用而被磨碎；磨辊分为多层布置，物料通过第一层磨辊与磨环间为一次粉碎，接着通过第二层、第三层……多层，进行多级粉碎，使物料充分细磨。细磨后的物料落到甩料盘上，甩料盘与主轴同转，将物料甩向磨圈与机体间的缝隙中，受到系统中风机抽风产生的负压的作用而沿缝隙上升进入机体上部，沿分流环进入分级室进行分级，合格细粉或超细粉料通过分级轮进入收集系统收集，粗粉被甩向分级环内壁，落入粉碎室重新进行粉磨；带有少量微细粉末的气流则通过脉冲除尘器净化后通过风机排出。

表 3-39～表 3-42 分别为 LHG 型、CYM 型、HGM 型和 SCM 型环辊磨的主要技术参数。HCH1395 型环辊磨（桂林鸿程矿山设备制造有限责任公司）的主要技术参数：主机功率 185kW，分级机功率 55kW，风机功率 132kW，产品粒度 5～45μm，产量产量 2.5～9t/h。

表 3-39　LHG 型环辊磨的主要技术参数

型 号	入料粒度(mm)　≤	入料水分(%)　≤	成品细度（μm）	成品产量（kg/h）	主机功率（kW）
LHG-150	10	10	3～75	0.5～6.5	75
LHG-300	10	10	3～75	1.0～13	110
LHG-450	10	10	3～75	1.6～19	160
LHG-900	10	10	3～75	3.5～40	315

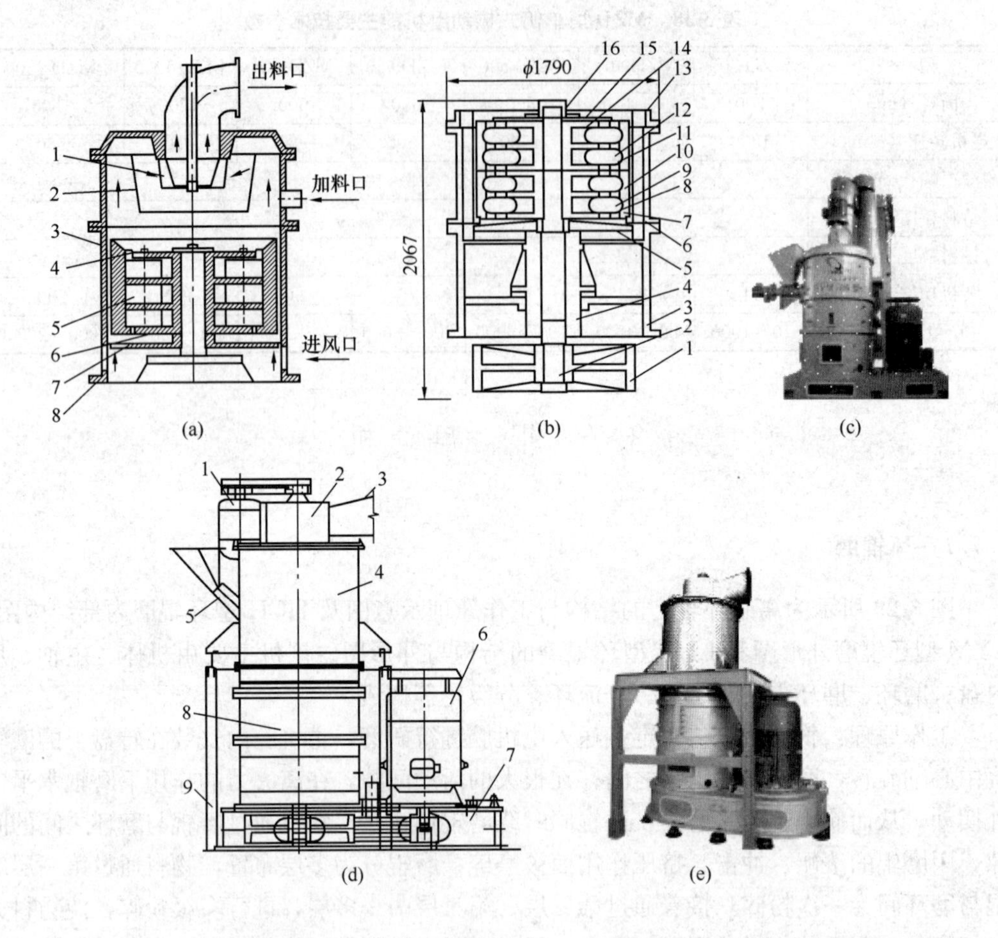

图 3-29　离心环辊磨的结构与工作原理（a）、HCH 型环辊磨内部结构（b）、CYM 型环辊磨外形（c）以及 LHG 型环辊磨结构（d）与外形（e）

（a）：1—分级轮；2—分流环；3—磨圈；4—销轴；5—磨环；6—磨环支架；7—甩料盘；8—机座；

（b）：1—大皮带轮；2—中心轴；3—底座；4—轴承座；5—底盘组件；6—磨环座；7—磨环；8—下销轴；9—小磨辊；10—下转盘；11—上销轴；12—大磨辊；13—法兰；14—上转盘；15—拨料盘；16—上螺母

（d）：1—分级电机；2—分级机；3—出料管；4—分级区；5—进料管；6—粉碎机电机；7—底座；8—粉磨区；9—支架

表 3-40　CYM 型环辊磨主要技术参数

型　号	产品细度（μm）	产量[1]（kg/h）	装机功率（kW）
CYM-68	5～50	500～2000	94
CYM-86	5～50	600～4000	154
CYM-198	5～50	800～7000	243

［1］加工（中等硬度物料）重质碳酸钙。

表 3-41　HGM 型环辊磨的主要技术参数

型　号		HGM-800	HGM-900	HGM-1000	HGM-1250	HGM-1680
平均工作直径（mm）		800	930	1035	1300	1680
环道数量（个）		3	3～4	4	4	4
磨辊数量（个）		21	24～32	36	40～44	30～40
入料粒度（mm）　≤		20				
成品粒度（μm）		5～45				
成品产量（kg/h）		500～5000	600～6500	1000～8500	1500～12000	5000～25000
电机功率（kW）	主机	55	90	110	160	315
	分级机	18.5	22	37	45	18.5×5
	风机	45	55	75	110	180
	给料机	3	3	3	2～4	2
	卸料阀	2×0.75	2×0.75	2×0.75+1.1	4×1.1	2.25×2
	空压机	7.5	15	15	30	55
外形尺寸（长×宽×高）（m×m×m）		13.9×4×6.2	14.7×4.8×7.2	18×4.6×8.6	14×9×10.25	26.3×7.5×11.9

表 3-42　SCM 型环辊磨的主要技术参数

型　号	SCM-8021	SCM-9024	SCM-1036	SCM-12544
平均工作直径（mm）	800	900	1000	1300
磨环及辊道数量（个）	1×3	2×4	2×4	2×4
主机转速（r/min）	21	24～32	36	40～44
入料粒度（mm）≤	10	20		
成品粒度（μm）	5～45			
成品产量（kg/h）	400～4500	400～5500	400～7500	1200～12000
主机功率（kW）	55	74	110	160
外形尺寸（长×宽×高）（m×m×m）	13×3×5.8	14.7×4.8×8.6	18×4.6×8.6	14×9×10.25

3.7.2　立磨/辊压磨

图 3-30 所示为台湾立式辊压磨（滚轮磨）的外形图及 LUM 超细立式磨的结构示意图。该类型设备主要由磨辊或滚轮、磨盘、导流装置、液压装置、分级机及自动控制系统构成。

工作原理：物料在离心力的携带下进入磨盘与磨辊之间，受到带有很高液压气动压力的磨辊的碾压与剪切力作用；碾磨后的物料通过碾磨区后受到空气流的初步分散和分级作用，随着上升区内空气流动区域截面积的扩大，空气的流速下降，粗颗粒因此返回磨盘内继续碾磨，其他粉体则进入磨机上部的分级机内进一步分级，分出的粗颗粒回到碾磨区，细粉随气流排出机外被收集。

物料在磨机内的循环流动和与机内高速空气流的接触使其同时具有干燥物料的作用。

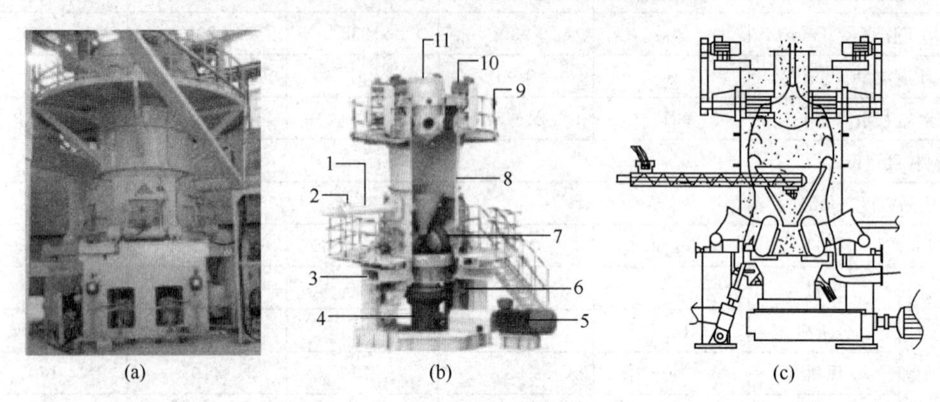

图 3-30 立式辊压磨的外形（a）与 LUM 立式磨结构（b）和工作原理（c）示意图

1—螺旋给料机；2—进料口；3—回风口；4—减速机；5—主电机；6—液压装置；7—研磨机构；8—筒体；9—检修平台；10—分级机；11—成品出口

表 3-43～表 3-45 分别为 VRM-L 型、LUM 型、MS 型立磨的规格和主要技术参数。

这种磨机主要用于 d_{97}＝15～45μm 的粉体产品的生产，外置二次分级后 d_{97}＝7～10μm 产品的生产。目前主要应用于生产超细重质碳酸钙。

表 3-43 VRM-L 型立磨的主要技术参数

规　格		750	900	1050	1200	1350	1500
产量（t/h）[1]	d_{97}＝20μm	1.5	2.25	3.0	4.5	5.6	6.75
	d_{97}＝10μm	2.5	3.75	5.0	7.5	9.3	11.25
辊轮数目（个）		3	3	3	3	3	3
磨盘转速（r/min）		44.0	40.2	37.2	34.8	32.8	31.1
主机电机功率（kW）		100	150	200	300	370	450
分级机电机功率（kW）		4×11	4×11	5×11	4×15	5×15	6×15

[1] 粉碎方解石的产量。

表 3-44 LUM 型立磨的主要技术参数

规　格	LUM-1125	LUM-1232	LUM-1436
转盘中径（mm）	1100	1200	1400
磨辊数量（个）	3	3	3
入磨物料粒度 d_{90}（mm）	10		
入磨物料水分（%）　＜	3	3	3
产量（t/h）	5～14	7～16	9～18
产品细度（μm）	10～45		
主电机功率（kW）	250	315	355
多头选粉机功率（kW）	15×5	15×7	15×7

表 3-45　MS 型立磨主要技术参数

规　格		MS 1100	MS 1200
滚轮（磨辊）数量（个）		3	3
主电机功率（kW）		250	315
多头选粉机功率（kW）		15×5	15×7
产量（t/h）	产品细度 $d_{97}=30\mu m$	12	14
	产品细度 $d_{97}=25\mu m$	11	13
	产品细度 $d_{97}=20\mu m$	10	12
	产品细度 $d_{97}=15\mu m$	8	10

3.8　胶　体　磨

胶体磨是利用一对固定磨体（定子）和高速旋转磨体（转子）的相对运动产生强烈的剪切、摩擦、冲击等作用力，使被处理的物料通过二磨体之间的间隙，在上述诸力及高频振动的作用下被粉碎和分散。

国产胶体磨主要有 JM、JTM 及 DJM 三种型号，直立式、傍立式和卧式三种机型。

图 3-31 所示为 JM 系列胶体磨的结构和外形图。其结构主要由进料斗、盖盘、调节套、转齿、定齿、甩轮、出料斗、磨座、甩油盘、电机座、电机罩、接线盒罩、方向牌、刻度板、手柄等构成。图中所示为传统立式胶体磨，由特制长轴电机直接带动转齿，与由底座调节盘支承的定齿相对运动而工作。磨齿一般为高硬度、高耐磨性耐酸碱材料，根据不同需要选择相应的磨头。

JM 系列胶体磨的主要技术参数见表 3-46。JTM 系列胶体磨的主要技术参数见表3-47。

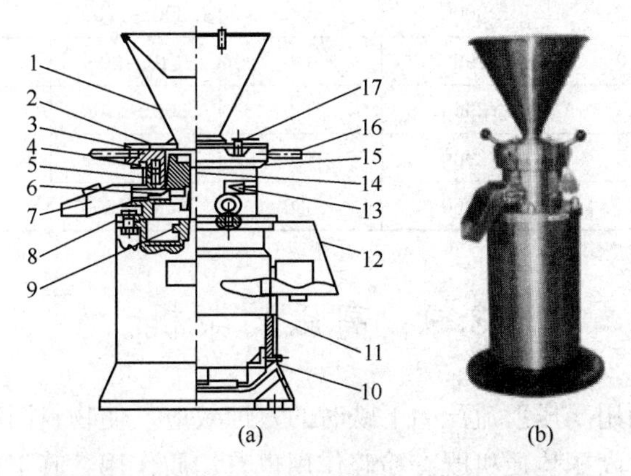

图 3-31　JM 系列胶体磨的结构（a）和外形（b）

1—进料斗；2—盖盘；3—调节套；4—转齿；5—定齿；6—甩轮；7—出料斗；8—磨座；9—甩油盘；10—电机座；11—电机罩；12—接线盒罩；13—方向牌；14—指针；15—刻度板；16—手柄；17—管接头

表 3-46　JM 系列胶体磨的主要技术参数

名　称	型　号	产品细度（单循环、多循环）（μm）	产量（t/h）（依物料性质变化）	电机功率（kW）	电机转速（r/min）	外形尺寸（长×宽×高）（mm×mm×mm）	机器质量（kg）
立式	JM-130B	2～50	0.5～4	11	2930	550×550×1400	320
	JM-80	2～50	0.07～0.5	4	2890	450×460×1330	190
变速式	JMS-130	2～50	0.5～4	11	1750～5000	990×440×1050	420
	JMS-80	2～50	0.07～0.5	4	1600～5000	680×380×930	210
	JMS-50	2～50	0.005～0.3	1.1	1750～5000	530×260×580	70
	JMS-180	2～50	0.8～6	15	1600～5000	1350×550×1340	550
	JMS-300	2～50	6～20	45	1750～2970	1350×600×1420	1600
卧式	JMW-120	2～80	1～4	11	2930	1070×340×740	150

表 3-47　JTM 系列胶体磨的主要技术参数

型　号	电机功率（kW）	工作转速（r/min）	电源电压（V）	生产能力（kg/h）	产品细度（μm）	设备质量（kg）
JTM50AB	1	8000	220	50～150	5～20	35
JTM50D	1	8000	220	50～150	5～20	80
JTM50F	2.2	6000	380	50～150	5～20	—
JTMF71	4	4500	380	300～1000	5～20	80
JTM85D	5.5	2960	380	300～1000	5～20	150
JTM85D1	5.5	2960	380	200～800	1～5	150
JTM85DA	5.5	3000	380	300～500	5～20	150
JTM85K	5.5	3000	380	300～1200	5～20	150
JTM120B	3.0	2960	380	10～30	1～5	130
JTM120C	11.0	2960	380	300～1200	5～20	265
L120	7.5	2960	380	1000～10000	5～20	—
JTM132	5.5/7.5/11	2960	380	300～1000	5～20	150

3.9　高压均浆机

高压均浆机是利用高压射流压力下跌时的穴蚀效应，使物料因高速冲击、爆裂和剪切等作用而被粉碎。高压均质机既有粉碎作用也有均质作用，其工作原理是通过高压装置加压，使浆料处于高压之中并产生均化，当矿浆到达细小的出口时，便以每秒数百米的线速度挤出，喷射在特制的靶体上，由于矿浆挤出时的相互摩擦剪切力、浆体挤出后压力突然降低所产生的穴蚀效应以及矿浆喷射在特制的靶体上所产生的强大冲击力，使颗粒物料沿层间解离或缺陷处爆裂，达到超细粉碎之目的。

高压均浆机的结构和工作原理示意图如图 3-32 所示。其结构主要由泵体、压力显示器、进料口、支撑脚、机身、出料口、润滑油压表、Ⅰ级工作调节手柄、Ⅱ级工作阀调节手柄等构成。机器的均质系统分别由一级阀和二级阀组成双级均质系统，二者的均质压力可以在其额定的压力范围内任意选择，两者可同时使用也可单独使用。均质阀的结构有平型和 W 型二种。平型阀能承受高压冲击，耐磨性好。W 型阀是一种能在一级阀件内产生多次均质过程结构的阀，可提高均质效果。泵体阀的结构分球形阀和碟型阀两种，球形耐高压，蝶型具有结构简单。如图 3-32（b）所示，在 CYB 型高压均质机中，物料的粉碎和分散是在均质阀里进行的。物料在高压下进入调节间隙的阀件时，物料获得极高的流速（200～300m/s），从而在均质阀里形成一个巨大的压力下跌，在空穴效应、湍流和剪切的多种作用下将物料加工成微细的分散液。

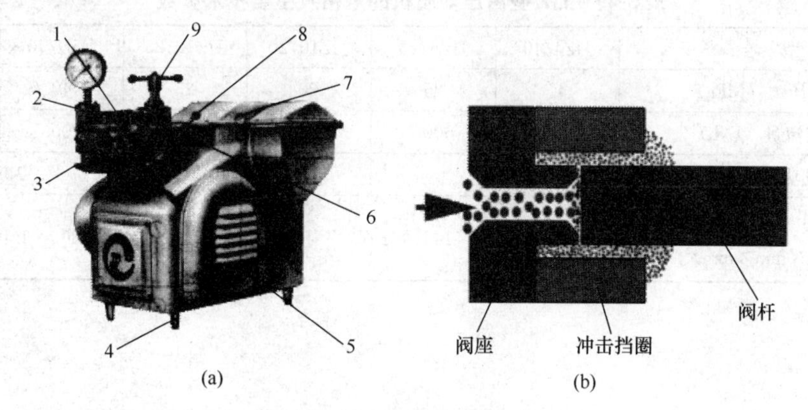

图 3-32　高压均浆机的结构

（a）和工作原理（b）示意图

1—泵体；2—压力显示器；3—进料口；4—支撑脚；5—机身；6—出料口；7—润滑油压表；8—Ⅰ级工作调节手柄；9—Ⅱ级工作阀调节手柄

国产高压均质机主要有 CYB、JJ 和 JJZ 等机型。表 3-48 和表 3-49 分别为 CYB 系列高压均质机和 JJZ 型高压均质机的主要技术参数。

表 3-48　CYB 系列高压均质机的主要技术参数

类　型	流　量（L/h）								功率（kW）
	100MPa	80MPa	60MPa	40MPa	30MPa	25MPa	20MPa	15MPa	
实验型	12		30						1.1
	40		60		120				3.0
生产型			120		250				4.0
			400	600	800	1000			7.5
	300	400	500	750	1000	1500	1500		11
				1000	1500	2000	2500		15
		800	1000	1500	2000	25000	3000		22
			1500	2000	3000	4000			30
		1500	2000	3000	4000	5000	6000	8000	45/37

续表

类型	流量（L/h）								功率（kW）
	100MPa	80MPa	60MPa	40MPa	30MPa	25MPa	20MPa	15MPa	
生产型			3000	4500	6000	7000	9000	10000	55
			4000	6000	8000	10000	12000	15000	75
			5000	7500	10000	12000	15000	18000	90
			6000	9000	12000	14000	18000	22000	110
			7000	10000	14000	16000	20000	25000	132
			8000	12000	16000	20000	24000	30000	160

表 3-49　JJZ 型高压均质机的规格及主要技术参数

型　号	JJZ4/40	JJZ6/25	JJZ10/20	JJZ12/25	JJZ9/40	JJZ18/40
额定压力（MPa）	40	25	20	25	40	20
额定流量（L/h）	4000	6000	10000	12000	9000	18000
电机功率（kW）	55		75	110	132	
外形尺寸（长×宽×高）（mm×mm×mm）	2300×1455×1075			3000×1800×1200		

第 4 章　精细分级设备

4.1　概　　述

精细分级是一种对超细粉体物料进行产品粒度控制分级的过程或作业。在非金属矿超细粉碎加工中，除了超细粉碎作业之外，还须配置精细分级作业。精细分级作业主要有两个作用：一是确保产品的粒度分布满足应用的需要；二是提高超细粉碎作业的效率。许多应用领域不仅对填料和颜料的粒度大小（平均粒度或中位粒径）有要求，而且对其粒度分布有一定要求，如作为涂料填料和颜料的煅烧高岭土要求 325 目筛余量小于 0.05%，作为造纸颜料的重质碳酸钙要求最大粒径小于 5μm。有些粉碎设备，特别是球磨机、振动磨、干式搅拌磨等，研磨产物的粒度分布往往较宽，如果不进行分级，难以满足用户的要求。此外，在超细粉碎作业中，随着粉碎时间的延长，在合格细产物增加的同时，微细粒团聚也增加，到某一时间，粉体粒度减小的速度与微细颗粒团聚的速度达到平衡，这就是所谓的粉碎平衡。在达到粉碎平衡的情况下，继续延长粉碎时间，产物的粒度不再减小甚至反而增大。因此，要提高超细粉碎作业的效率，必须及时地将合格的超细粒级粉体分离，使其不因“过磨”而团聚。这就是超细粉碎工艺中设置精细分级作业的依据。

精细分级的基本原理是层流状态下的斯托克斯定律。

根据分级介质的不同，精细分级机可分为两大类：一是以空气为介质的干法分级机；二是以水为介质的湿法分级机。

4.2　精细分级原理与评价方法

4.2.1　重力和离心力分级原理

精细分级是根据不同粒度和形状的微细颗粒在介质（如空气或水）中所受的重力和介质阻力不同，具有不同的沉降末速来进行的。精细分级可以在重力场中进行，也可以在离心力场中进行。

在重力场中，微细球形颗粒在介质中沉降时所受的介质阻力为

$$F_s = 3\pi\eta dv \tag{4-1}$$

式中　η——介质黏度；

d——颗粒的直径；

v——颗粒的沉降速度。

颗粒所受的重力为

$$F_g = \frac{\pi}{6}d^3(\delta - \rho)g \tag{4-2}$$

式中 δ、ρ——颗粒物料及介质的密度；

g——重力加速度；

d——颗粒的直径。

设颗粒在介质中自由沉降，沉降过程中颗粒的沉降速度逐渐增大，随之而来的反向介质阻力也增大。但是颗粒的重力是一定的，于是随着阻力的增加，沉降加速度降低。最后，当颗粒所受的重力与介质阻力相平衡时，沉降速度保持一定。此后，颗粒即以该速度继续沉降，该速度称之为沉降末速 v_0。

由 $F_g = F_s$，即得沉降末速为

$$v_0 = \frac{\delta - \rho}{18\eta}gd^2 \tag{4-3}$$

式（4-3）即为微细颗粒的沉降末速公式，称之为斯托克斯公式。在采用 cm、g、s 制时，式（4-3）v_0（cm/s）可表示为

$$v_0 = 54.5d^2\frac{\delta - \rho}{\eta} \tag{4-4}$$

如果介质为水，常温时可取 $\eta = 0.001\text{Pa}\cdot\text{s}$，$\rho = 1\text{g/cm}^3$。于是式（4-4）可简化为

$$v_0 = 54500d^2(\delta - 1) \tag{4-5}$$

由式（4-5）可见，在适当的介质（水或空气）中，在温度一定条件下，对于同一密度的颗粒，沉降末速只与颗粒的直径有关。这样，便可以根据颗粒沉降末速的不同，实现按颗粒大小的分级。这就是重力分级的原理。

以上是假设颗粒为球形导出的，实际的颗粒形状各异。一般来讲，不规则形状颗粒较同体积球形颗粒所受的介质阻力大，所以沉降末速小。因此，对于形状不规则的颗粒要在沉降末速公式中引入形状系数进行修正，即

$$v_{0s} = P_s v_0 = P_s\frac{\delta - \rho}{18\eta}gd^2 \tag{4-6}$$

式中 P_s——形状修正系数，该系数可查阅有关文献选取；

v_{0s}——形状不规则颗粒的沉降末速。

对于超细颗粒，颗粒的形状因素影响较粗颗粒要小，常忽略不计。

此外，上述各式是从自由沉降导出来的。实际的重力分级作业中，由于颗粒很多及器壁效应，自由沉降的条件基本是不具备的，一般属于干涉沉降。同样粒径颗粒的干涉沉降末速较自由沉降小，一般可表示为

$$v_{0h} = v_0(1 - \lambda^{2/3})(1 - \lambda)(1 - 2.5\lambda) \tag{4-7}$$

式中 v_{0h}——颗粒的干涉沉降速度；

λ——容积浓度（单位体积悬浮体内固体颗粒占有的体积）；

$(1 - \lambda^{2/3})$——反映流动断面积减小，使介质动压力增大的影响；

$(1 - \lambda)$——反映悬浮体系密度增大的影响；

$(1 - 2.5\lambda)$——代表悬浮液黏度增大所产生的影响。

将式（4-7）简化，可近似地表示为

$$v_{0h} = v_0 (1-\lambda)^6 \tag{4-8}$$

因此，综合考虑颗粒形状和干涉沉降，颗粒的沉降末速可表示为

$$v_{sh} = v_0 P_s (1-\lambda)^6 \tag{4-9}$$

在离心力场中，由于离心加速度较重力加速度大得多。因此，相同粒径的颗粒在离心力场中的沉降速度快，沉降相同距离所需的时间显著缩短。

颗粒在离心力场中的离心加速度为

$$a = r\omega^2 = \frac{v_t^2}{r} \tag{4-10}$$

式中　r——颗粒的回转半径；

ω——颗粒的回转角速度；

v_t——颗粒的切向速度。

密度为 δ 的颗粒在离心力场中所受到的离心力为

$$F_c = \frac{\pi}{6}d^3(\delta-\rho)\omega^2 r = \frac{\pi}{6}d^3\,\frac{v_t^2}{r} \tag{4-11}$$

离心力的方向指向圆周。由式（4-11）可知，粒度一定的颗粒所受到的离心力随回转半径变化。

颗粒离心沉降时所受的介质阻力为

$$F_d = k\rho d^2 v_r^2 \tag{4-12}$$

式中　k——阻力系数；

v_r——颗粒的径向运动速度。

介质阻力的方向与离心力的方向相反，指向旋转中心。对于微细颗粒，可采用斯托克斯阻力公式

$$F_d = 3\pi\eta d v_r \tag{4-13}$$

由 $F_d = F_c$ 得微细颗粒在离心力场中的沉降速度为

$$v_{0r} = \frac{\delta-\rho}{18\eta}d^2\omega^2 r \tag{4-14}$$

由式（4-14）可知，在适当的介质（水或空气）中，在温度一定的条件下，对于同一密度的颗粒，在离心加速度 $\omega^2 r$ 或离心分离因素 j（$j=\frac{\omega^2 r}{g}$）相同时，其离心沉降速度只与颗粒的直径有关。这样，便可根据颗粒离心沉降速度的不同，实现按颗粒大小的分级。这就是离心分级的原理。

与重力沉降一样，颗粒形状也影响其离心沉降速度。颗粒在介质中的运动阻力与其横切面积及表面积有关。非球形颗粒的阻力较大，因而沉降速度较球形颗粒慢。因此，在计算颗粒的离心沉降速度时也要考虑形状系数或将非球形颗粒按式（4-15）换算为当量球体直径

$$d_e = \sqrt{\frac{6V}{\sqrt{\pi A}}} \tag{4-15}$$

式中　d_e——非球形颗粒的当量直径；

V——颗粒的体积；

A——颗粒的表面积。

一般对于微细颗粒，可取 $d_e=0.7\sim0.8d$。

此外，当悬浮液固相浓度达到一定值后，出现阻滞沉降现象。颗粒沉降速度较自由沉降速度计算值小，并随浓度的增大而迅速减小。因此，在实际计算中要引进悬浮液浓度的修正系数，一般可取 $(1-\lambda)^{5.5}$ 作为悬浮液中固相颗粒容积浓度的影响因素。

综合考虑颗粒形状和固相浓度对沉降速度的影响后，对于微细颗粒，离心力场中悬浮液中固体颗粒的沉降速度可按式（4-16）进行计算：

$$v_{0r}=(1-\lambda)^{5.5}\frac{\delta-\rho}{18\eta}d_e^2\omega^2 r \tag{4-16}$$

以上总结的是微细颗粒在重力场和离心力场中的分级原理。

4.2.2　分级粒径

分级粒径或切割粒径，又称中位分离点，是衡量分级机技术性能的重要指标之一。分级粒径有图解法和计算法两种确定方法。

（1）图解法

图 4-1（a）所示曲线 a 是分级原料的粒度分布曲线，曲线 b 是分级后粗粒级物料的粒度分布曲线。设粒度 d 和 Δd 之间的原料质量为 W_a，粗粒级物料的质量为 W_b。此外，在图 4-1（b）中按相同粒度计算 W_a/W_b值，绘制曲线 c，c 曲线称为部分分级效率曲线。该曲线中纵坐标 50%所对应的横坐标上的颗粒粒度 d_c称为分级粒径或分级粒度。

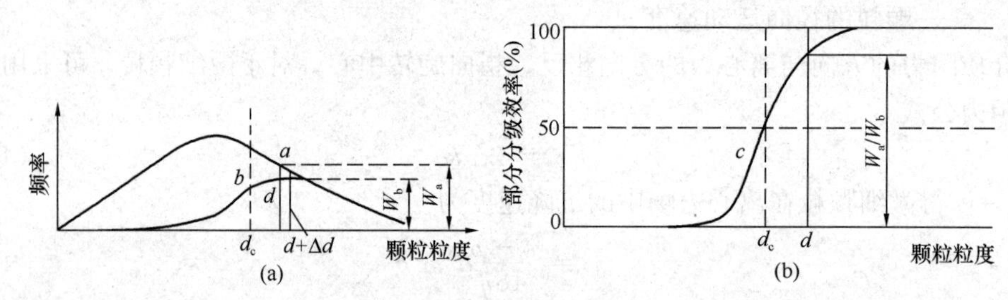

图 4-1　部分分级效率曲线

由于分级效率的原因，粗产品中夹杂一些细粒级物料，细产品中夹杂一些粗粒级物料。但粗粒级主要集中于粗产品中，细粒级主要集中于细产品中，各粒级分配于粗或细产品中的分配率，分别称为在粗产品和细产品中的分配率。图 4-2 所示即根据各粒级在粗产品中的分配率绘制的分配曲线。相当于分配率为 50%的粒度，称为分级粒径 d_T。粒度大于 d_T 的各粒级，在粗产品中的分配率大于 50%，主要集中于粗产品中；粒度小于 d_T 的各粒级，在粗产品中的分配率小于 50%，主要集中于细产品中；粒度为 d_T 或与 d_T 接近的粒级的物料，

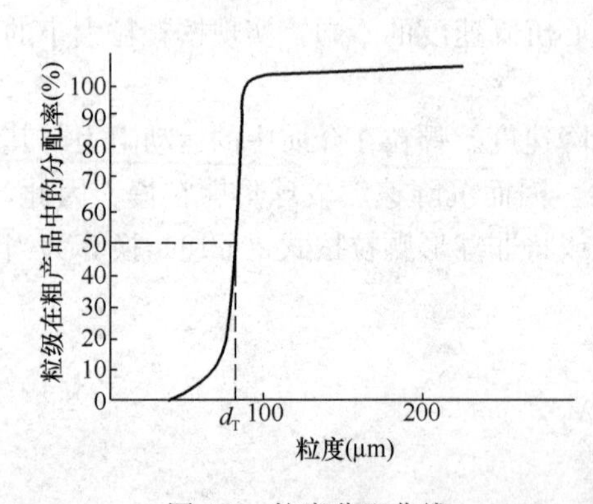

图 4-2　粒度分配曲线

则进入粗或细粒级产品中的分配各占一半，故 d_T 称为分级粒径。

图 4-3 所示为沉降式离心机中悬浮液（给料）和分离液（细粒级）中固相粒度分布的微分曲线 $f_1(d)$ 和 $f_2(d)$。$f_1(d)$ 中能被分离的最小粒子直径，即分离液中的最大颗粒直径 d_c 称为临界直径。直径小于 d_c 的各粒级物料一部分进入沉淀物中，一部分留在分离液中，其中进入沉淀物和留在分离液中的概率相同的颗粒的粒径称为分级粒径或分割粒径。

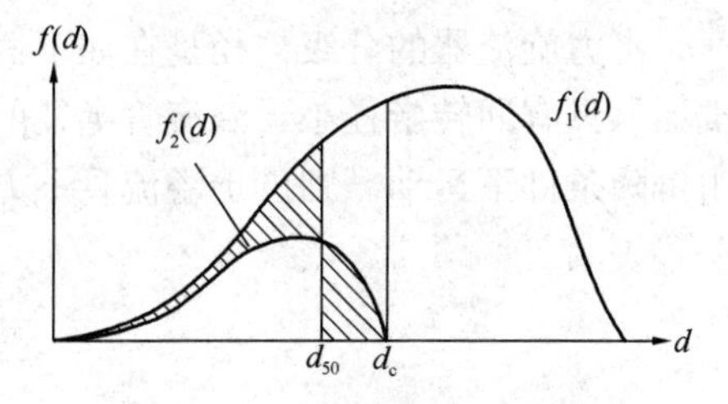

图 4-3　沉降式离心机悬浮液和分离液中固相粒度分布曲线

（2）计算法

对于具体的分级设备，分级粒径也可以进行计算。以下讨论转子（涡轮）式气流分级机、水力旋流器、沉降式离心机等分级设备的分级粒径的计算方法和计算公式。

图 4-4 所示为转子（涡轮）式气流分级机分级原理示意图。设圆形表示分级叶轮的截面。气流以虚线表示，交于叶轮表面上的某一点 P。叶轮平均半径为 r，颗粒粒径为 d，密度为 δ。颗粒在 P 点上受两个相反力的作用，即由叶轮旋转产生的离心惯性力 F 和气流阻力 R。这两个力可以分别用下列方程表示

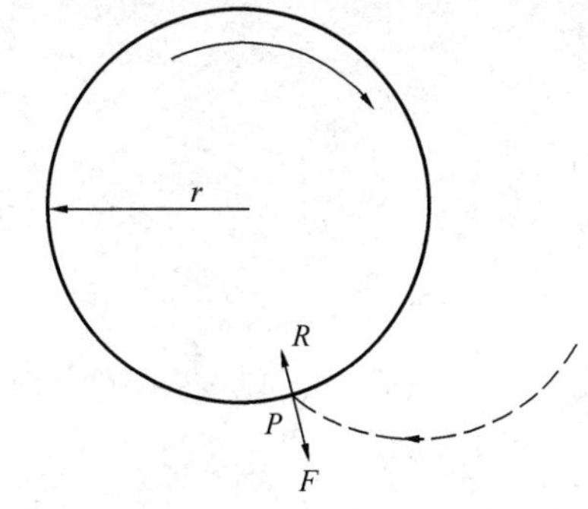

$$F = \frac{\pi}{6} d^3 (\delta - \rho) \frac{v_t^2}{r} \tag{4-17}$$

式中　δ——物料密度；

ρ——气流密度；

v_t——叶轮平均圆周速度。

$$R = 3\pi\eta d v_v \tag{4-18}$$

式中　v_v——气流速度；

η——空气黏度。

图 4-4　分级原理示意图

当颗粒所受离心惯性力大于气流阻力，即 $F>R$ 时，颗粒沿叶轮方向飞向器壁，然后由分级机底部排出机外，成为粗粒产品；当离心惯性力小于气流阻力，即 $F<R$ 时，颗粒随中心气流从分级机上部出口排出；当 $F=R$ 时，理论上颗粒将绕半径为 r 的分级圆轨道连续不停地旋转。此时，颗粒的直径称为分级粒径 d_T。由此得

$$d_T = \frac{1}{v_t}\sqrt{\frac{18\eta r v_v}{\delta - \rho}} \tag{4-19}$$

上式仅适用于球形颗粒，对于非球形颗粒引入形状修正系数 P_s 后得

$$d_T = \frac{P_s}{v_t}\sqrt{\frac{18\eta r v_v}{\delta - \rho}} \tag{4-20}$$

将叶轮转速 $n = \frac{60 v_t}{2\pi r}$ 代入（π 按 3.14 代入）式（4-20）得

$$d_T = \frac{9.55 P_s}{n}\sqrt{\frac{18\eta v_v}{r(\delta - \rho)}} \tag{4-21}$$

水力旋流器的分级粒径是在如下假定条件下确定的，即与重力场中的水力分级机作类比，只有回转半径小于溢流管半径的颗粒才得以进入到溢流中，并假定微细颗粒在自由沉降条件下运动。则位于溢流管下方圆柱体上的临界颗粒径向沉降速度可用斯托克斯公式表示

$$v_{rov}=\frac{d_T^2(\delta-\rho)}{18\eta r_{ov}}u_{tov}^2 \tag{4-22}$$

式中 u_{tov}——颗粒在溢流管下方的切向运动速度，大致与液流的切向速度相等；

r_{ov}——颗粒在溢流管下方的回转半径。

在溢流管下方圆柱面上颗粒的向心速度为

$$u_{tov}=\frac{Q}{2\pi r_{ov}h_{ov}} \tag{4-23}$$

式中 h_{ov}——分级液面高度，理论上为溢流管下缘到锥壁的轴向距离，实际上取锥体高度的 $\frac{2}{3}$ 长。对于分级粒径 d_T，存在 $v_{rov}=u_{tov}$，因此得

$$d_T=\sqrt{\frac{9\eta Q}{\pi(\delta-\rho)h_{ov}u_{tov}^2}} \tag{4-24}$$

式中 Q——料浆流量；

η——料浆黏度；

δ——颗粒密度；

ρ——介质密度。

矿浆在入口处的速度 u_{tf} 与给料口直径 d_f 和关系为 $u_{tf}=4Q/\pi d_f^2$；u_{tov} 随 u_{tf} 的增大而增大，其关系如下

$$u_{tov}=\psi_x u_{tf} \tag{4-25}$$

式中 ψ_x——速度变化系数，与旋流器的结构尺寸有关，但总有 $\psi_x>1$。

将上述 u_{tov} 和 u_{tf} 的关系代入式（4-24），得

$$d_T=\frac{0.75d_f^2}{\psi_x}\sqrt{\frac{\pi\eta}{Qh_{ov}(\delta-\rho)}} \tag{4-26}$$

对于离心沉降分级，分级（割）粒径 d_T 是相当转鼓于一半液池容积所能沉降下来的颗粒。对于柱形转鼓，分割此一半液池容积的半径 r_e 按式（4-27）计算

$$\pi(r_2^2-r_e^2)=\pi(r_e^2-r_1^2) \tag{4-27}$$

由式（4-27）可得

$$r_e=\left(\frac{r_2^2+r_1^2}{2}\right)^{\frac{1}{2}} \tag{4-28}$$

式中 r_1——液层表面与转鼓中心轴的距离；

r_2——转鼓的半径。

这样，直径为 d_T 或 d_{50} 的颗粒从 r_e 处沉降到鼓壁（$r=r_2$）所需的时间 t_1 应等于其在

转鼓内的停留时间 t_2

$$t_1 = \int_{r_2}^{r_1} \frac{\mathrm{d}r}{V} = \frac{g}{V_0 \omega^2} \int_{r_e}^{r_2} \frac{\mathrm{d}r}{r} = \frac{g}{V_0 \omega^2} \ln \frac{r_2}{r_1} \tag{4-29}$$

$$t_2 = \pi L(r_2^2 - r_1^2)/Q = V/Q \tag{4-30}$$

由 $t_1 = t_2$ 及 $V_0 = kd_T^2$，可得 d_T 或 d_{50} 的计算公式

$$d_T = \sqrt{\frac{gQ}{Vk\omega^2} \ln \frac{r_2}{r_e}} \tag{4-31}$$

式中　Q——离心机的处理量；

V——转鼓液池容积；

k——$k = \dfrac{\delta - \rho}{18\eta} g$；

ω——转鼓角速度。

将式（4-28）中 r_e 的值代入式（4-31）后可求得柱形转鼓的 d_T 值。其他形式转鼓以同样方法求得 r_e 后，再用式（4-31）求 d_T 或 d_{50}。

4.2.3　沉降分级（离）极限

在一定的力场（重力或离心力）中，当固体颗粒小到某一程度而不能被分离时，称为沉降分离的极限。

悬浮于液体中的高度分散的微细固相颗粒能长时间在重力场甚至离心力场中保持悬浮状态而不沉降。根据胶体化学原理，这个现象可解释为由于微细粒子的布朗运动必然出现的扩散现象，即微细颗粒能自发地从浓度高处向低处扩散。作用在高度分散的微细颗粒上的重力或离心力被由浓度梯度所产生的“渗透”压力平衡。这时，在某一瞬间经单位沉降面积所沉降的质量，等于由于浓度梯度向反方向扩散运动的质量，因此，可以采用布朗运动和扩散现象的规律来确定极限颗粒的直径。

在扩散过程中，颗粒在时间 t 内的平均位移 h 和扩散系数 D 之间的关系为 $h^2 = 2Dt$，而扩散系数 $D = \dfrac{kT}{6\pi\eta d}$。设在时间 t 内，在离心力场中，颗粒以沉降速度 v 所沉降的距离为 $h = vt$。由于颗粒直径很小，速度 v 按斯托克斯阻力公式（4-16）计算。于是可得

$$h = \frac{6kT}{\pi d^3 (\delta - \rho) \omega^2 r} = \frac{6kT}{\pi d^3 \Delta\rho \omega^2 r} \tag{4-32}$$

式中　k——玻耳兹曼常数，$k = 1.38 \times 10^{-16}$；

T——绝对温度；

d——颗粒直径；

$\Delta\rho$——固体颗粒与液体的密度差；

ω——转鼓回转角速度；

r——回转半径。

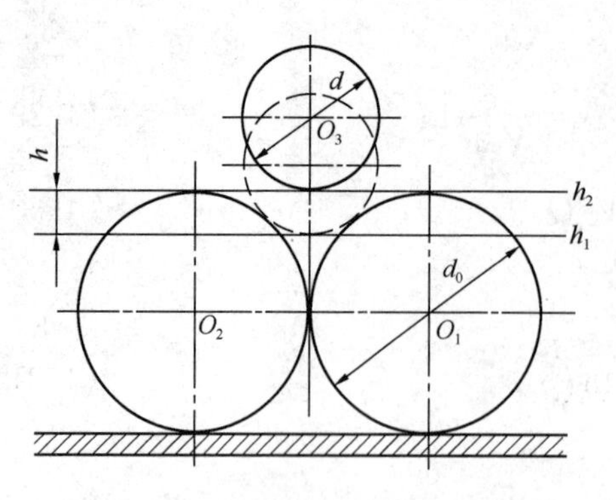

图 4-5　已沉降到鼓壁上的颗粒的位置

要用式（4-32）计算 d，关键是确定 h，如图 4-5 所示。设已沉降到鼓壁的两颗粒 O_1 和 O_2 间的微细颗粒 O_3 的最低点为 h_1。若其布朗运动的扩散距离为 h，当达到位置 h_2 时，则将从两颗粒间逸去而不沉降下来。按这种临界条件取 $d=0.6d_0$，则从图 4-5 中的几何关系可算得 $h=0.293d$。将 h 的值代入式（4-32），可得极限颗粒直径 d_L 的计算公式

$$d_L = 1.6\left(\frac{kT}{\Delta\rho\omega^2 r}\right)^{\frac{1}{4}} = 1.6\left(\frac{kT}{\Delta\rho F_r g}\right)^{\frac{1}{4}} \tag{4-33}$$

式中　F_r——离心机的离心分离因素，$F_r=\frac{\omega^2 r}{g}$。

将 k 值及 g 值代入式（4-33）得

$$d_L = 0.31\left(\frac{T}{\Delta\rho F_r}\right)^{\frac{1}{4}} \tag{4-33a}$$

由式（4-33a）可见，离心分离极限与固相及液相的密度差及离心分离因素等有关。密度差 $\Delta\rho$ 越大，离心分离因素 F_r 越高，可分离的极限粒度越小。例如，当分离因素 $F_r=3000$，$T=300\text{K}$，$\Delta\rho=1.0\sim6.0\text{g/cm}^3$ 时，用式（4-33a）算出 $d_L=0.111\sim0.169\mu\text{m}$；当分离因素 $F_r=8000$，其他条件一样时，$d_L=0.087\sim0.136\mu\text{m}$。在实际生产中，用高速离心机来进行分散性悬浮液的分离或分级时，根据待分离的最小粒子直径（即分离液中的最大颗粒直径）来确定所必需的最小分离因素，进而选定机型，由式（4-33a）得

$$F_r = 9.2\frac{T}{d^4\Delta\rho}\times10^{-3} \tag{4-34}$$

式中　T——悬浮液和绝对温度；

d——待分离的最小粒子直径；

$\Delta\rho$——固液相密度差。

应该指出，在推导公式（4-34）时，未考虑颗粒的表面电性。实际上颗粒由于表面带电产生的静电作用力对微细颗粒的沉降和扩散运动也将产生影响，从而影响分离极限。

4.2.4　分级效率与细粉提取率

表示分级效率的方法很多，常用的是牛顿分级效率公式和分级精度。将某一粒度分布的粉体物料用分级机进行分级，分成粗粒级和细粒级两部分，则牛顿分级效率的计算方法为

$$\eta_N = \frac{\text{粗料中实有的粗粒量}}{\text{原料中实在的粗粒量}} - \frac{\text{粗粒中实有的细料量}}{\text{原料中实有的细料量}}$$

设 F 代表原料量，Q 代表粗粒物料量，U 为细粒物料量，a、b、c 分别为原料、粗粒物料和细粒物料中实有的粗料级物料的含量，则有

$$F = U + Q \tag{4-35}$$

$$Fa = Uc + Qb \tag{4-36}$$

由式（4-35）得

$$U = F - Q \tag{4-37}$$

将式（4-37）代入式（4-36），得

$$Q = \frac{F(a-c)}{b-c} \tag{4-38}$$

根据牛顿分级效率的计算方法

$$\eta_N = \frac{Qb}{Fa} - \frac{Q(1-b)}{F(1-a)} \tag{4-39}$$

将式（4-38）代入式（4-39）整理后，得

$$\eta_N = \frac{(a-c)(b-a)}{a(1-a)(b-c)} \tag{4-40}$$

相当于分配率为 75%和 25%的粒度 d_{75} 和 d_{25} 也可以用来表示分级效率。如用 E_T 表示偏差度，则可用

$$E_T = \frac{d_{75} - d_{25}}{2} \tag{4-41}$$

来表示分级精度或分级效率。如 E_T 小，说明只有少量粒级未能有效分离，因而分级精度或分级效率较高；反之，分级精度或分级效率较低。

也可用 $E'_T = \frac{d_{75}}{d_{25}}$ 来表示分级效率。E'_T 越小，分级精度越高。

在实际的设备选型比较中，可用小于某一粒度细粉的提取率来衡量或表示分级效率。如以 η_R 表示细粉提取率（%），Q 为单位时间内分级机的处理量或给料量，q 为给料中小于某一指定粒度的粒级含量，F 为单位时间内分级机分出的细产品产量，f 为细产品中小于某一指定粒度的粒级含量，则有

$$\eta_R = \frac{F \times f}{Q \times q} \times 100\% \tag{4-42}$$

如某分级机的小时处理量为 2t，其中 $-10\mu m$ 的含量为 65%；细产品产量为 1t/h，其中 $-10\mu m$ 含量为 97%，则该分级机的 $-10\mu m$ 细粉提取率为

$$\eta_R = \frac{1 \times 0.97}{2 \times 0.65} \times 100\% = 74.62\% \tag{4-43}$$

一般来说，细粉提取率越高，分级机的分级效率越高，性能越好。

4.3　干式精细分级机

目前工业上应用的主要干式精细分级机是 MS、MSS 和 ATP 型及其相似型或改进型以及 LHB、NEA、TFS 型等。这些干式精细分级机可与超细粉碎机配套使用，其分级粒径可以在较大的范围内进行调节，其中 TSP 型、MS 型及其类似的分级机的分级产品细度可达 $d_{97}=10\mu m$ 左右，MSS、ATP、NEA、LHB 型及其类似的分级机的分级产品细度可达 $d_{97}=3\sim5\mu m$，TTC 和 TFS 型分级机的产品细度可达 $d_{97}=2\mu m$。依分级

机规格或尺寸的不同，单机处理能力从每小时数十千克到数十吨不等。

目前的干式精细分级机一般采用旋转涡轮式，只有个别机型采用射流式。涡轮式精细分级机的结构一般包括分级轮、机体、进料、出料、进风（包括二次风、三次风）以及电机和传动、控制装置。分级轮是核心装置，从结构上分级轮可分为圆柱和圆锥两种（图 4-6），从配置方式上圆柱形分级轮又有竖置和横置两种。其直径、叶片形状、叶片间隙等对分级机的分级性能有显著影响。此外，单独设置的精细分级系统还包括风机集料、收尘等装置。

(a) (b)

图 4-6 干式精细分级机圆柱和圆锥分级轮

(a) 圆柱分级轮；(b) 圆锥分级轮

4.3.1 ATP 型超微细分级机

图 4-7 所示为 ATP 型单轮分级机的结构与工作原理示意图及外形图。其结构主要由分级轮、给料阀、排料阀、气流入口等部分构成。在图 4-7（a）所示的上给料式装置

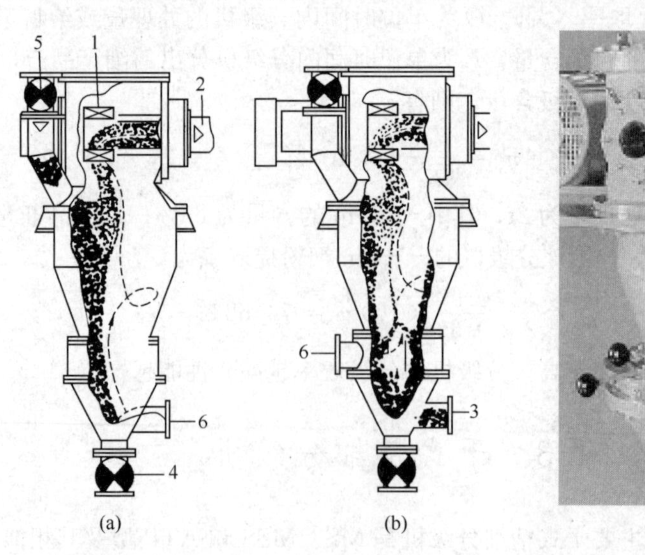

图 4-7 ATP 型单轮分级机的结构与工作原理示意图及外形图

(a) 上部给料；(b) 下部给料；(c) 外形图

1—分级轮；2—微细产品出口；3—气流（或气流与物料一起）入口；4—粗粒物料出口；5—给料阀；6—气流入口

中，工作时物料通过给料阀 5 给入分级室，在分级轮旋转产生的离心力及分级气流的黏滞力作用下进行分级，分级后的微细物料从上部出口排出。在图 4-7（b）所示的分级机中，工作时原料与分级气流一起从下部 3 给入。这种分级机便于与以空气输送产品的超细粉碎机（如气流磨）配套。

图 4-8 所示为 ATP 型多轮分级机的结构与工作原理示意图及外形图。其结构特点是在分级室顶部设置了多个相同直径的分级轮。由于这一特点，与同样规格的单轮分级机相比，多轮分级机的处理能力显著增大。

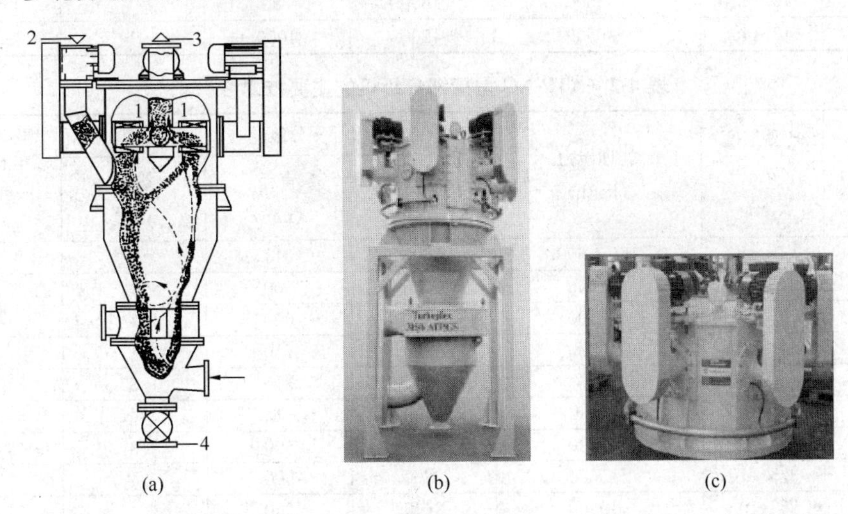

图 4-8 ATP 型多轮分级机的结构与工作原理示意图（a）及外形图（b）、（c）

1—分级轮；2—给料阀；3—细产品出口；4—粗粒物料出口

表 4-1 和表 4-2 所列为国外某公司 ATP 和 ATP-NG 型精细分级机的主要技术参数。

表 4-1 ATP 型精细分级机的主要技术参数

型号 ATP	产品细度 d_{97} (μm)	处理能力 (kg/h)	分级轮			电机功率 (kW)
			最大转速 (r/min)	直径 (mm)	数量 (个)	
100	4～45	30～100	11000	100	1	4
100/4	4～45	120～400	11000	100	4	4×3
140	5～45	70～200	8500	140	1	5.5
140/4	5～45	280～800	8500	140	4	4×4
200	5～45	200～1000	6000	200	1	5.5
200/4	5～45	500～1600	6000	200	4	4×5.5
315	6～45	300～1000	4000	315	1	11
315/3	6～45	1000～3000	4000	315	3	3×11
315/6	6～45	2000～6000	4000	315	6	6×11
500	8～45	800～2500	2400	500	1	22
500/3	8～45	2400～7500	2400	500	3	3×15

续表

型号 ATP	产品细度 d_{97} (μm)	处理能力 (kg/h)	分级轮			电机功率 (kW)
			最大转速 (r/min)	直径 (mm)	数量 (个)	
500/4	8～45	3200～10000	2400	500	4	4×15
630	9～45	～4000	2000	630	1	30
630/4	9～45	～16000	2000	630	4	4×22
750	10～45	～5600	1600	750	1	37
1000	12～45	～9500	1200	1000	1	45

表 4-2 ATP-NG 型精细分级机的主要技术参数

型号 ATP-NG	产品细度 d_{97} (μm)	处理能力 (kg/h)	分级轮			电机功率 (kW)
			最大转速 (r/min)	直径 (mm)	数量 (个)	
315	3～10	100～600	5600	315	1	18.5
500	3.5～10	～1400	2800	500	1	30
630	6～10	～2300	2400	630	1	45
750	7～10	～3000	1920	750	1	55
315/3	4～10	300～1700	5600	315	3	3×18.5
315/6	4～10	600～3400	5600	315	6	6×18.5
500/3	3.5～10	～4200	2800	500	3	3×30
500/4	3.5～10	～5600	2800	500	4	4×30
630/4	6～10	～9200	2400	630	4	4×45

4.3.2 MS 及 MSS 型微粉分级机

图 4-9 为 MS（Micro Separator）型精细分级机的结构与工作原理示意图和外形图。它主要由给料管、调节管、中部机体、斜管、环形体及安装在旋转主轴上的叶轮构成。主轴由电机通过皮带轮带动旋转。其工作原理为：待分级物料和气流经给料管和调节管进入机内，经过锥形体进入分级区；主轴带动叶轮旋转；通过调节叶轮转速可以调节分级粒度；细粒级物料随气流经过叶片之间的间隙向上经细粒物料排出口排出，粗粒物料被叶片阻留，沿中部机体的内壁向下运动，经环形体和斜管自粗粒级物料排出口排出。上升气流经气流入口进入机内，遇到自环形下落的粗粒物料时，将其中夹杂的细粒物料分出，向上排送，以提高分级效率。通过调节叶轮转速、

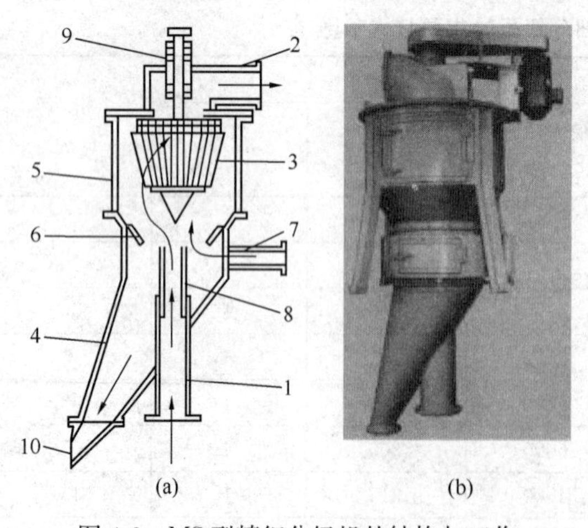

图 4-9 MS 型精细分级机的结构与工作原理示意图（a）和外形图（b）

1—给料管；2—细粒物料出口；3—叶轮；4—斜管；5—中部机体；6—环形体；7—二次气流入口；8—调节管；9—主轴；10—粗粒物料出口

风量、二次气流、叶轮间隙或叶片数及调节管的位置可以在 3～150μm 之间调节分级粒度。

表 4-3 为 MS 型精细分级机的主要技术参数。

表 4-3　MS 型精细分级机的主要技术参数

型号	电机功率(kW)	叶轮转速(r/min)	空气耗量(m^3/min)	生产能力(kg/h)	外形尺寸 D/H(mm)
标准型					
MS-3	2.2	1500	50～80	750	1200/2700
MS-4	5.5	1100	100～150	1500	1560/3200
MS-5	11	800	200～300	3000	2300/5500
MS-6	22	550	400～600	6000	2800/7000
MS-7	37	300	800～1200	12000	3500/9000
高速型					
MS-1H	3.7	5000	8～12	50～120	700/1500
MS-2H	5.5	4000	20～30	150～300	830/2150
MS-3H	11	2300	40～70	300～700	1200/2700
MS-4H	22	2200	80～120	600～1200	1560/3200
MS-5H	45	1600	150～200	1200～2000	2300/5500

图 4-10 为 MSS（Super Separator）型精细分级机的结构与工作原理示意图和外形图。它主要由机身、分级转子、分级叶片、调隙锥、进风管、进料和排料管等构成。其工作过程为：物料从给料管被风机抽吸到分级室内，在分级转子和分级叶片之间被分散并进行反复循环分级，粗颗粒沿筒壁自上而下，由下面的粗粉出口处排出；细粉体随气流穿过转子叶片的间隙由上部细粉出口排出。在调隙锥处，由于二次空气的风筛作用，

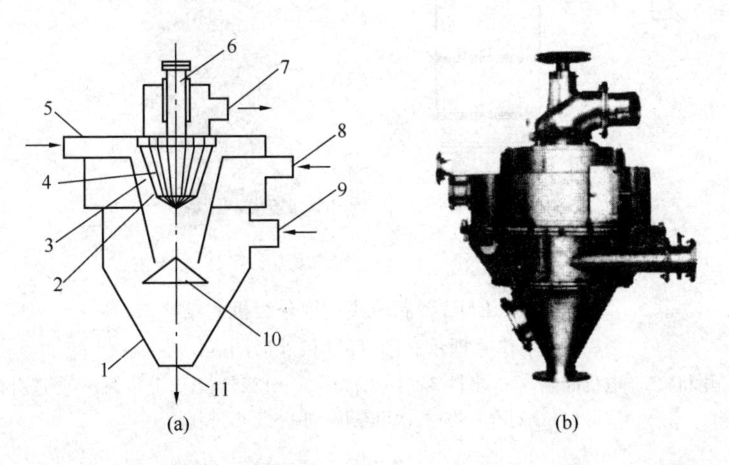

图 4-10　MSS 型精细分级机的结构与工作原理示意图（a）和外形图（b）

1—下部机体；2—风扇叶片；3—分级室；4—分级转子；5—给料管；6—轴；7—细粒物料出口；8—三次风入口；9—二次气流入口；10—调隙锥；11—粗粒物料出口

将混入粗粉中的细粒物料进一步析出，送入分级室进一步分级。三次空气可强化分级机对物料的分散和分级作用，使分散和分级作用反复进行，有利于提高分级精度。这种分级机的特点是分级粒度较 MS 型更细，分级粒度范围为 2～20μm，产品粒度分布较窄。

表 4-4 所列为 MSS 型精细分级机的主要技术参数。

表 4-4　MSS 型精细分级机的主要技术参数

型号	电机功率 (kW)	最大转子转速 (r/min)	空气耗量 (m^3/min)	生产能力 (kg/h)	外形尺寸 D/H (mm)
MSS-1	5.5	8000	8～12	30～100	600/1200
MSS-2	7.5	4000	20～30	70～250	800/1600
MSS-3	15.0	3200	40～60	150～400	1100/2200
MSS-4	30.0	2300	80～100	300～800	1400/2800

4.3.3　LHB 型分级机

图 4-11 所示为 LHB 型涡轮式精细分级机的结构与工作原理示意图和外形图。分级机主机由电机、分级轮、筒体、进料、排料装置等组成，通过调节分级轮的转速并配以合理的二次进风来实现对物料的有效分级。

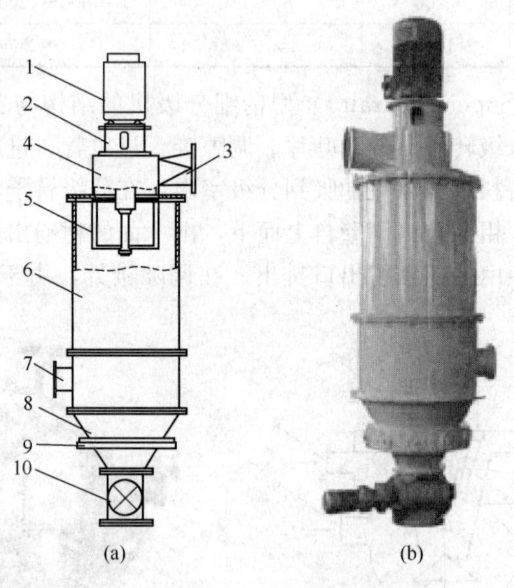

图 4-11　LHB 型涡轮式精细分级机的结构与工作原理示意图（a）和外形图（b）

1—电机；2—电机底座；3—出料口；4—蜗壳；5—分级轮；6—分级筒；7—进料口；8—料仓；9—二次风系统；10—星形排料阀

进料控制系统由进料变频器及摆线针轮星形卸料阀组成，通过调节变频器输出频率高低来实现对进料的连续匀速控制。叶轮转速通过变频器调整，并设计了失压保护、过电流保护、料位控制、运行状态监视及报警系统等保护措施。

该型分级机的特点是立式单分级轮结构，流场稳定，分级精度和分级效率较高。表 4-5 为该型分级机的主要技术参数。

表 4-5　LHB 型气流分级机的主要技术参数

型 号	LHB-E	LHB-F	LHB-G	LHB-K	LHB-N	LHB-M	LHB-Q	LHB-S	LHB-D	LHB-T
处理量 (t/h)	0.05～0.25	0.3～1.0	0.6～2.0	1.5～3.0	3.0～6.0	6.0～12	13～26	30～50	50～80	80～120
产品细度 d_{97} (μm)	3～150									
分级效率 (%)	70～90									
主机功率 (kW)	1.5～2.2	3～4	5.5～7.5	7.5～11	15～22	23～37	30～55	75～90	90～110	132～160

4.3.4　其他干式涡轮分级机

目前国内外生产的其他干式涡轮分级机还有 LHC、WFJ、FJJ（类似 ATP 型）、FYW、ADW、ATT、FJW、XFJ、QF、FQZ、AF、HF、HTC、FJC、FJT 型以及 TTC、NEA、TFS、UCX 型精细分级机等。图 4-12 所示为部分干式精细分级机的外形图。

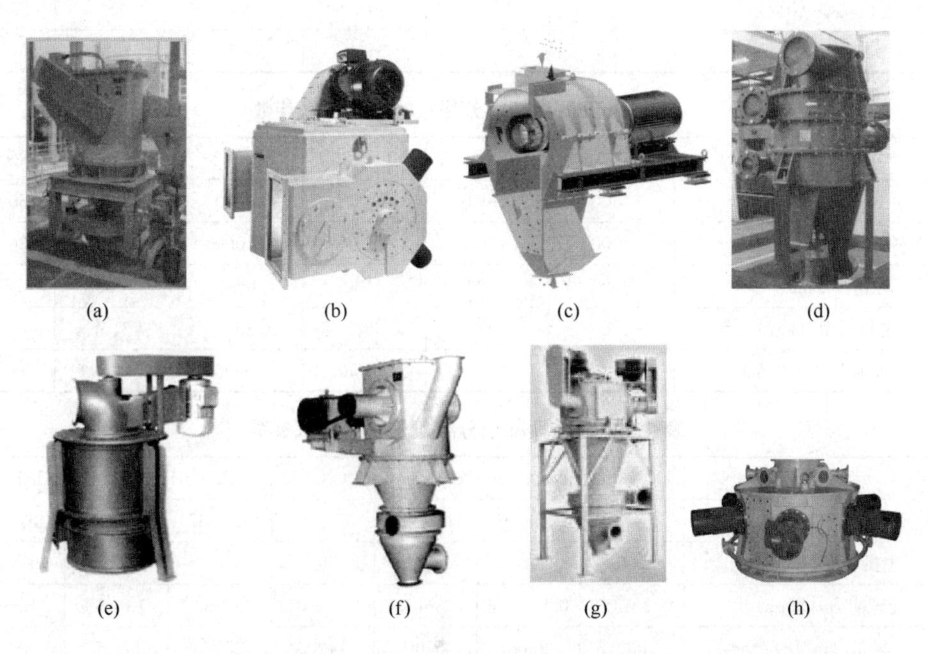

图 4-12　部分干式精细分级机的外形图

(a) TTC 型；(b) TTD 型；(c) TFS 型；(d) UCX 型；(e) FQZ 型；(f) FYW 型；(g) ADW 型；(h) FW 型（多转子）

图 4-12 中，德国某公司生产的 TTC 型精细分级机（a）2002 年问世，目前有 200、315、500、630、710 等机型，其中 TTC 200、TTC 315 成品细度可达到 $d_{97}=2\mu m$，TTC 500 可以达到 $d_{97}=3\mu m$（表 4-6）。图 4-12（b）和（c）为德国某粉体设备公司生产的两款精细分级机，其主要技术参数列于表 4-7 和表 4-8。图 4-12（d）为挪威某公司生产的精细分级机，其主要技术参数列于表 4-9。

表 4-6　TTC 型精细分级机成品细度与产量

产品细度 d_{97}（μm）	产量（kg/h）				
	TTC 200	TTC 315	TTC 500	TTC 630	TTC 710
2	25	60	—	—	—
3	35	85	280	—	—
5	100	260	650	900	1300
7	180	450	1130	1700	2400
10	280	700	1750	2600	3500

表 4-7　NEA 型精细分级机的主要技术参数

型　号	NEA 25	NEA 50	NEA 25	NEA 100	NEA 360	NEA 510
风量（m^3/h）	900	1800	3000	6000	12000	24000
入料速率（kg/h）　≤	900	1800	3000	6000	12000	24000
转子转速（r/min）　≤	15500	8000	5500	5300	3700	2600
主机功率（kW）	5	7.5	15	45	75	132
分级细度 d_{97}（μm）	2～40	5～40	5～40	5～50	5～50	6～50

表 4-8　TFS 型精细分级机的主要技术参数

型　号	TFS 360	TFS 510/2	TFS 25	TFS 720	TFS 720/2	TFS 1020
风量（m^3/h）	7500	15000	24000	30000	48000	60000
入料速率（kg/h）　≤	4000	7500	12000	15000	24000	30000
转子转速（r/min）　≤	6000	4500	4500	4000	4000	2600
主机功率（kW）	75	160	200	250	315	400
分级细度 d_{97}（μm）	2～20	2～20	2～50	4～50	4～50	4～50

表 4-9　UCX 型精细分级机的主要技术参数

型　号	UCX 200	UCX 350	UCX 500	UCX 750	UCX 950	UCX 1200	UCX 1500
风机功率（kW）	4～7.5	7.5～15	11～12	15～30	22～37	30～55	37～75
主机功率（kW）	7.5	15	22	30	37	55	75
处理能力（kg/h）	0.3～1.2	0.9～3.6	1.8～7.5	4～18	7～30	10～50	15～75
风量（m^3/h）	800	2600	5500	14000	20000	32000	48000
分级细度 d_{97}（μm）	2～300	3～300	4～300	5～300	6～300	8～300	10～300

表 4-10～表 4-17 为部分国产分级机的主要技术参数。

表 4-10　LHC 型精细分级机的主要技术参数

型　号	LHC 20	LHC 40	LHC 80	LHC 160	LHC 320	LHC 630	LHC 1250
主机功率（kW）	3～4	5.5～7.5	11～15	18.5～22	30～37	37～45	75～90
处理能力（kg/h）	0.15～0.75	0.3～1.5	0.6～3	1.5～6	3～12	6～25	10～50
分级细度 d_{97}（μm）	2～150						

表 4-11　FJJ 型精细分级机的主要技术参数

型号	分级粒径 d_{97}（μm）	处理量（kg/h）	分级轮转速（r/min）	分级轮功率（kW）
FJJ-3	5～150	50～1800	6000	7.5
FJJ-3.5	5～150		6000	7.5
FJJ-4	6～150	100～2000	4000	15
FJJ-315×3	6～150	每增加一个相应直径的分级转子处理量增加一倍		15×3
FJJ-315×4	6～150			15×4
FJJ-315×6	7～150		4000	15×6

表 4-12　FJW 型和 FJL 型精细分级机的主要技术参数（江苏密友粉体装备制造有限公司）

型　号	FJW 198/4	FJW 318/3	FJW 318/6	FJW 418/6	FJL 418/1	FJL 518/1	FJL 618/1	FJL 718/1
分级轮直径（mm）	198	318	318	418	418	518	618	718
分级粒径 d_{97}（μm）	3～80	5～100	5～100	6～100	6～100	8～120	9～120	10～150
生产能力（kg/h）	400～1600	800～3000	1600～6000	3600～9600	600～1600	700～2500	1100～4000	1500～5000
最大细粉产量（kg/h）$d_{97}=10\mu m$	620	1200	2400	4500	600	900	1280	1700

注：基本参数在允许范围内可按用户要求调整，表中相关数据是对重质碳酸钙粉体分级测试的数值。

表 4-13　FYW 型精细分级机的主要技术参数

型　号	FYW 300	FYW 630	FYW 1000
转子直径（mm）	150	315	500
转子电机功率（kW）	4	11	15
生产能力（kg/h）	20～200	200～2500	1000～8000
最大转速（r/min）	8000	4000	2400
空气量（m^3/min）	12.9	42	125
产品细度 d_{97}（μm）	4～80	6～150	8～150

表 4-14　FQZ 型精细分级机的主要技术参数

型　号	FQZ 500	FQZ 750	FQZ 1000
转子电机功率（kW）	1.5	11.0	22
最大转速（r/min）	1700	2300	2200
空气量（m^3/min）	25～40	40～70	80～120
生产能力（kg/h）	～350	300～700	600～1200
风机风量（m^3/min）	40	70	120
分级粒径（μm）	3～150	3～150	3～150

表 4-15 ATT 型精细分级机的主要技术参数（中建材（合肥）粉体科技装备有限公司）

型　号	ATT 200	ATT 360	ATT 510	ATT 610	ATT 720
涡轮直径（mm）	200	360	510	610	720
产品细度 d_{97}（μm）	2～10		3～10	4～10	5～10
处理量（kg/h）	50～360	120～900	230～1800	900～2600	1700～3300
装机功率（kW）	45	75	160	220	280

表 4-16 ADW 型精细分级机的主要技术参数（中建材（合肥）粉体科技装备有限公司）

型　号	ADW 6301	ADW 6303	ADW 6306	ADW 8001	ADW 8003	ADW 8004	ADW 15001
处理能力（t/h）	1.3	4.0	8.0	2.0	6.0	8.0	8.0
d_{97}调节范围（μm）	5～45	5～45	5～45	6～45	6.5～45	7～45	9～45
d_{97}＝10μm 产量（t/h）	0.3～0.4	0.9～1.2	1.8～2.4	0.45～0.6	1.35～1.8	1.8～2.4	1.8～2.4
装机功率（kW）	11×1	11×3	11×6	11×1	11×3	11×4	22×1
转子个数（个）	1	3	6	1	3	4	1
设计风量（m^3/h）	2500	7500	15000	4000	12000	16000	14000

说明：表中 d_{97}＝10μm 的产量上限值来自方解石粉的分级，进分级机的原料中 10μm 以下的粉需占 60%～70%。

表 4-17 FW 型多转子精细分级机的主要技术参数

型　号	FW400/3	FW400/4	FW400/6	FW630/3	FW630/4	FW630/6	FW800/3	FW800/4	FW800/6
处理量（t/h）	0.2～1.5	0.3～2	0.5～3	1～5	2～8	3～10	2～8	3～10	5～15
产品细度 d_{97}（μm）	2～45			3～45			4～45		
装机功率（kW）	90～110	120～140	170～200	135～155	170～190	250～290	180～200	220～290	290～390

4.3.5 射流分级机

射流分级机，又称静态分级或惯性分级机，它有别于前述带有转动部件（如涡轮）的气流分级机，其主体内没有任何可动部件。其原理源自于柯安达（COANDA）效应，即弯射流偏转原理。最早发明射流分级机的是德国 Karlsruhe 大学的 Rumpf 和 Clausthal 大学的 Leschonsk，随后这种射流分级机在日本被进一步研发应用，中国企业在引进技术的基础上研发的智能气流控制射流分级机已经在抛光粉及其他特种精细粉体材料生产中得到应用。

其结构与工作原理如图 4-13（a）所示，微粉物料在高压气体的作用下被打散后进入射流分级机本体，在柯安达效应的作用下，细颗粒紧贴柯安达块，中颗粒在中间部位，大颗粒远离柯安达块。这样微粉颗粒被瞬间分成细、中、粗三级，然后在下游的收料器中被分别回收。射流分级机一般与旋风分离器（过滤收料器）、引风机等组成一套分级系统，图 4-13（b）和（c）分别为外形图和分级系统配置图。

这种分级机的主要结构特点是：①无转动部件，结构简单，拆卸清洗和更换方便；②两把分级刀可以根据需要围绕刀轴旋转，从而可以方便调整分级机粗、中、细粉的产量和其相应的粒度；③容易采用全陶瓷内衬，分级过程不污染物料。

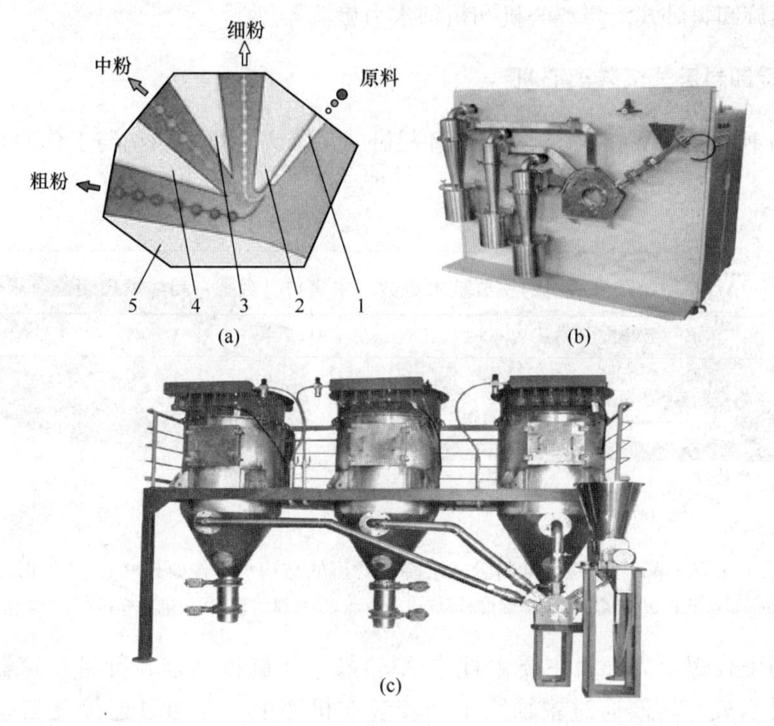

图 4-13　射流分级机的结构与工作原理（a）、外形（b）和系统配置图（c）

1—喷料管；2—柯安达块；3—细分级刀；4—中分级刀；5—对冲挡板

其主要性能特点是：①可分级球状、片状及不规则形状的颗粒，也可对不同密度的颗粒进行分级，且因采用高压气体在原料喷料管中对粉体进行了预分散处理，适用于超细、黏性物料的精细分级；②精准的大颗粒剔除功能，顶点切割准确，分级产品的粒度可达 $d_{100}=3\sim30\mu m$，产品粒度无级可调，特别适用于对大颗粒含量要求极严的特种功能粉体产品的分级；③分级过程稳定，大小型号分级机的分级精度一致且容易保持。

表 4-18 为 ASL 型射流精细分级机的主要技术参数。

表 4-18　ASL 型射流精细分级机的主要技术参数（中建材（合肥）粉体科技装备有限公司）

型　号	ASL 50	ASL 300	ASL 500	ASL 800
处理能力（t/h）　≤	50	300	500	800
粒度调节范围 d_{50}（μm）	0.5～30	1.0～30		
系统功率（kW）	25	65	80	110
产品数（个）	2～3	2～5		

4.4　湿式精细分级机

在湿法超细磨矿或黏土类矿物的湿法提纯工艺中，为了提高磨矿效率以及控制最终产品细度和粒度分布，有时要设置湿式精细分级设备。目前工业上使用的湿式精细分级机主要有螺旋卸料卧式沉降离心机和精细水力旋流器等。

4.4.1　螺旋卸料卧式沉降离心机

图 4-14 所示为 LW（WL）型螺旋卸料卧式沉降离心机的结构与工作原理示意图及外形图。

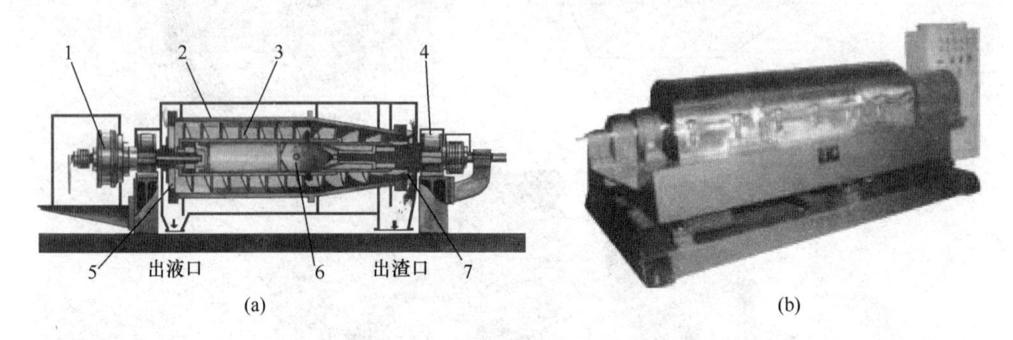

图 4-14　LW（WL）型螺旋卸料卧式沉降离心机的结构与工作原理（a）及外形图（b）

1—差速器；2—转鼓；3—螺旋推料器；4—机座；5—排渣机；6—进料仓；7—溢流孔

该系列卧式螺旋离心机主要由柱-锥型转鼓、螺旋推料器、行星差速器、外壳和机座等零件组成。转鼓通过主轴承水平安装在机座上，并通过连接盘与差速器外壳连接。螺旋推料器通过轴承同心安装在转鼓里，并通过外在键与差速器输出轴内在键相连。

图 4-15 所示为 D 型卧式螺旋卸料沉降离心机的结构与工作原理及外形图。该型离心机主要由进料口、转鼓、螺旋推料器、挡料板、差速器、扭矩调节器、减振垫、机座、布料器、积液槽等部件构成，是一种结构紧凑、连续运转、运行平稳、分离因素较高、分级粒度较细的离心机。该型卧式螺旋卸料沉降离心机的另一个特点是电气部分用微机控制，可直接、自动在显示屏上显示转鼓转速、差速转速等主要技术参数，且能一机多用（并流型和逆流型复合在一起）。

表 4-19 和表 4-20 分别为 WL 型和 D 型卧式螺旋卸料沉降离心机的主要技术参数。

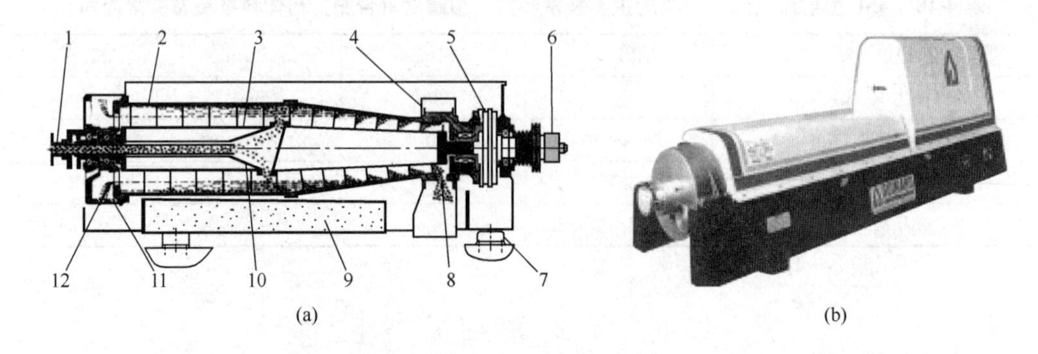

图 4-15　D 型卧式螺旋卸料沉降离心机的结构与工作原理（a）及外形图（b）

1—进料口；2—转鼓；3—螺旋推料器；4—挡料板；5—差速器；6—扭矩调节器；7—减振垫；8—沉渣；9—机座；10—布料器；11—积液槽；12—分离液出口

表 4-19　WL 型卧式螺旋卸料沉降离心机的主要技术参数

型　号	转鼓参数				电机功率（kW）	外形尺寸（长×宽×高）（mm×mm×mm）
	直径（mm）	长度（mm）	转速（r/min）	分离因素		
WL-200A	200	600	4300	2070	7.5	1630×950×500
WL-350B	350	875	3500	2400	11	1890×820×540
WL-350C	350	650	3500	2400	7.5	1660×1400×540
WL-350SA	350	650	1900	710	11	1660×1400×540
WL-450	450	1030	2500	1570	37/11	2670×2000×840
WL-600	600	900	2100	1470	37	3400×2500×1550

表 4-20　D 型卧式螺旋卸料沉降离心机的主要技术参数

序号	型号规格	技术参数					电机功率（kW）
		直径（mm）	长径比	转速（r/min）	分离因素	流场形式	
D_1	D1L	180	2.7	6000	3630	并流	7.5
D_2	D2LP	260	3.7	4500	2945	复合	15
	D2LE	260	3.7	4500	2945	并流	15
	D2LC	260	3.7	2945	15	逆流	15
D_3	D3NP	340	2.7	3600	2465	复合	22
	D3NE	340	2.7	3600	2465	并流	22
	D3NC	340	2.7	3600	2465	逆流	22
	D3LP	340	3.7	3600	2465	复合	22
	D3LE	340	3.7	3600	2465	并流	22
	D3LC	340	3.7	3600	2465	逆流	22
	D3LCHP	340	3.7	3600	2465	逆流压榨	22
	D3LLCHP	340	4.7	3600	2465	逆流压榨	30
	D3LLC	340	4.7	3600	2465	逆流	30
D_4	D4NP	430	2.7	3000	2165	复合	30
	D4NE	430	2.7	3000	2165	并流	30
	D4NC	430	2.7	3000	2165	逆流	30
	D4LP	430	3.7	3000	2165	复合	30
	D4LE	430	3.7	3000	2165	并流	30
	D4LC	430	3.7	3000	2165	逆流	30
	D4L3Ph	430	3.7	3000	2165	三相	30
D_5	D5NC	520	2.7	2700	2120	逆流	45
	D5MCHP	520	3.2	3200	2980	逆流压榨	55/15
	D5LCHP	520	3.7	3200	2980	逆流压榨	55/15

4.4.2　精细水力旋流器

精细水力旋流器是指工作腔体内部最大直径≤50mm的旋流器。这种小直径水力旋流器通常带有长的圆筒部分和小锥角的锥形部分，内衬耐磨陶瓷、模铸塑料、人造橡胶及聚氨酯材料等多种材质。陶瓷及聚氨酯材料是近十多年来制造精细水力旋流器的主要材料。

在工业生产中，为弥补小直径旋流器处理能力小的缺点，通常采用若干个小直径旋流器并联安装形成旋流器组，这种旋流器组可由几个或数十个小直径旋流器组成。图4-16所示为TM-3型道尔克隆旋流器组构造示意图和两组海王牌旋流器组。

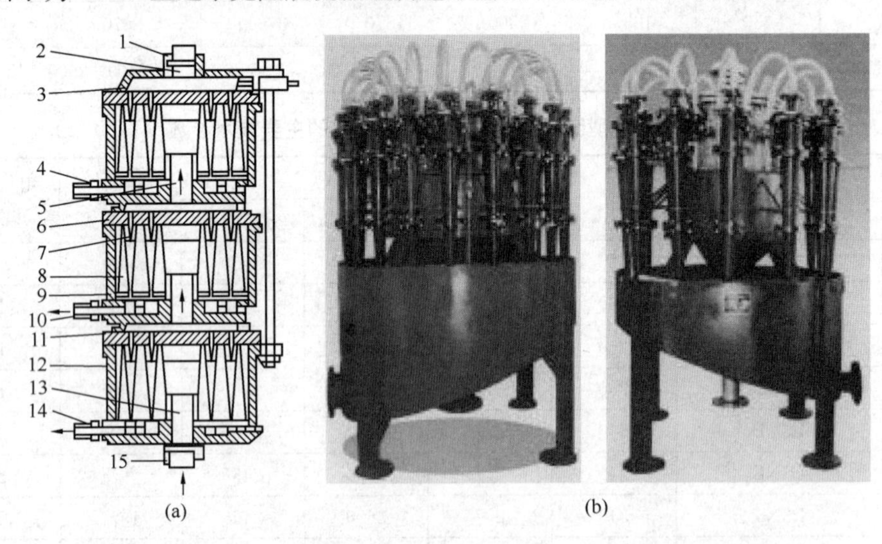

图4-16　TM-3型道尔克隆旋流器组构造示意图(a)和两组海王牌旋流器组(b)

表4-21所列为海王牌小直径聚氨酯旋流器的主要技术参数。

表4-21　海王牌超细水力旋流器的主要技术参数

规　格	分离粒度(μm)	单机处理能力(m^3/h)	进料压力(MPa)
ϕ10	2～5	0.1～0.3	0.3～0.6
ϕ25	4～10	0.4～1.0	0.25～0.5
ϕ50	15～20	1.5～2.7	0.2～0.4

图4-17所示为GSDF牌10mm精细水力旋流器组的外形图及实物照片。它由三个同心圆环和一个空心柱状体构成了三个环形空间。溢流、进料、底流分别在外、中、内的环形空间里，外圆底孔与外环相通形成溢流；内圆腔体与空心柱状体相通形成底流。工作时用泵将料浆泵入进料腔中的旋流器，在离心力作用下，粗粒由底流口排出，较细的颗粒由溢流口溢出。通过调整进浆压力、溢流压力和底流压力可获得不同细度的产品。

这种精细水力旋流器组是由许多个ϕ10mm小直径旋流器组成。例如GSDF10-99精细水力旋流器组是由99个直径为10mm的小旋流器组成，主要用于5μm以下原浆的超

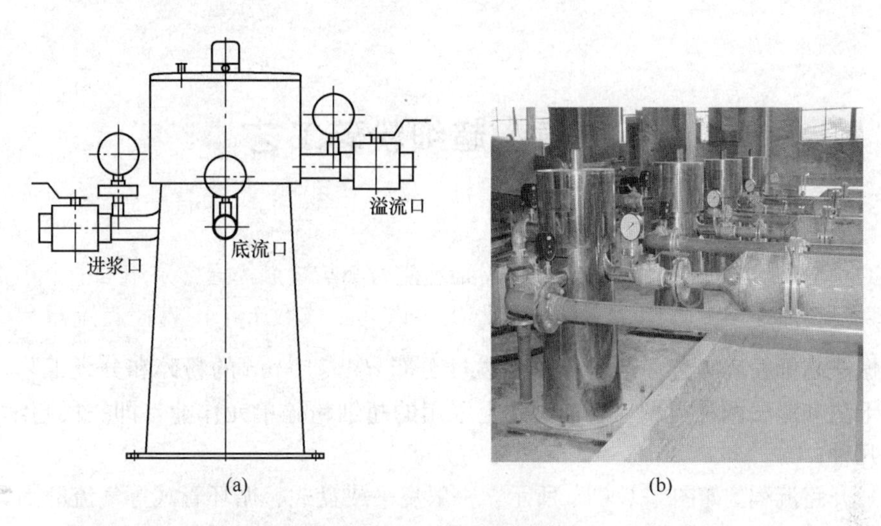

图 4-17　GSDF 牌 10mm 精细水力旋流器组的外形图(a)及实物照片(b)

细分级、精选提纯及浓缩。产品细度可达 0.5μm。表 4-22 为其主要技术参数。

表 4-22　GSDF10 系列精细水力旋流器组的主要技术参数(北京古生代粉体科技有限公司)

规格型号	GSDF10-99A1-A9	GSDF10-60A1-A9	GSDF10-06A1-A9
处理量(m^3/h)	25～55	15～33	1.5～3.3
进浆浓度(质量比)(%)≤	15		
进浆压力(MPa)	0.8～1.2		
分离粒度(μm)	d_{50}：0.5～1.2μm　　d_{100}≤6μm		
材质	旋流器：超细高纯陶瓷整体烧结而成。结构件：SUS304 不锈钢		

第 5 章　超细粉碎工艺

5.1　概　　述

机械法超细粉碎工艺一般是指制备粒度分布 $d_{97} \leqslant 10\ \mu m$ 的粉碎和分级工艺。它可以分为干法和湿法两种类型。目前工业上采用的超细粉碎单元作业（即一段超细粉碎）有以下几种：

（1）开路流程。如图 5-1（a）所示，一般扁平或盘式、循环管式等气流磨因具有自行分级功能，常采用这种开路工艺流程。另外，间歇式超细粉碎也常采用这种流程。这种工艺流程的优点是工艺简单。但是，对于不具备自行分级功能的超细粉碎机，由于这种工艺流程中没有设置分级机，不能及时地分出合格的超细粉体产品，因此，一般产品的粒度分布范围较宽。

（2）闭路流程。如图 5-1（b）所示，其特点是分级机与超细粉碎机构成超细粉碎—精细分级闭路系统。一般球磨机、搅拌磨、高速机械冲击式磨机、振动磨等的连续粉碎作业常采用这种工艺流程。其优点是能及时地分出合格的超细粉体产品，因此，可以减轻微细颗粒的团聚和提高超细粉碎作业效率。

（3）带预先分级的开路流程。如图 5-1（c）所示。其特点是物料在进入超细粉碎机之前先经分级，细粒级物料直接作为超细粉体产品，粗粒级物料再进入超细粉碎机粉碎。当给料中含有较多的合格粒级超细粉体时，采用这种工艺流程可以减轻粉碎机的负荷，降低单位超细粉产品的能耗，提高作业的效率。

（4）带预先分级的闭路流程。如图 5-1（d）所示。这种工艺流程实质是图 5-1（b）和图 5-1（c）所示两种工艺流程的组合。这种组合作业不仅有助于提高粉碎效率和降低单位产品能耗，还可以控制产品的粒度分布。这种工艺流程还可简化为只设一台分级

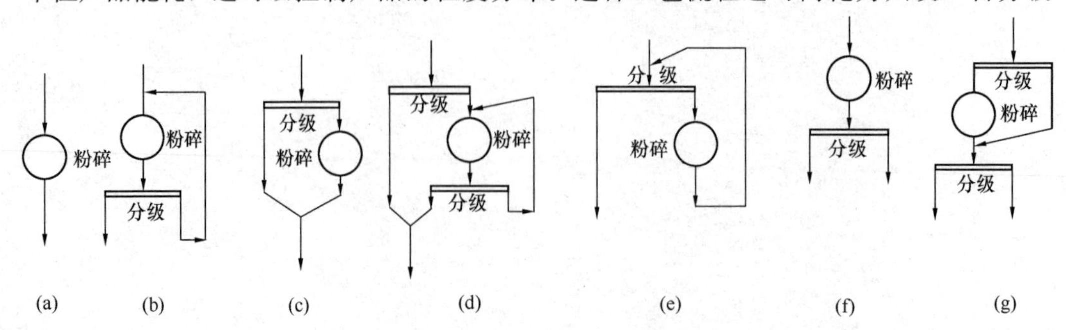

图 5-1　超细粉碎工艺流程

（a）开路流程；（b）闭路流程；（c）带预先分级的开路流程；（d）带预先分级的闭路流程；（e）预先分级和检查分级合一的流程；（f）带最终分级的开路流程；（g）带预先分级和最终分级的开路流程

机，即将预先分级和检查分级合并用同一台分级机，如图 5-1（e）所示。

（5）带最终分级的开路流程。如图 5-1（f）所示。这种粉碎工艺流程的特点是可以在粉碎机后设置一台或多台分级机，从而得到两种以上不同细度及粒度分布的产品。

（6）带预先分级和最终分级的开路流程。如图 5-1（g）所示。这种工艺流程实质是图 5-1（c）和图 5-1（f）所示两种工艺流程的组合。这种组合作业不仅可以预先分离出部分合格细粒级产品以减轻粉碎机的负荷，而且后设的最终分级设备可以得到两种以上不同细度及粒度分布的产品。

粉碎的段数主要取决于原料的粒度和要求的产品细度。对于粒度比较粗的原料，可采用先进行细粉碎或细磨再进行超细粉碎的工艺流程，一般可将原料粉碎到 200 目或 325 目后再采用一段超细粉碎工艺流程；对于产品粒度要求很细，又易于团聚的物料，为提高作业效率可采用多段串联的超细粉碎工艺流程。但是，一般来说，粉碎段数愈多，工艺流程也就愈复杂，工程投资也就愈大。

在粉碎方式上，超细粉碎工艺可分为干式（一般或多段）粉碎、湿式（一般或多段）粉碎、干湿组合式粉碎三种。以下介绍几种典型的超细粉碎工艺流程。

5.2　干式超细粉碎工艺

干式超细粉碎工艺是一种广泛应用的硬脆性物料的超细粉碎工艺。干粉生产工艺无需设置后续过滤、干燥等脱水工艺设备，因此工艺简单，生产流程较短。以下介绍较典型的气流磨、辊磨机、机械冲击磨、介质磨（球磨机、搅拌磨、振动磨）等干式超细粉碎工艺。

5.2.1　气流磨超细粉碎工艺

常见的气流磨超细粉碎工艺主要有：空气流粉碎工艺、过热蒸汽粉碎工艺、不活泼气体粉碎工艺和易燃易爆物料的粉碎工艺等。这些工艺主要由给料装置、气流磨、集料与除尘装置以及相应的粉碎气流介质（压缩空气或过热蒸汽）产生和净化装置等组成。

图 5-2 所示为圆盘式气流磨的常温空气流粉碎工艺流程图。该流程布置方式的主要

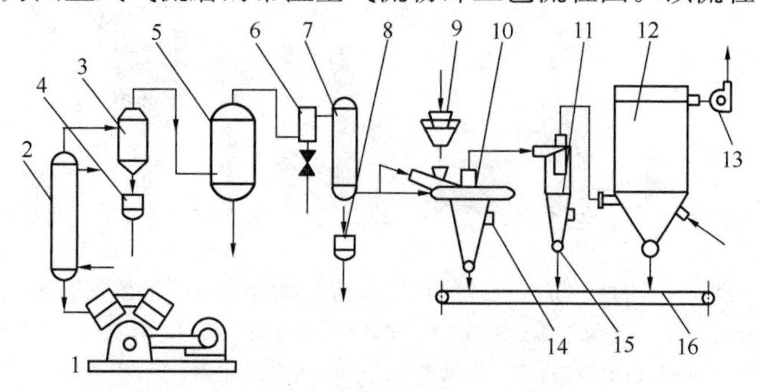

图 5-2　圆盘式气流磨常温空气流粉碎工艺

1—空气压缩机；2—后冷却器；3—油水分离器；4、8—排液器；5—贮气罐；6—除沫器；7—空气过滤器；9—加料器；10—气流磨；11—旋风分离器；12—布袋除尘器；13—引风机；14—振动器；15—卸料-锁气器；16—产品输送器

特点是压缩空气在冷却降温后进行除油除水。因为在压缩空气中的油和水不仅会污染产品，而且还可能使受潮的物料堵塞粉碎系统。如果选用无油润滑的空压机，则只需除水。有时，需要在低温下粉碎，如粉碎某些低熔点或热敏性物料需要低温空气，在这种情况下，上述流程须增设空气冷却器等。这种气流粉碎机也可以用过热蒸汽代替压缩空气作为粉碎动力或粉碎介质。

图 5-3 所示为流化床气流磨的常温空气流粉碎工艺。流化床气流磨超细粉碎工艺是目前硅灰石（超细针状粉）、滑石（化妆品级超细粉）、重晶石、石墨等高附加值非金属矿超细粉常见的生产工艺。

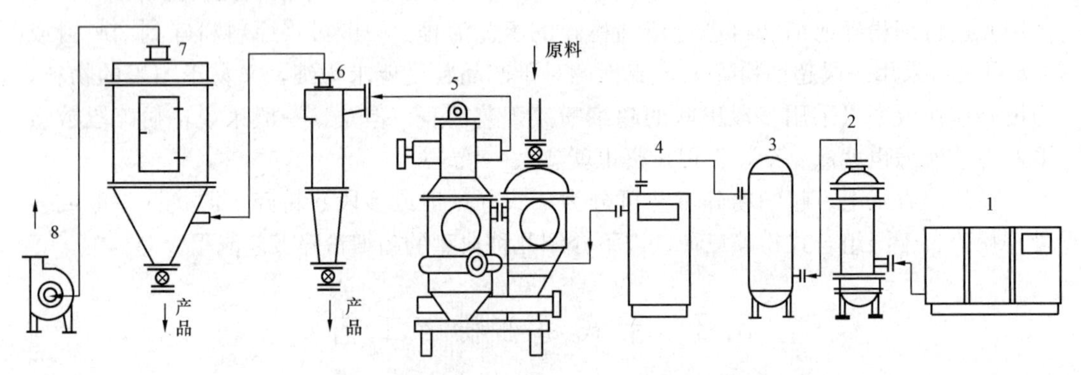

图 5-3　流化床气流磨的常温空气流粉碎工艺

1—压缩机；2—后冷却器；3—储气罐；4—空气冷冻干燥器；5—流化床气流磨；6—旋风分离器；7—布袋收尘器；8—离心风机

图 5-4 为 LHA 型气旋式气流磨外置精细分级机的工艺配置图。图 5-5 为 LHC 型气旋式气流磨的工艺配置图。这两种气流磨广泛用于高纯度和高附加值超细非金属矿粉以及精细磨料、电池材料、农药等的生产。用氮气代替压缩空气，这种工艺可用于易爆原料的超细粉碎。

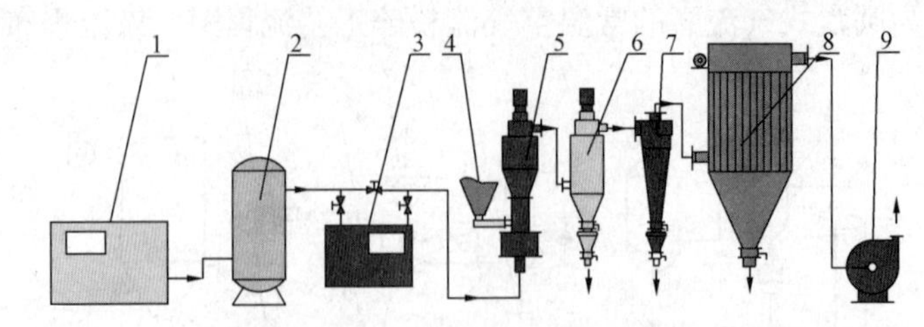

图 5-4　LHA 型气旋式气流磨外置精细分级机的工艺配置图

1—空气压缩机；2—储气罐；3—冷干机；4—进料系统；5—LHA 型气旋式气流磨；6—气流分级机；7—旋风集料器；8—布袋除尘器；9—引风机

图 5-6 是以过热蒸汽做工作介质的气流磨超细粉碎工艺系统。压强为 1100kPa、温度为 175℃的饱和蒸汽，在肋片式蒸汽过热器中用天然气火焰加热，温度升至 288℃（最高可达到 340℃）。过热蒸汽随后进入循环管式气流磨 11。与此同时，粒度为 80 目

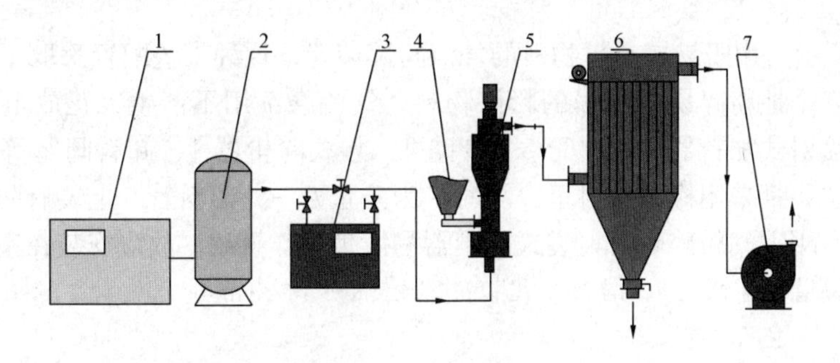

图 5-5　LHC 型气旋式气流磨的工艺配置图

1—空气压缩机；2—储气罐；3—冷干机；4—进料系统；
5—LHC 型气旋式气流磨；6—布袋收集器；7—风机

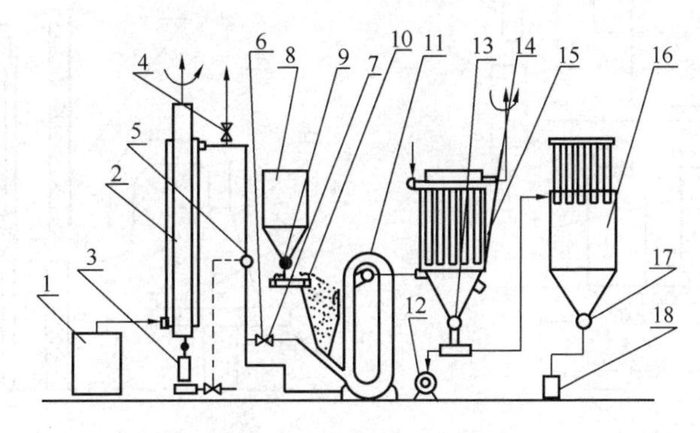

图 5-6　过热蒸汽流粉碎干法捕集工艺

1—蒸汽锅炉；2—肋片式过热器；3—天然气燃烧器；4—放空阀；5—温度控制器；6—减压阀；
7—截止阀；8—料斗；9—卸料阀；10—带式加料器；11—循环管式气流磨；12—鼓风机；
13、17—卸料-锁气器；14—振动器；15—高温布袋捕集器；16—料仓；18—成品包装机

的原料由料斗 8 经卸料阀 9、带式加料器 10 给入喷射式加料器料斗中。粉碎合格的产品连同 200℃的废蒸汽进入过滤面积为 $67m^2$ 的高温布袋捕集器 15 中。穿过布袋的已净化了的蒸汽被排空，捕集下来的产品经鼓风机 12 吹到料仓 16 中。为了防止物料粘壁，布袋捕集器锥体上安装电磁振动器。

图 5-7 所示为以氮气、二氧化碳等为工作介质的气流磨超细粉碎工艺系统。这种工艺适用于熔点极低或热敏性特强、在空气中容易氧化的物料。工艺配置的特点是确保不活泼气体的回收利用。

从压缩机 1 出来的气流，经冷却剂冷却后，进入热交换器 3。冷却后的废气和来自蒸发器 9 的冷态补充气流进一步冷却。冷却后的气流又分两路：一路进入物料冷却器使物料冷脆，提高物料的可粉碎性；另一路进入气流磨 6 的喷嘴。废气流夹带的物料进入成品收集器 5 进行气固分离。从物料中吸收了水分并可能夹带有微量粉尘的废气流，经干燥过滤器 4 进行吸湿和过滤。过滤后的气流或者直接进入热交换器 3，或者去蒸发器 9 加热液态惰性物质，使之汽化成气态后，与新的惰性气流一起经热交换器 3 返回压缩机 1。蒸发器 9 中的液态物质，主要是为了补充气流的正常损耗。该系统应该在严格保

温下运行。

图 5-8 所示为用于易燃易爆物料的气流粉碎装置。这种工艺配置采取了防爆防火措施，能够较安全地粉碎易燃易爆的粉体物料。气流磨 7 用不产生火花放电的橡胶作衬里。此外，喷射式加料器、出料管 5、管路 4、袋式除尘器 1、卸料阀 2 等与气固二相流接触的部位，都采用橡胶作衬里。同时，为防止万一，出料管 5 上装有防爆膜 6 一类的防爆装置。用空气粉碎硫时，袋式除尘器易发生爆炸事故。故应安装在室外露天，并设防爆门或隔墙。

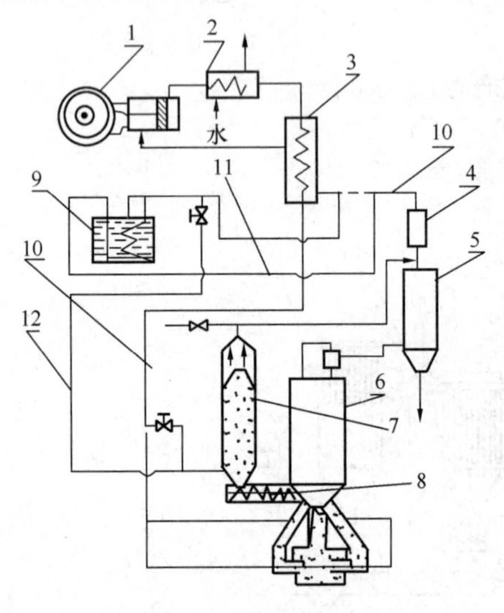

图 5-7　不活泼气体气流粉碎工艺流程

1—压缩机；2—后冷却器；3—热交换器；4—干燥过滤器；5—成品收集器；6—逆向对喷式气流磨；7—物料预热器；8—加料器；9—蒸发器；10、11、12—管路

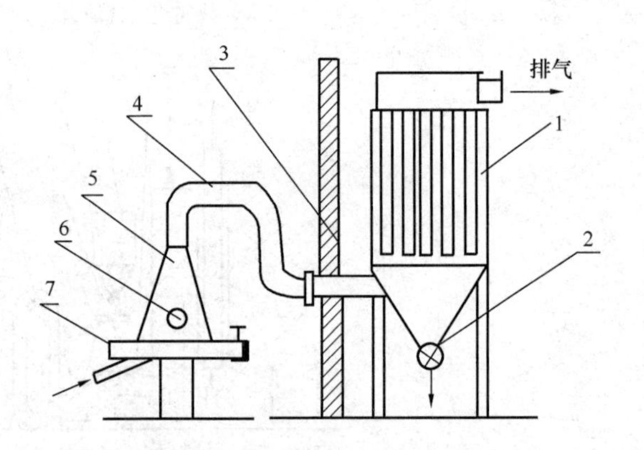

图 5-8　易燃易爆物料的气流粉碎装置

1—袋式除尘器；2—卸料阀；3—防爆隔墙；4—管路；5—出料管；6—防爆膜；7—气流磨

5.2.2　辊磨机超细粉碎工艺

（1）环辊磨

环辊磨是近十年来在方解石、大理石、石灰石超细粉碎，生产重质碳酸钙领域中应用最为广泛的装备。这种装备的结构、性能与特点已在第 3 章做了介绍。环辊磨超细粉碎系统主要由给料装置、环辊磨、精细分级机、集料与除尘以及风机等组成。图 5-9、图 5-10 和图 5-11 是环辊磨超细粉碎系统的三种工艺配置方式。

图 5-9 所示为不外置精细分级机的工艺配置图。破碎后的矿粒提升到原料仓 2，经变频给料机 3 给入环辊磨机 4 进行超细粉碎，粉碎后的物料经分级机上部的精细分级机 5 控制分级后由空气携带进入旋风集料器 6 进行气固分离和收集，少量微细颗粒随气流进入布袋收集器 7 收集。

与图 5-9 相比，图 5-10 所示的环辊磨超细粉碎工艺配置中，在环辊磨外增设了一台精细分级机，可以生产更细的超细产品。

图 5-11 所示为不设置旋风集料器的环辊磨的超细粉碎工艺。其特点是工艺更简单，但

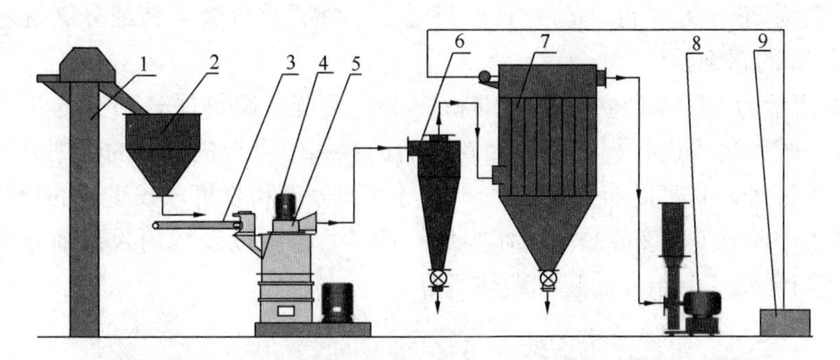

图 5-9　不外置精细分级机的环辊磨超细粉碎工艺

1—斗式提升机；2—原料仓；3—变频给料机；4—环辊磨；5—精细分级机；
6—旋风集料器；7—布袋收集器；8—引风机；9—空压机

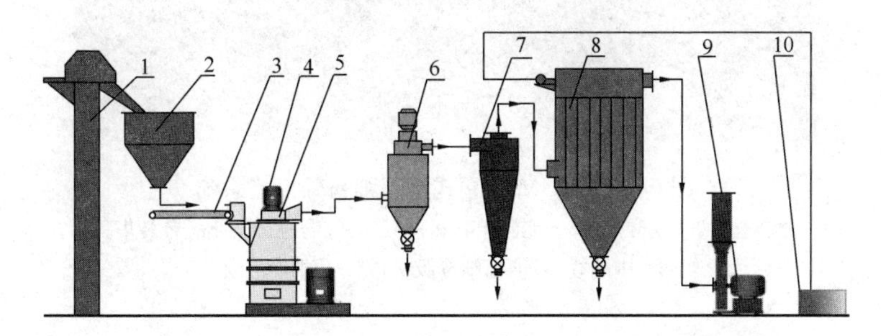

图 5-10　外置精细分级机的环辊磨超细粉碎工艺

1—斗式提升机；2—原料仓；3—变频给料机；4—环辊磨；5、6—精细分级机；
7—旋风集料器；8—布袋收集器；9—引风机；10—空压机

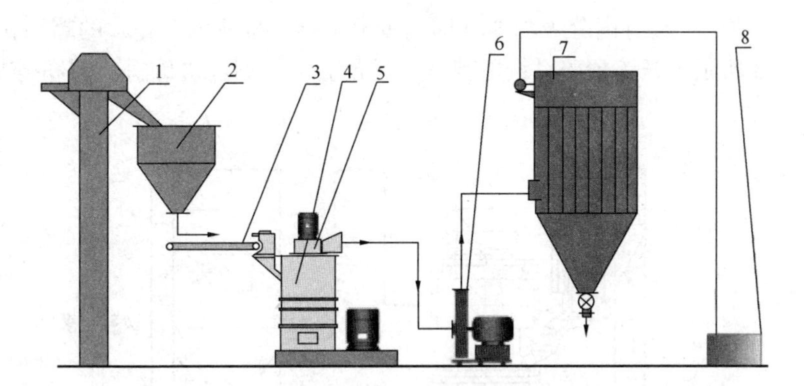

图 5-11　不设置旋风分离器的环辊磨超细粉碎工艺

1—斗式提升机；2—原料仓；3—变频给料机；4—环辊磨；5—精细分级机；
6—引风机；7—布袋收集器；8—空压机

是对布袋集料器的性能要求较高，布袋面积和风量、风速、风压等参数也需要调整或优化。

（2）立磨/辊压磨

立磨或辊压磨是一种广泛用于石灰石、方解石、大理石等非金属矿的大型磨粉设备，其工艺系统一般包括给料机、立式磨、分级机（内置和外置）、集料器、风机等。

产品细度一般为 200～800 目（d_{97}=15～75 μm）。增设（外置）精细分级机后可以生产 d_{97}=5～10 μm 的超细粉体。

图 5-12 所示为 LUM 型立式磨超细粉碎工艺系统。原料提升到给料斗，经变频给料机 3 给入立式磨机 4 进行超细粉碎，粉碎后的物料经分级机上部的精细分级机控制分级后由空气携带进入高密度布袋集料器 5 进行气固分离和收集，收集后的粉体物料由斗式提升机进入中间仓 6，该成品即可作为最终产品，也可以继续给入精细分级机 7 进行精细分级，生产 d_{97}≤10 μm 的超细粉体产品。

图 5-12　LUM 型立式磨超细粉碎工艺系统

1—原料仓；2—提升机；3—变频给料机；4—立式磨机；5、8—布袋集料器；
6—中间仓；7—精细分级机；9—超细产品仓

5.2.3　机械冲击磨超细粉碎工艺

机械冲击磨超细粉碎工艺系统主要由给料装置、超细冲击磨、精细分级机、集料与除尘以及风机等组成。工艺配置有开路（不外置分级机）与外置分级机两种方式。开路粉碎工艺一般适用于具有内分级功能（即内置分级器，构成内闭路）的超细粉碎机。

如图 5-13 所示为开路粉碎系统的典型工艺配置。物料经破碎机或粗粉碎机粉碎后，

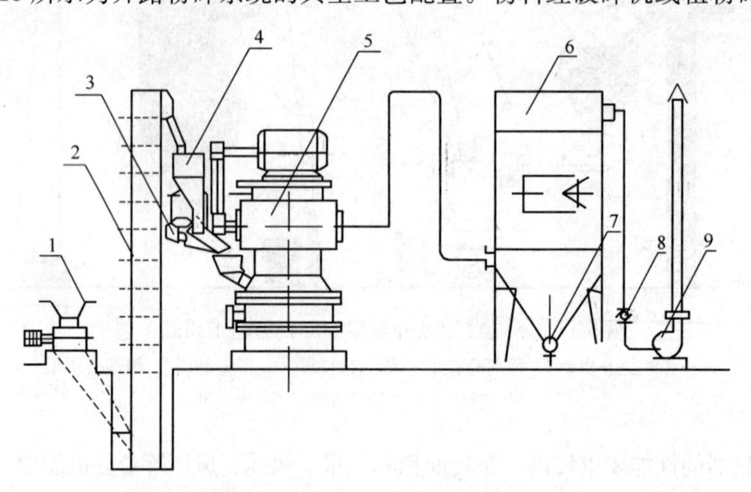

图 5-13　开路粉碎系统的典型工艺配置

1—破碎机；2—提升机；3—给料机；4—料斗；5—超细粉碎机；
6—布袋收集器；7—卸料阀；8—调风蝶阀；9—引风机

通过提升机 2 和给料机 3 定量均匀地给入超细粉碎机 5，经超细粉碎机 5 粉碎后的物料随空气流进入布袋收集器 6，细粉料被布袋捕集落入锥底，由星形排料器排出成为产品，气体透过布袋经引风机 9 吸入并排空。为了减轻布袋收集器的负荷或减少布袋的过滤面积，也可以在布袋收集器前面设置一旋风集料器，粉碎后的物料经旋风集料器收集后再进入布袋收集器或收尘器。

图 5-14 为 LHJ 型超细机械粉碎机的开路粉碎工艺系统。原料经超细机械冲击式粉碎机粉碎和内置精细分级机控制分级后直接用布袋收集器收集，工艺简单。

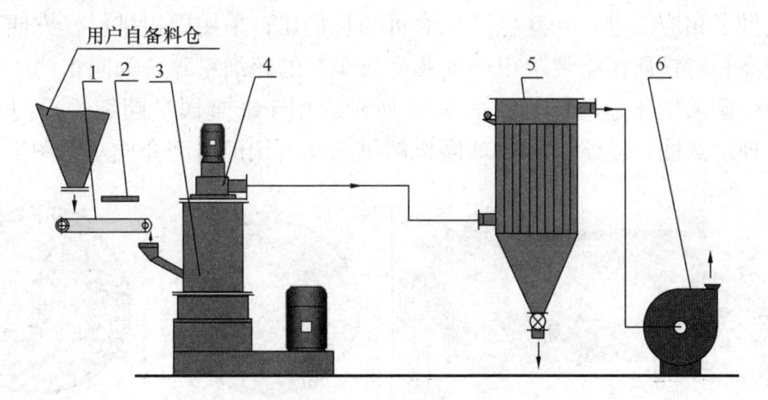

图 5-14　LHJ 型超细机械粉碎机的开路粉碎工艺系统

1—变频给料机；2—除铁器；3—LHJ 型超细磨；4—内分级机；5—布袋收集器；6—引风机

图 5-15 所示为外置分级机和旋风集料器的 LHJ 型机械冲击磨超细粉碎工艺系统。物料经超细粉碎机和内置分级机控制分级后随气流吸入精细分级机 5 内进行二次分级，粗物料从分级机排出，该粗粉料可以返回给料机中，也可以作为细粉产品收集；二次分级后的超细粉料经旋风收集器 6 收集，少量微细颗粒随气流进入布袋收尘器 7 收集，这两种粉料均为超细粉体产品，气体通过布袋经风机 8 排出。

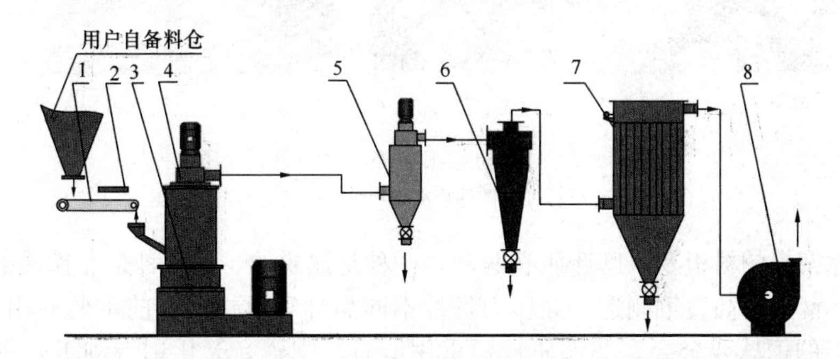

图 5-15　外置分级机和旋风集料器的 LHJ 型机械冲击磨超细粉碎工艺系统

1—变频给料机；2—除铁器；3—LHJ 型超细磨；4—内分级机；
5—外分级机；6—旋风集料器；7—布袋收集器；8—引风机

5.2.4　球磨机超细粉碎工艺

球磨机是最古老的粉碎设备，是一种被旋转筒体带动装于筒体内的研磨介质和物料通过介质对物料的抛落冲击和摩擦剪切作用（图 5-16）对物料进行粉碎的设备。其特点一是研磨产品粒度分布较宽，短时间研磨产物粒度较粗，长时间研磨又容易导致超细颗粒团聚，因此没有精细分级作业配合不能满足超细产品生产的要求或者生产效率低；二是筒体的直径可以做大（不像振动磨受限于筒体直径），因此，单机粉碎能力较大。随着 20 世纪 90 年代以来超细粉体需求量的增大和产品粒度分布稳定性要求的提高以及现代分级技术的进步与大型分级设备的发展，球磨机从传统的磨粉设备转型为大型超细粉碎设备。为了避免过磨（减少超细颗粒在研磨过程中的团聚）以提高研磨效率，球磨机的结构也做了相应改进，如降低了球磨机的长径比，采用周边排料（方便干式研磨）。用于硬度较高和对铁质污染要求很严的非金属矿物的超细粉碎，为防止污染物料，磨机衬板和研磨介质采用非金属材料。图 5-16 所示为用于非金属矿超细粉碎的球磨机的结构与工作原理示意图，5-17 所示为球磨机超细粉碎所用的研磨介质示意图。

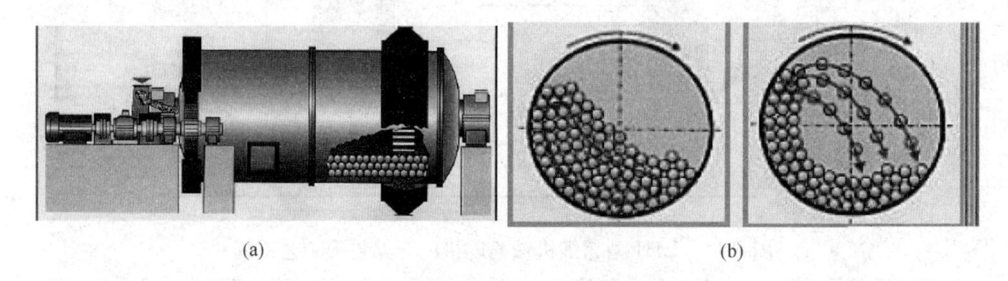

(a) (b)

图 5-16 用于非金属矿超细粉碎的球磨机的结构

（a）与工作原理示意图（b）

(a) (b) (c)

图 5-17 球磨机超细粉碎所用的研磨介质

（a）球形介质；（b）圆柱形介质；（c）石英质卵石等介质

这种球磨机的衬板及研磨介质有两种，一种是铁质的，另一种是非铁质的。铁质衬板用奥氏体锰钢或高锰钢制造，介质为各种不同品种和形状（目前主要使用球和圆柱，见图 5-17）的钢球或合金。非铁质衬板采用燧石、陶瓷、氧化铝（刚玉）等制造，介质为燧石、氧化铝（刚玉）、陶瓷球、高硬度卵石等。当今的球磨机与精细分级机组成的超细粉碎系统可以大规模生产 $d_{97}=5\sim40\ \mu m$ 的细粉和超细粉体，已成为目前大型超细重质碳酸钙生产线和超细硅微粉生产的优选工艺之一。

球磨—精细分级超细粉碎工艺系统主要由给料装置、球磨机、精细分级机、集料器与收尘器、风机等组成。其特点是：①与精细分级机构成闭路作业，循环负荷率高达 250%～500%，因此，被磨物料在磨机内的停留时间短，合格超细粒级物料得以及时分离，避免过磨导致超细粉料团聚和粉碎能耗增大；②一台球磨机后设置一台也可以多台分级机多次分级，生产多种不同细度和粒度分布的产品。

图5-18和图5-19所示是国内某公司用于以方解石、大理石、石灰石等为原料生产超细重质碳酸钙的两种球磨—精细分级超细粉碎工艺系统。该系统主要由矿石破碎机、提升机、原料仓、给料机、球磨机、精细分级机、集料与除尘器、风机等组成，生产一种规格的产品，产品细度可在 d_{97}＝5～75 μm之间调节。

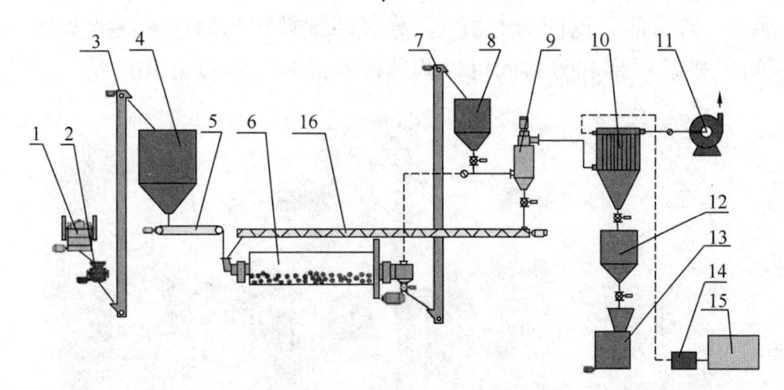

图5-18　生产单一规格超细产品的球磨—精细分级超细粉碎工艺系统

1—颚式破碎机；2—锤式破碎机；3、7—提升机；4—原料仓；5—给料机；6—球磨机；8—中间仓；9—精细分级机；10—布袋收集器；11—引风机；12—成品仓；13—包装机；14—冷干机；15—空气压缩机；16—回料螺旋

如图5-18所示，矿石经颚式破碎机和锤式破碎机两段破碎后提升至原料仓4，原料通过调频给料机5给入球磨机6进行磨矿，经球磨机细磨或超细研磨后的粉体物料提升至中间仓8，然后给入分级机9进行精细分级，分级后的粗粒级产物经螺旋输送机返回球磨机，细粒级产物经布袋收集器10收集后进入成品仓12进行包装。

图5-19所示为生产两种规格超细产品的球磨—精细分级超细粉碎工艺系统。与图5-18的区别是该系统设置了两台分级机，可以生产两种不同规格的产品，产品的细度可以通过调节分级机电机的转速来调节。

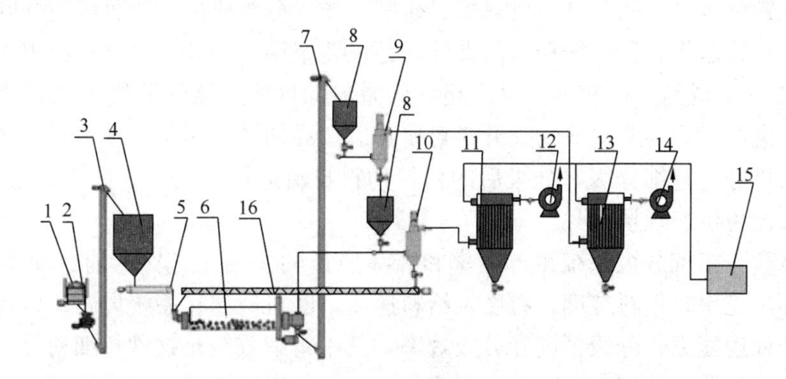

图5-19　生产两种规格超细产品的球磨—精细分级超细粉碎工艺系统

1—颚式破碎机；2—锤式破碎机；3、7—提升机；4—原料仓；5—给料机；6—球磨机；8—中间仓；9—精细分级机Ⅰ；10—精细分级机Ⅱ；11—布袋收集器Ⅰ；12—引风机Ⅰ；13—布袋收集器Ⅱ；14—引风机Ⅱ；15—空气压缩机；16—回料螺旋

图 5-20 所示为德国某公司的多规格超细重质碳酸钙干法球磨—精细分级工艺系统。原料从进料装置 2 喂入，经由螺旋给料机和分配阀 3 进入球磨机 4，原料在研磨介质的冲击和摩擦剪切作用下被粉碎，研磨后的矿粉排出球磨机后由斗式提升机 5 送入介质分离筛 6 进行安全筛分。筛分后的粉料经分配阀一部分给入涡轮分级机 7 进行一级分级，分级粗料返回球磨机 4，分级细粉经分离器收集作为产品 1；筛分后的另一部分粉料经分配阀连同一级分级后的细粉料给入精细分级分级机 9 进行二级分级，分级粗粒级料一部分作为产品 2，另一部分返回球磨机 4，分级超细粒级粉料经布袋收集器 10 作为产品 3。调节分级机电机的频率和分料阀可以调节产品品种（细度）和产量。

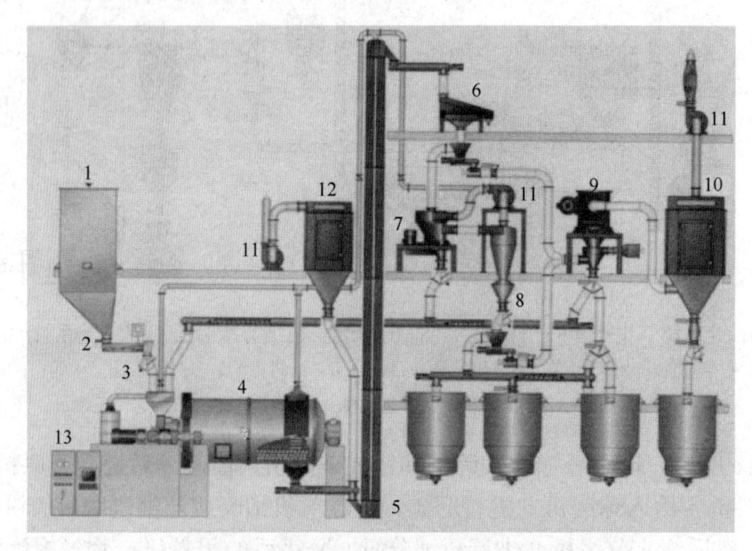

图 5-20　用于生产超细重质碳酸钙的干法球磨—精细分级工艺系统

1—原料仓；2—进料检测与调节；3—分配阀；4—球磨机；5—斗式提升机；6—介质分离筛；7—ASP 型分级机；8—旋风分离器；9—TTC 型精细分级机；10—布袋收集器；11—风机；12—废料回收；13—控制柜

球磨—精细分级工艺系统用于超细硅微粉和硅酸锆及其他高硬度无机非金属矿粉时要尽量避免铁质污染，因此球磨机衬板、研磨介质、分级机内衬、分级轮和叶片以及粉料输送设备和管道等直接接触粉料的部件或部位要采用耐磨非金属材料或内衬耐磨非金属材料。图 5-21 就是一种专用于生产超细硅微粉的球磨—精细分级工艺系统。在配置分级机与球磨机时，为避免斗式提升机对研磨后产品的铁质污染，球磨机排料通过气力输送至分级机进行精细分级，分级后的粗粒物料自流返回球磨机。图 5-22 所示为该系统的超细硅微粉生产现场图片。

影响球磨—精细分级系统生产效率和产品质量的主要工艺因素有：研磨介质的品种、尺寸和填充率，原料纯度、粒度及给料速度，磨机转速，系统风压、风速或风量以及分级机的处理能力、分级精度和分级效率。其中精细分级是这种超细粉碎工艺系统的关键环节，是控制产品细度和产量、提高效率的关键因素。因此，设计中一定选择分级精度和效率高、可调性好（最好是能在线智能优化）的分级装备。

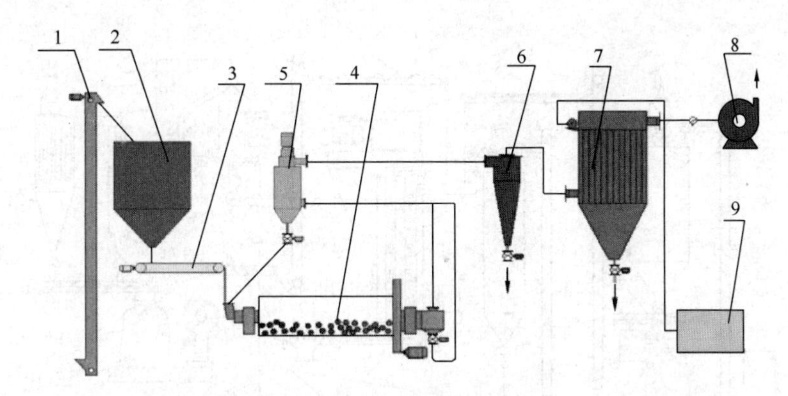

图 5-21　用于生产超细硅微粉的球磨—精细分级工艺系统

1—提升机；2—原料仓；3—给料机；4—球磨机；5—精细分级机；6—旋风集料器；7—布袋收集器；8—引风机；9—空气压缩机

图 5-22　超细硅微粉的生产现场图片

5.2.5　搅拌磨超细粉碎工艺

图 5-23 所示是较典型的搅拌磨干式连续闭路超细粉碎工艺系统。它主要由原料准备（预粉碎和原料仓）、给料系统（斗式提升机和螺旋给料机）、研磨介质储存及添加系统（研磨介质储仓和斗式提升机及螺旋给料机）、干式搅拌磨和精细分级机以及集料器和除尘设备、风机等组成。

原料经预粉碎后送入原料仓 3，然后通过螺旋给料机 4、料斗 5、皮带输送机 6、斗式提升机 7 以及螺旋输送机 8 给入干式搅拌磨 9；经搅拌磨超细研磨后的物料经筛子 11 分离出研磨介质后给入分级机 16 进行分级，分级后的粗粒级物料通过螺旋输送机 17、斗式提升机 18 和螺旋输送机 19 返回搅拌磨，细粒级物料经旋风集料器 20 和袋式集尘器 21 收集后进行包装或进入后续工序（如表面改性或造粒）。筛子 11 分离后的研磨介质则通过螺旋给料机 12，与新添加的研磨介质一起经斗式提升机 13、螺旋输送机 14 返回搅拌磨。

搅拌磨干式超细粉碎系统可用于生产包括重质碳酸钙的各种非金属矿超细粉。影响

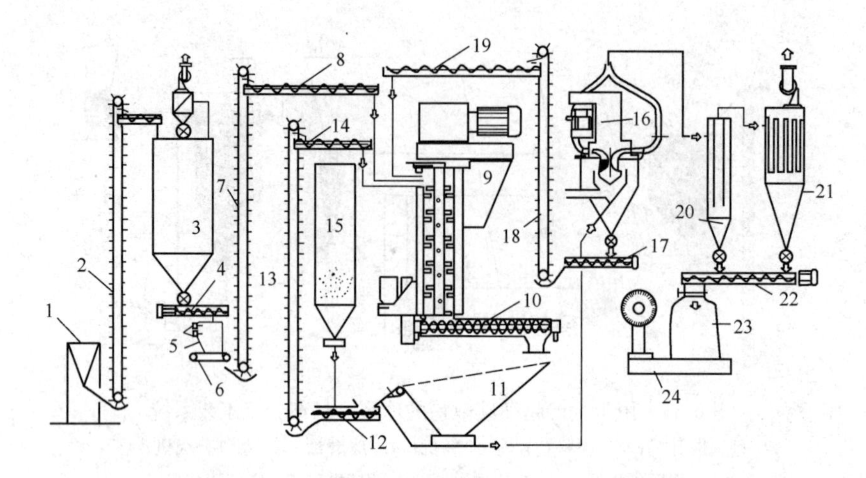

图 5-23　干式连续闭路搅拌磨超细粉碎工艺系统

1—预粉碎机；2、7、13、18—斗式提升机；3—原料仓；4—螺旋给料机；5—料斗；6—皮带输送机；8、10、14、17、19、22—螺旋输送机；9—搅拌磨；11—分离筛；12—螺旋给料机；15—研磨介质储仓；16—空气分级机；20—旋风集料器；21—袋式集尘器；23—包装机；24—称重仪

产品细度和产量的主要工艺因素包括：①研磨介质的密度、直径以及填充率（介质体积占研磨筒体有效容积的百分数）；②物料在搅拌磨内的停留时间；③搅拌磨的转速、系统风压、风速或风量；④原料纯度、粒度及给料速度；⑤分级机的处理能力、分级精度和分级效率。

图 5-24 为螺旋搅拌磨干法超细粉碎工艺系统。系统配制包括原料提升机、缓冲仓、螺旋搅拌磨、分级机、集料器、除尘器和风机等。

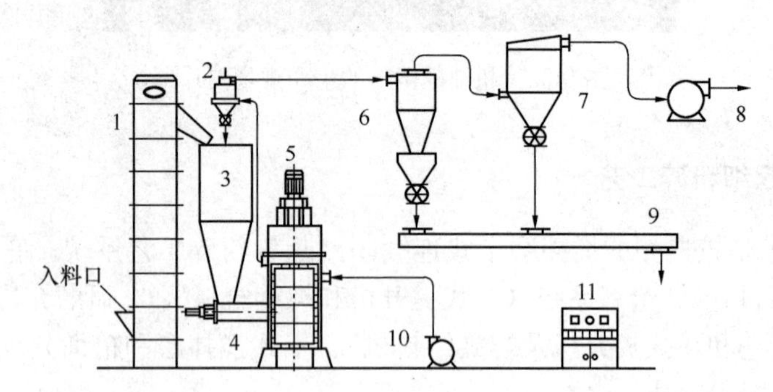

图 5-24　螺旋搅拌磨干法超细粉碎工艺系统

1—提升机；2—分级机；3—料仓；4—给料机；5—干式螺旋搅拌磨；6—旋风集料器；7—布袋收尘器；8—引风机；9—卸料机；10—鼓风机；11—电控柜

5.2.6　振动磨超细粉碎工艺

图 5-25 所示是振动磨组合分级机的典型干法超细粉碎工艺系统。原料经预粉碎或粗磨后通过提升机给入缓冲料仓，然后通过给料阀进入振动磨研磨，研磨后的粉料被吸入分级机进行精细分级，分级后的粗粒级物料返回振动磨，细粒级粉料经旋风集料器和

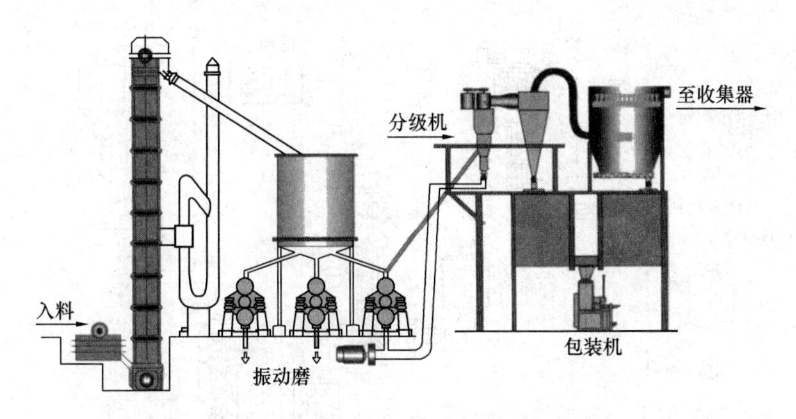

图 5-25　振动磨组合分级机的典型干法超细粉碎工艺系统

袋式集尘器收集后用包装机进行包装。

由于振动磨机筒体直径的限制（一般筒体直径超过 650mm 后，筒体中心的物料受到的粉碎作用很弱），难以大型化，因此单台振动磨的生产能力相对较小。在大宗超细粉体，如超细重质碳酸钙生产中很少应用，目前主要用于超细硅微粉的加工。

5.3　湿式超细粉碎工艺

与干法超细粉碎相比，由于水本身具有一定程度的助磨作用，湿法粉碎时粉料更容易分散，而且水的密度比空气的密度大，有利于精细分级。湿法超细粉碎工艺具有粉碎作业效率高、产品粒度细、粒度分布窄等特点。因此，一般生产 $d_{97}<5$ μm 的超细粉体产品，特别是最终产品可以滤饼或浆料可以销售时，优先采用湿法超细粉碎工艺。但用湿法工艺生产干粉产品时，须后续增加脱水设备（过滤和干燥），而且由于干燥后容易形成团聚颗粒，一般还要在干燥时或干燥后进行解聚分散。因此，配套设备较多，工艺较复杂。

目前工业上常用的湿式超细粉碎工艺是搅拌磨、砂磨机和球磨机超细粉碎工艺。球磨机湿式超细粉碎工艺因为粒度分布宽、必须设置湿法精细分级等原因，目前已很少采用。以下主要介绍较典型的搅拌磨和砂磨机超细粉碎工艺。

5.3.1　搅拌磨超细粉碎工艺

搅拌磨湿式超细粉碎工艺主要由湿式搅拌磨及其相应的泵和浆罐组成。原料（干粉）经调浆桶添加水和分散剂调成一定浓度或固液比的浆料后给入储浆罐，通过储浆罐泵入搅拌磨中进行研磨。研磨段数依给料粒度和对产品细度的要求而定。在实际中，可能选用 1 台搅拌磨（一段研磨），也可以采用 2 台或多台搅拌磨串联研磨。研磨后的料浆进入储浆罐并经磁选机除去铁质污染及含铁杂质后进行浓缩。如果该生产线建在靠近用户较近的地点，可直接通过管道或料罐送给用户；如果较远，则将浓缩后的浆料再进行干燥脱水，然后进行解聚（干燥过程中产生的颗粒团聚体）和包装。

图 5-26 所示为典型的三段连续湿式搅拌磨工艺流程图。该工艺主要由三级湿式搅

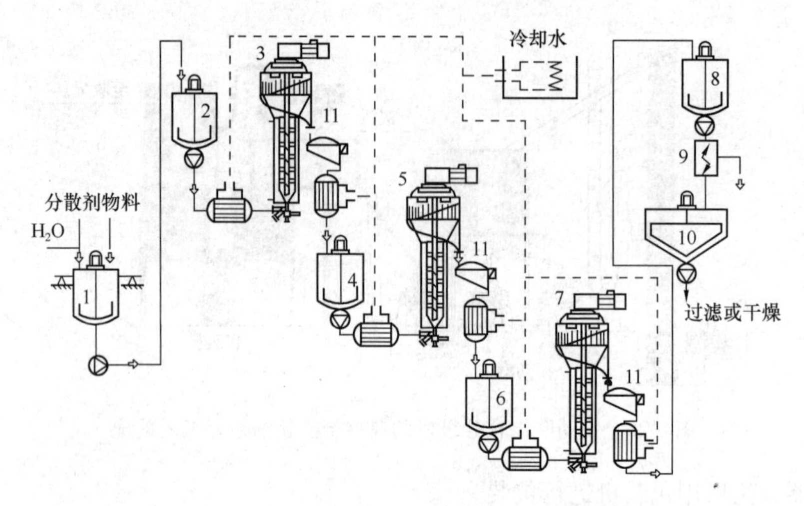

图 5-26　三段连续湿式搅拌磨工艺流程图
1—调浆桶；2、4、6、8—储浆罐；3、5、7—搅拌磨；9—磁选机；
10—矿浆浓缩机；11—介质分离筛

拌磨及其相应的泵和浆罐组成。原料（干粉）经调浆桶 1 添加水和分散剂调成一定浓度或固液比的浆料后给入储浆罐 2，通过储浆罐 2 泵入搅拌磨 3 中进行研磨；经搅拌磨 3 研磨后的料浆经分离研磨介质后给入储浆罐 4 泵入搅拌磨 5 中进行第二次（段）研磨；二次研磨后的料浆经分离研磨介质后进入储浆罐 6，然后泵入搅拌磨 7 中进行第三次（段）研磨；经第三次研磨后的料浆进入储浆罐 8 并经磁选机 9 除去铁质污染及含铁杂质后进行浓缩；然后直接通过管道或料罐送给用户或将浓缩后的浆料再进行干燥脱水、解聚和包装。

影响湿式搅拌磨超细粉碎的主要工艺因素有原料的粒度大小及分布、介质的密度、直径及填充量、搅拌磨的转速或线速度、物料在搅拌磨中的停留时间、料浆浓度及助磨剂或分散剂的品种和用量等。

5.3.2　砂磨机超细粉碎工艺

立式砂磨机的超细粉碎工艺配置和工艺影响因素与搅拌磨相似。卧式砂磨机研磨工艺一般包括：配浆—分散（前处理）—研磨—筛析等。串联的卧式砂磨机可分为一机一罐、一机二罐、多机（2 台以上砂磨机）的超细研磨工艺。

图 5-27 为卧式密闭砂磨机的两种工艺配置方式。

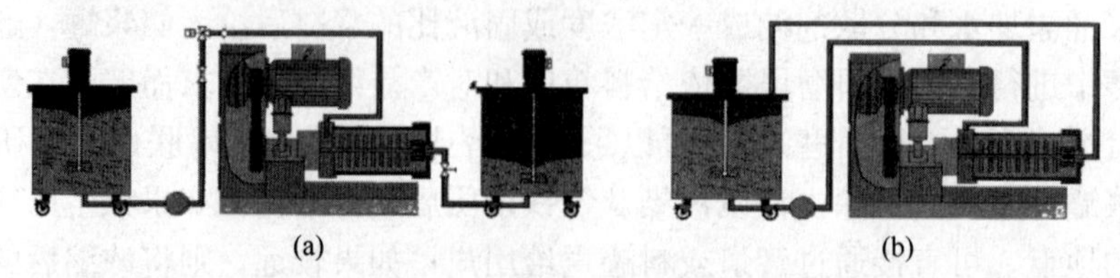

图 5-27　卧式密闭砂磨机的两种工艺配置方式
（a）连续研磨工艺；（b）循环研磨工艺

① 连续研磨工艺[(图 5-27(a)]：加料泵将预分散的物料送入砂磨机，研磨筒内装有研磨介质。磨细后的物料经动态分离器排出。视产品细度要求不同，可以采用单台连续或多台串联连续研磨工艺。

② 循环研磨工艺[图 5-27(b)]：加料泵将预分散的物料送入砂磨机，研磨后的物料经动态分离器分离后又返回物料循环筒，进行多次循环研磨。循环时间或次数视最终产品细度而定。该工艺适用于对产品细度要求高的情况。

第 6 章　超细粉碎工艺设计与设备选型

6.1　概　　述

超细粉碎工艺设计与设备选型是工程项目建设的关键环节。非金属矿物超细粉碎加工的先进技术成果和生产中的先进经验，都要通过设计应用到生产中去。因此，做好超细粉碎工艺设计与设备选型对促进非金属矿行业技术进步和产业升级，提高非金属矿加工业经济效益和社会效益有重要意义。

非金属矿超细粉碎工艺设计的任务和目的是设计出符合国家有关方针政策、技术先进、安全、环保、节能、经济效益好的生产线。也就是根据原矿性质、产品质量指标要求、生产规模、技术研究成果等确定合理的工艺流程，选择适宜的工艺设备，进行合理的设备配置，设置必要的节能、环境保护、安全卫生设施，使项目投资发挥最大效益。

根据我国现行基本建设程序的有关规定，超细粉碎工程项目设计一般分为两阶段，即初步设计和施工图设计。对于投资额或规模较大，工艺较为复杂的生产线一般采用两阶段设计；对于投资额或规模较小且工艺简单的生产线，也可以两阶段设计合并在一起进行。

6.2　工艺设计原则和程序

6.2.1　超细粉碎工艺设计的一般原则

（1）满足设计产品纲领。产品纲领包括数量（年产量）和规格（质量），产品的质量要求包括产品细度（粒度大小和粒度分布）、颗粒形状、纯度和表面性质等。

（2）节省投资。投资额直接影响工厂将来的经济效益。因此，在满足产品纲领的前提下，应尽可能地节省投资。对于工艺设计来说，设备投资是投资额的主要构成部分。因此，要在满足产品纲领及综合性能指标比较的基础上选择投资较省的工艺设备。

（3）降低能耗。能耗是超细粉体加工最主要的生产成本构成之一，直接影响未来产品的市场竞争力和企业的经济效益。因此，在确保产品纲领和投资、效益综合分析及比较的基础上，要尽可能地简化生产工艺，并选择高效低能耗的设备，以减少生产线的总装机容量（总装机功率），降低单位产品能耗。

（4）减少磨耗。超细粉体加工中，粉碎、分级设备的磨耗和研磨介质消耗是不可避免的。这些磨耗不仅要增加生产成本，而且污染物料，导致被粉碎物料的纯度下降，影响最终粉体产品的质量。因此，在工艺设计中一定要注意尽量减少磨耗和研磨介质消耗。

（5）满足环保法规。环境保护法规和标准是强制性的，如大气污染防治法、水污染防治法、噪声污染防治法等。因此，在工艺设计中一定要有环境保护措施，以确保满足环境保护法规的要求。

（6）满足劳动安全和卫生法规要求。劳动安全和卫生法规，如工业企业设计卫生标准和采光设计标准、建筑设计防火规范和防雷规范、采暖通风和空气调节设计规范等也是强制性的，因此，在工艺设计中一定要同时考虑。

6.2.2　超细粉碎工艺设计的一般程序

（1）确定产品纲领。产品纲领是设计单位或工程承包商进行工艺设计和设备选型的依据。确定产品纲领的依据是国内外生产现状、市场需求和发展趋势（预测）。产品纲领要详细列出设计产品的品种、规格和质量要求、产量等。作为超细粉体的规格和质量指标必须包括粒度大小和粒度分布，部分对粒形有特殊要求的超细粉体还包括颗粒形状（如针状、片状、球状等），对铁质污染要求较严的粉体物料，如超细硅微粉、精细陶瓷原料、优质高岭土等还要包括超细加工中氧化铁的混入量（越少越好）。对于已有相关国家标准的粉体产品，在设计产品纲领时一定要符合或满足国家标准。

（2）制定工艺方案。根据原料性质（结构、硬度、脆性或韧性、粒度大小和粒度分布、溶解性、氧化性、燃点、化学吸附和反应活性等）、产品纲领和产品质量要求制定工艺类型或路线及主要设备选型方案，包括工艺类型（纯干法、纯湿法或干湿结合）以及主要工艺设备类型的确定。

（3）确定工艺流程。在工艺方案的基础上，根据原料性质数据、产品纲领、车间工作制度及设备的主要技术性能参数进行数、质量流程和用水、用电、用气量等的计算，确定工艺流程结构（粉碎段数及粉碎和分级作业的组合），主要设备的型号规格，配套的辅助设备和设施，水、气管路，生产线装机容量和配电线路等。

（4）绘制工艺流程、设备连接和车间设备配置图。

（5）绘制生产线设备、电器、管路（水、气）等安装和施工图。

6.3　设备类型选择原则和程序

在工艺方案确定之后，工艺设备选型的内容主要包括两个方面：一是设备的类型，即在各类超细粉碎和精细分级设备中选择合适的设备类型；二是设备的型号规格，即在同种类型设备的各种不同型号规格中选择适当的设备型号或规格。

面对众多的设备制造厂商，超细粉碎和精细分级设备类型及型号规格的选择与比较建议按以下程序进行：

（1）能否满足设计产品纲领中要求达到的产品细度。如果被考查的设备满足不了这一要求，就无需再进行下一步的比较。

（2）能否满足设计产品纲领中要求达到的产量或规模。在满足第（1）条的基础上，要考察设备能否满足产量或规模设计要求。当然，产量与设备台数有关，但是，在确定的规模下，生产线设备的台数应越少越好，即设备的单台生产能力越大越好。

（3）比能耗或单位产品能耗（kWh/t产品）是否最少。在上述（1）、（2）条均满足的前提下，比能耗是设备选型比较的一个非常重要的参数。由于能耗或耗电是超细粉体产品生产成本的主要构成部分，比能耗越低，生产成本就越低，产品的市场竞争力就越强，企业的经济效益也就越好。因此，应选择比能耗最低的设备。

（4）设备的磨耗是否最小。设备磨耗一是影响主要零部件的使用寿命或更换周期，二是影响产品的纯度或质量，三是增加产品成本。超细粉碎过程的磨耗是不可避免的，但应越小越好。在未经长期运转或测定磨耗数据的前提下，设备选型时可对设备易磨损部件的工作强度、材质等进行比较分析或对材质和使用寿命提出具体要求。

（5）质量监控手段是否完善。主要工艺设备配有较好的质量监控手段，可以更好地稳定产品质量和提高粉碎及分级作业的效率。

（6）设备配套性能如何，工艺是否简单。在其他性能均较好的前提下，应选用综合配套性能好、工艺较简单、操作简便或智能化程度较高的设备。

（7）能否满足国家环保和劳动安全和卫生标准或要求。对于精细分级设备，还要比较和考察其分级效率，实际选型比较中，可用小于某一粒度细粉的提取率（η）来衡量其分级效率的高低，计算方法是：

$$\eta=[(W_1\times\gamma_1)/(W_0\times\gamma_0)]\times100\% \tag{6-1}$$

式中 W_1——单位时间内的细粒级产品产量；

γ_1——细粒级产品中小于某一指定粒度的粒级含量；

W_0——单位时间内的给料量；

γ_0——给料中小于某一指定粒度的粒级含量。

细粉的提取率越高，分级效率就越高。一般以所要求的分级细度或产品细度 d_{97} 所对应的粒度作为指定粒度。

还需指出，对主要工艺设备进行科学和实事求是的选型比较的前提是至少对超细粉碎和分级设备的类型、性能特点、应用以及设备生产厂商有较全面的了解。一般情况下应选择成熟、性能较先进的工艺设备，但对于新型设备在条件具备的情况下也应进行性能考察和带料试验比较，以免错过性能更好的设备。面对众多的超细粉碎和精细分级设备生产厂家，设备选型时一般情况下难以一一进行试验比较，因此需要预先选择进行试验比较的设备的制造厂商，一般同一类型的设备可选择3家左右进行试验和选型比较。不同类型的设备原则上都应进行选型比较和试验，尤其是新型设备。但是，如果拟作选型比较的设备已有成功的生产实践，而原料性质及产品质量和数量要求又与设计生产线相同或相近，可以不做带料试验比较。

6.4 工艺流程计算

由于超细粉碎工艺流程的质量指标（产品细度）主要通过粒度分析手段来确定，因此超细粉碎工艺流程的计算主要是数量或产量指标的计算。以下以一段或单元超细粉碎工艺流程为例，介绍干法工艺和湿法工艺的数量计算方法。对于连续两段以上的超细粉碎工艺可在单元工艺流程计算的基础上重复进行计算。

6.4.1　干法工艺流程

设 P 表示产量，单位 kg/h；γ 表示小于某一粒度或粒级物料的含量，单位%；D 表示原料粒径，单位μm；d_i（$i=1$，2，3，…）表示产品粒径，单位μm。则不同类型单元干法超细粉碎工艺流程的计算方法如下。

（1）开路超细粉碎单元作业

如图 6-1 所示的单元超细粉碎工艺流程的计算比较简单，如果忽略生产过程的损失（如跑、漏及风机排气带走的超微细物料等），则有：

$$P_1=P_0 \tag{6-2}$$

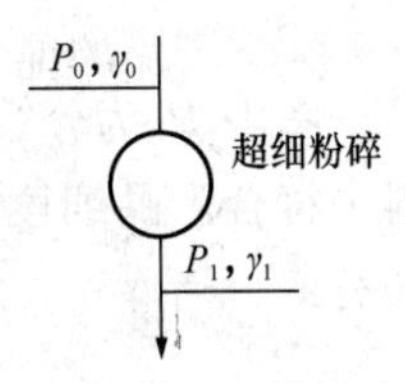

图 6-1　开路超细粉碎作业

式中　P_0——粉碎设备的小时处理量；

P_1——设备的小时产量。

若考虑生产过程的损失，则有：

$$P_1=(1-k_1)P_0 \tag{6-3}$$

式中　k_1——加工过程的损失率。

按年运转 300d，每天 24h 计算，该单元作业的年产量为：

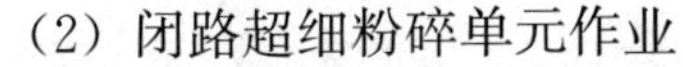

$$Q_1=7200\ P_1=7200\ (1-k_1)\ P_0 \tag{6-4}$$

（2）闭路超细粉碎单元作业

如图 6-2 所示，生产过程稳定或平衡以后，单位时间产品产量（即分级机的细产品产量）P_2 为：

$$P_2=(1-k_2)P_0 \tag{6-5}$$

式中　k_2——加工过程的损失率。

按年运转 300d，每天 24h 计算，该单元作业的年产量为：

$$Q_2=7200P_2=7200(1-k_2)P_0 \tag{6-6}$$

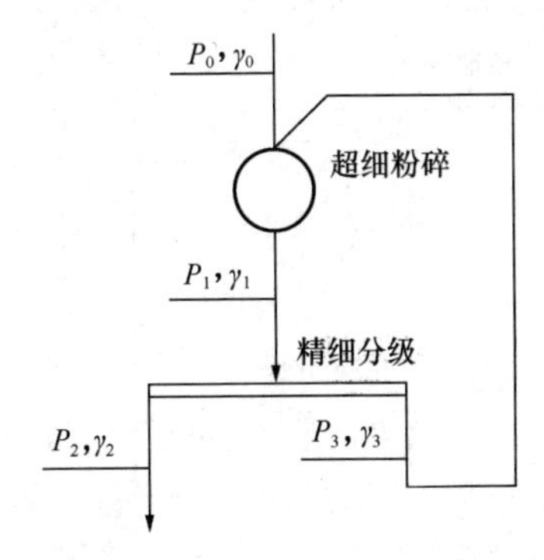

图 6-2　闭路超细粉碎作业

图中 P_3 为分级机的粗粒级产品量，即循环负荷。其大小与分级机给料中符合产品细度要求的合格粒级粉料的含量和合格粒级粉料的提取率或分级效率有关。

设 γ_1 为粉碎机排料中符合产品细度要求的合格粒级粉料的含量（%）；E 为分级机对符合产品细度要求的合格粒级粉料的提取率（%），则有：

$$P_3=P_1-P_2=P_1-P_1\gamma_1 E=P_1(1-\gamma_1 E) \tag{6-7}$$

因

$$P_1=P_3+P_0 \tag{6-8}$$

由式（6-7）和式（6-8）可得：

$$P_3=P_0(1-\gamma_1 E)/\gamma_1 E \tag{6-9}$$

$$\text{循环负荷率}=P_3/P_0=(1-\gamma_1 E)/\gamma_1 E \tag{6-10}$$

$$\text{循环负荷量}\ P_3=P_0(1-\gamma_1 E)/\gamma_1 E \tag{6-11}$$

粉碎机和分级机的处理量为：

$$P_1=P_3+P_0=P_0(1-\gamma_1 E)/\gamma_1 E+P_0=P_0/\gamma_1 E \tag{6-12}$$

（3）带预先分级的开路超细粉碎单元作业

如图 6-3 所示，生产过程稳定或平衡以后，单位时间产品产量 P_3 为：

$$P_3 = (1-k_3)P_0 \tag{6-13}$$

式中 k_3——加工过程的损失率。

按年运转 300d，每天 24h 算，该单元作业的年产量为：

$$Q_3 = 7200P_4 = 7200(1-k_3)P_0 \tag{6-14}$$

图中 P_0 为分级机的处理量。P_1 为分级机的细产品产量，其大小与分级机给料或原料中符合产品细度要求的合格粒级粉料的含量 γ_1 和合格粒级粉料的提取率 E 有关，即有：

$$P_1 = P_0\,\gamma_1\,E \tag{6-15}$$

P_2 为分级机的粗产品产量，即粉碎机的给料量，且有：

$$P_2 = P_0 - P_1 = P_0 - P_0\gamma_1 E = P_0(1-\gamma_1 E) \tag{6-16}$$

（4）带预先分级的闭路超细粉碎单元作业

如图 6-4 所示，生产过程稳定或平衡以后，单位时间产品产量 P_7 为：

$$P_7 = (1-k_4)P_0 = (1-k_4)(P_1+P_5) \tag{6-17}$$

式中 k_4——加工过程的损失率。

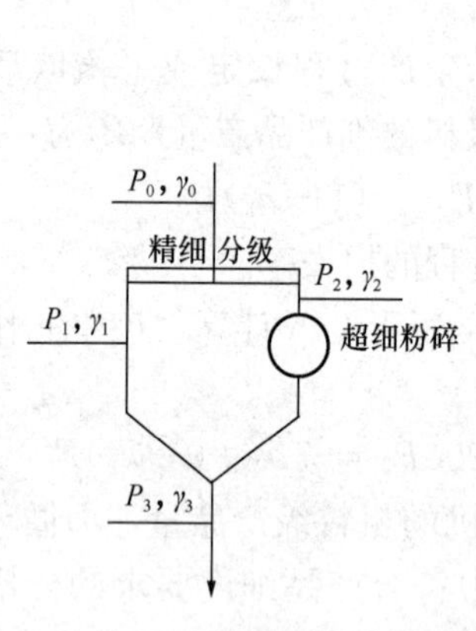

图 6-3 带预先分级的开路超细粉碎作业

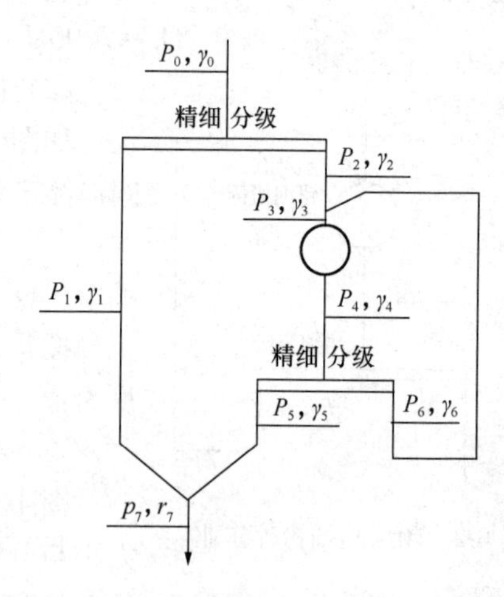

图 6-4 带预先分级的闭路超细粉碎作业

按年运转 300d，每天 24h 算，该单元作业的年产量为：

$$Q_4 = 7200P_7 = 7200(1-k_4)P_0 \tag{6-18}$$

图中 P_0 为分级机 1 的处理量。P_1 为分级机 1 的细产品产量，其大小与分级机给料或原料中符合产品细度要求的合格粒级粉料的含量 γ_1 和合格粒级粉料的提取率 E_1 有关，即有：

$$P_1 = P_0\,\gamma_1\,E_1 \tag{6-19}$$

P_2 为分级机的粗产品产量，即粉碎机的给料量，且有：

$$P_2 = P_0 - P_1 = P_0 - P_0\gamma_1 E_1 = P_0(1-\gamma_1 E_1) \tag{6-20}$$

设 γ_4 为粉碎机排料中符合产品细度要求的合格粒级粉料的含量（%）；E_2 为分级机

2 的符合产品细度要求的合格粒级粉料的提取率（%），则有：

$$P_6 = P_4 - P_5 = P_4 - P_4\gamma_4 E_2 = P_4(1-\gamma_4 E_2) \tag{6-21}$$

因

$$P_4 = P_3 = P_2 + P_6 = P_0(1-\gamma_1 E_1) + P_6 \tag{6-22}$$

由式（6-21）和式（6-22）可得：

$$P_4 = P_0(1-\gamma_1 E_1)/\gamma_4 E_2 \tag{6-23}$$

将式（6-23）代入式（6-21）得：

循环负荷量

$$P_6 = P_0(1-\gamma_1 E_1)(1-\gamma_4 E_2)/\gamma_4 E_2 \tag{6-24}$$

$$\text{循环负荷率} = P_6/P_2 = (1-\gamma_1 E_1)(1-\gamma_4 E_2)/\gamma_4 E_2(1-\gamma_1 E_1) \tag{6-25}$$

超细粉碎机和精细分级机 2 的处理量为：

$$P_3 = P_4 = P_2 + P_6 = P_0(1-\gamma_1 E_1)/\gamma_4 E_2 \tag{6-26}$$

（5）预先分级和检查分级合二为一的粉碎单元作业

如图 6-5 所示，生产过程稳定或平衡以后，单位时间产品产量 P_2 为：

$$P_2 = (1-k_5)P_0 = (1-k_5)P_1\gamma_1 E_1 \tag{6-27}$$

式中　k_5——加工过程的损失率；

γ_1——分级机给料 P_1 中符合产品细度要求的合格粒级粉料的含量；

E_1——分级机的符合产品细度要求的合格粒级粉料的提取率。

按年运转 300d，每天 24h 计算，该单元作业的年产量为：

$$Q_5 = 7200P_2 = 7200(1-k_5)P_0 \tag{6-28}$$

图中 P_1 为分级机的处理量，$P_1 = P_0 + P_4$；$P_4 = P_3$；P_3 为分级机的粗产品产量和粉碎机的处理量，其大小与分级机给料中符合产品细度要求的合格粒级粉料的含量 γ_1 和合格粒级粉料的提取率 E_1 有关，即有：

$$P_3 = P_4 = P_1(1-\gamma_1 E_1) \tag{6-29}$$

将 $P_1 = P_0 + P_4$ 代入式（6-29），整理后得：

$$P_3 = P_0(1-\gamma_1 E_1)/\gamma_1 E_1 \tag{6-30}$$

分级机的处理量为：

$$P_1 = P_0 + P_3 = P_0[1+(1-\gamma_1 E_1)/\gamma_1 E_1] \tag{6-31}$$

（6）带产品分级的开路连续粉碎作业

如图 6-6 所示，这种单元超细粉碎作业通过分级生产两种不同细度或规格的产品：

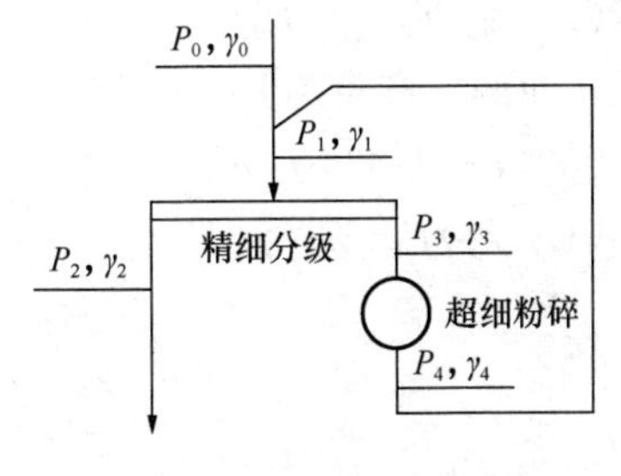

图 6-5　预先分级和检查分级合二为一的超细粉碎作业

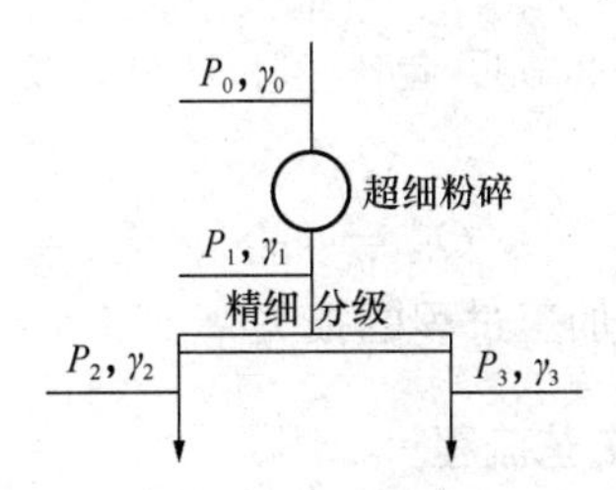

图 6-6　带产品分级的开路超细粉碎作业

细产品产量： $$P_2 = (1 - k_6)P_0 \ \gamma_1 \ E_1 \tag{6-32}$$

粗产品产量： $$P_3 = (1 - k_6)P_0(1 - \gamma_1 \ E_1) \tag{6-33}$$

式中 k_6——加工过程的损失率；

γ_1——分级机给料 P_1 中符合产品细度要求的合格粒级粉料的含量；

E_1——分级机的符合产品细度要求的合格粒级粉料的提取率或分级效率。

按年运转 300d，每天 24h 计算，该单元作业的年产量为：

细产品： $$Q_{6x} = 7200P_2 = 7200(1 - k_6)P_0\gamma_1 \ E_1 \tag{6-34}$$

粗产品： $$Q_{6c} = 7200P_3 = 7200(1 - k_6)P_0(1 - \gamma_1 \ E_1) \tag{6-35}$$

图中 P_1 为分级机的处理量，如忽略粉碎作业的物料损失，则有 $P_1 = P_0$，P_0 为粉碎机的处理量。

（7）带预先分级和产品分级的开路连续粉碎作业

如图 6-7 所示，这种单元超细粉碎作业通过分级生产两种不同细度的产品。

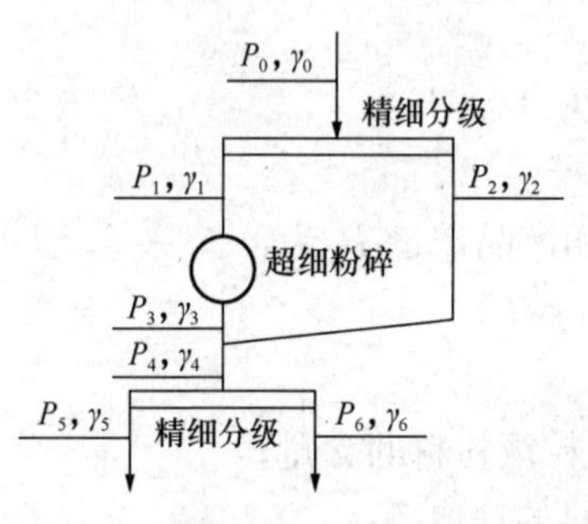

图 6-7 带预先分级和产品分级的开路超细粉碎作业

细产品产量： $$P_5 = P_4\gamma_4 \ E_2 \tag{6-36}$$

粗产品产量： $$P_6 = P_4(1 - \gamma_4 \ E_2) \tag{6-37}$$

式中 γ_2——分级机 2 给料 P_4 中符合产品细度要求的合格粒级粉料的含量；

E_2——分级机 2 的符合产品细度要求的合格粒级粉料的提取率。

$$P_4 = P_2 + P_3 = P_2 + P_1 \tag{6-38}$$

式中 P_2——分级机 1 的细粒级产品产量；

P_1——分级机 1 的粗粒级产品产量。

并有：

$$P_2 = P_0\gamma_0 \ E_1 \tag{6-39}$$

$$P_1 = P_0(1 - \gamma_0 \ E_1) \tag{6-40}$$

式中 γ_0——分级机 1 给料或原料 P_0 中符合产品细度要求的合格粒级粉料的含量；

E_1——分级机 1 的符合产品细度要求的合格粒级粉料的提取率。

将 P_1 和 P_2 代入式（6-38）得：

$$P_4 = P_0\gamma_0 \ E_1 + P_0(1 - \gamma_0 \ E_1) = P_0 \tag{6-41}$$

按年运转 300d，每天 24h 计算，该单元作业的年产量为：

细产品： $$Q_{7x} = 7200 \times P_4 = 7200(1 - k_7)P_0\gamma_4 \ E_2 \tag{6-42}$$

粗产品： $$Q_{7c} = 7200 \times P_4 = 7200(1 - k_7)P_0(1 - \gamma_4 \ E_2) \tag{6-43}$$

式中 k_7——加工过程的损失率。

6.4.2 湿法工艺流程

与干法超细粉碎工艺相比，湿法超细粉碎工艺除了干粉或折干产量外还要计算作业的矿浆量和矿浆浓度变化作业的补加水量，即要同时考虑物料量和水量的平衡。

设 P 表示折干或干粉产量，单位 kg/h 或 t/h；Q 表示矿浆量，单位 L/h 或 m^3/h；

γ 表示小于某一粒度或粒级粉体物料的含量，单位%；q 表示浆料浓度（固含量），单位%；W 表示水量，单位 L/h 或 m^3/h；D 表示原料粒径，单位μm；d_i（i=1，2，3…）表示产品粒径，单位μm。则不同类型湿式单元超细粉碎工艺流程的计算方法如下。

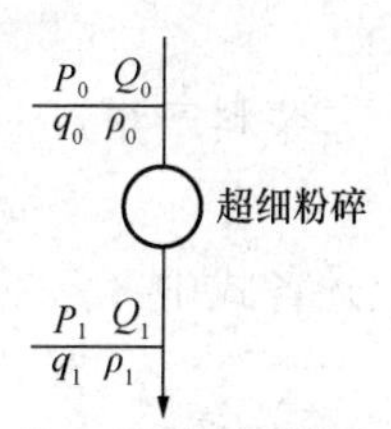

图 6-8　湿式开路超细粉碎作业

（1）湿式开路超细粉碎作业

如图 6-8 所示的单元湿式开路超细粉碎作业，如果忽略生产过程的损失（如矿浆跑、漏等），则有：

$$P_1 = P_0 \tag{6-44}$$

$$Q_1 = Q_0 = P_0 / q_0 \rho_0 \tag{6-45}$$

$$W_1 = W_0 = P_0 \times (1 - q_0) / q_0 \tag{6-46}$$

式中　ρ——矿浆或浆料密度。

确定了磨机的处理量 P_0 和研磨浆料浓度 q_0，便可计算出作业的浆料量、水量以及浆料产品的折干量和含水量。

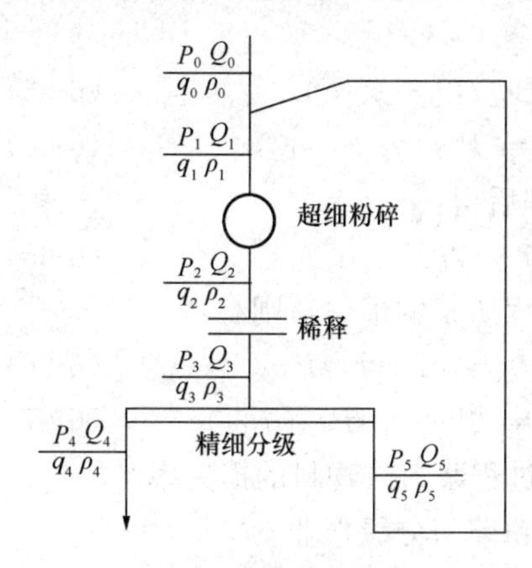

图 6-9　湿式闭路超细粉碎作业

若考虑生产过程矿浆的损失，则有：

$$P_1 = (1 - k_1) P_0 \tag{6-47}$$

$$Q_1 = (1 - k_1) P_0 / (q_0 \rho_0) \tag{6-48}$$

$$W_1 = (1 - k_1) P_0 \times (1 - q_0) / q_0 \tag{6-49}$$

式中　k_1——生产过程矿浆的损失率。

（2）湿式闭路超细粉碎作业

如图 6-9 所示的单元湿式超细粉碎作业，如果忽略生产过程的损失（如矿浆渗、漏等），则对于研磨作业：

$$P_1 = P_0 + P_5 \tag{6-50}$$

$$Q_1 = Q_0 + Q_5 = P_0 / (q_0 \rho_0) + P_5 / (q_5 \rho_5) \tag{6-51}$$

$$W_1 = W_0 + W_5 = P_0 (1 - q_0) / q_0 + P_5 (1 - q_5) / q_5 \tag{6-52}$$

对于分级前的稀释作业，需补加的水量为：

$$\begin{aligned} W = W_3 - W_2 &= P_3 (1 - q_3) / q_3 - P_2 (1 - q_2) / q_2 \\ &= P_1 [(1 - q_3) / q_3 - (1 - q_1) / q_1] \end{aligned} \tag{6-53}$$

循环负荷（分级机粗粒级产量）：

$$P_5 = P_3 (1 - \gamma_3 E) \tag{6-54}$$

因

$$P_3 = P_0 + P_5 \tag{6-55}$$

将式（6-54）代入式（6-55）得：

$$P_3 = P_0 / (\gamma_3 E) \tag{6-56}$$

将式（6-56）代入式（6-54）得循环负荷：

$$P_5 = P_0 (1 - \gamma_3 E) / (\gamma_3 E) \tag{6-57}$$

$$\text{循环负荷率} = P_5 / P_0 = (1 - \gamma_3 E) / (\gamma_3 E) \tag{6-58}$$

系统稳定或平衡后的产量：

$$P_4 = P_3(1-\gamma_3 E) = P_0 \tag{6-59}$$

浆料产量：

$$Q_4 = P_4/(q_4\rho_4) = P_0/(q_4\rho_4) \tag{6-60}$$

上述各式中　γ_3——分级机给料 P_3 中符合产品细度要求的合格粒级粉料的含量；

E——分级机的符合产品细度要求的合格粒级粉料的提取率。

在进行该流程计算时，除了 P_0 是已知条件外，要计算磨机的处理量和浆料产量，必须根据磨机和分级机的技术参数预先确定合适的研磨浆料浓度 q_1 和分级浓度 q_3，并据此确定原料浓度 q_0。然后再根据料浆的平衡条件计算产品（分级机细产物）浓度 q_4 和循环浆料（分级机粗产物）浓度 q_5。

根据工艺流程图可列出：

$$P_1/(q_1\rho_1) = P_0/(q_0\rho_0) + P_5/(q_5\rho_5) \tag{6-61}$$

因　$P_1 = P_3 = P_0/(\gamma_3 E), P_5 = P_0(1-\gamma_3 E)/(\gamma_3 E)$，所以

$$P_0/(\gamma_3 E q_3\rho_3) = P_0/(q_0\rho_4) + P_0(1-\gamma_3 E)/(\gamma_3 E q_5\rho_5) \tag{6-62}$$

由式（6-62）得：

$$1/q_5 = [1/\gamma_3 E q_1\rho_3 - 1/q_0\rho_4]\gamma_3 E\rho_5/(1-\gamma_3 E) \tag{6-63}$$

同时，

$$P_3/(q_3\rho_3) = P_4/(q_4\rho_4) + P_5/(q_5\rho)_5 = P_0/(\gamma_3 E q_3\rho_3) \tag{6-64}$$

将式（6-57）和式（6-59）代入式（6-64）并整理后得：

$$1/q_4 = \rho_4/(\gamma_3 E)[1/(q_3\rho_3) - 1/(q_5\rho_5) + \gamma_3 E/(q_5\rho_5)] \tag{6-65}$$

若考虑生产过程矿浆的损失，则有：

折干产量：　$P_4 = (1-k_9)P_0$　(6-66)

浆料产量：$Q_4 = (1-k_9)P_0/(q_4\rho_4)$　(6-67)

式中　k_9——生产过程浆料或物料的损失率。

(3) 开路超细粉碎与分级作业

如图 6-10 所示的单元湿式超细粉碎作业，如果忽略生产过程的损失（如矿浆渗、漏等），则对于研磨作业：

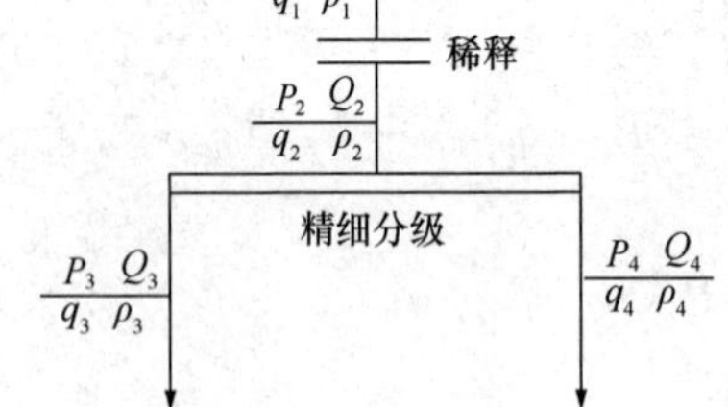

图 6-10　开路超细粉碎与分级作业

$$P_1 = P_0 \tag{6-68}$$

$$Q_1 = P_0/(q_0\rho_0) \tag{6-69}$$

$$W_1 = P_0(1-q_0) \tag{6-70}$$

对于分级前的稀释作业，需补加的水量由磨机研磨浓度及工艺所要求的分级浓度所决定，即

$$\begin{aligned} W = W_2 - W_1 &= P_2(1-q_2)/q_2 + P_1(1-q_1)/q_1 \\ &= P_0[(1-q_2)/q_2 - (1-q_1)/q_1] \end{aligned} \tag{6-71}$$

对于分级后的细粒级产品：

折干产量：　$P_3 = (1-k_{10})P_2\gamma_2 E = (1-k_{10})P_0\gamma_2 E$　(6-72)

浆料产量：　$Q_3 = (1-k_{10})P_3/(q_3\rho_3) = (1-k_{10})P_0\gamma_2 E/(q_3\rho_3)$　(6-73)

对于分级后的粗粒级产品：

折干产量：$P_4 = (1-k_{10})P_2(1-\gamma_2 E) = (1-k_{10})P_0(1-\gamma_2 E)$　(6-74)

浆料产量：　$Q_4=(1-k_{10})P_4/(q_4\rho_4)=(1-k_{10})P_0(1-\gamma_2 E)/(q_4\rho_4)$　(6-75)

式中　k_{10}——生产过程浆料或物料的损失率。

在工艺设计时 q_3 和 q_4 可由作业水量平衡和浆料平衡方程求得，即

$$W_2=W_3+W_4=P_3(1-q_3)/q_3+P_4(1-q_4)/q_4=P_2(1-q_2)/q_2 \quad (6\text{-}76)$$

$$Q_2=Q_3+Q_4=P_3/(q_3\rho_4)+P_4/(q_4\rho_4)=P_2/(q_2\rho_2) \quad (6\text{-}77)$$

上述各式中　γ_2——分级机给料 P_2 中符合产品细度要求的合格粒级粉料的含量；

E——分级机的符合产品细度要求的合格粒级粉料的提取率。

（4）带预先分级的超细粉碎作业

如图 6-11 所示的带预先分级的超细粉碎工艺流程的特点是，预先分出符合产品细度要求的超细粉体，避免这些超细粉体在磨机中过磨，以提高作业效率和降低单位产品能耗。这种工艺适用于原料中符合产品细度要求的超细粉体含量较多的情况。

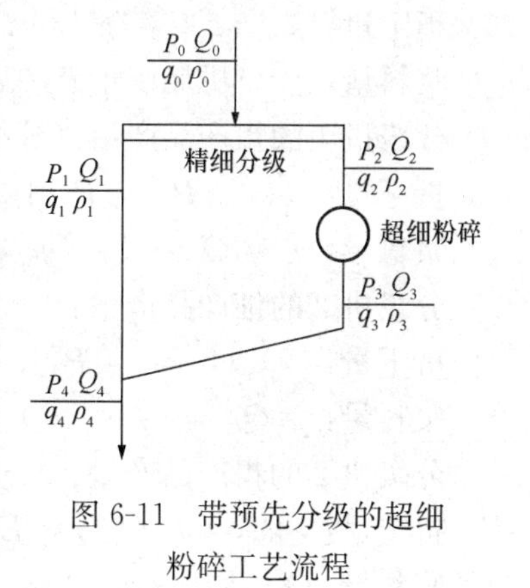

图 6-11　带预先分级的超细粉碎工艺流程

分级机的处理量为：

折干量：　P_0　(6-78)

浆料：　$Q_0=P_0/(q_0\rho_0)$　(6-79)

分级机的细产物为：

折干量：　$P_1=P_0\gamma_0 E$　(6-80)

浆料：　$Q_1=P_1/(q_1\rho_1)=P_0\gamma_0 E/(q_1\rho_1)$　(6-81)

磨机处理量：

折干量：　$P_3=P_0(1-\gamma_0 E)$　(6-82)

浆料：　$Q_3=P_3/(q_3\rho_3)=P_0(1-\gamma_0 E)/(q_3\rho_3)$　(6-83)

产品产量：

折干量：　$P_4=(1-k_{11})P_0$　(6-84)

浆料：$Q_4=(1-k_{11})Q_0=(1-k_{11})P_0/(q_0\rho_0)$　(6-85)

式中　k_{11}——生产过程浆料或物料的损失率；

γ_0——分级机给料 P_0 中符合产品细度要求的合格粒级粉料的含量；

E——分级机的符合产品细度要求的合格粒级粉料的提取率。

（5）带二级分级的闭路超细粉碎作业

如图 6-12 所示的带二级分级的闭路湿式超细粉碎作业，对于超细研磨作业，其处理量为：

折干量：　$P_1=P_0+P_6$　(6-86)

浆料量：　$Q_1=Q_0+Q_6=P_0/(q_0\rho_0)+P_6/(q_6\rho_6)$　(6-87)

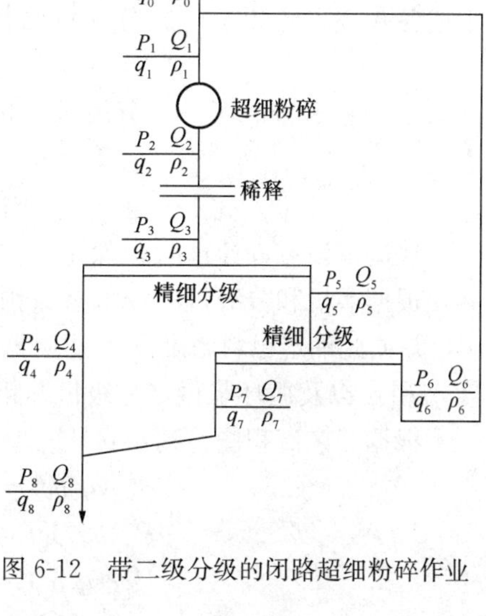

图 6-12　带二级分级的闭路超细粉碎作业

对于分级机 1 前的稀释作业，需补加的水量为：

$$W_1 = W_3 - W_2 = P_3(1-q_3)/q_3 + P_2(1-q_2)/q_2$$

$$= P_1[(1-q_3)/q_3 - (1-q_1)/q_1] \quad (6\text{-}88)$$

分级机 1 的处理量：

折干量：$$P_3 = P_2 = P_0 + P_6 \quad (6\text{-}89)$$

浆料量：$$Q_3 = P_3/(q_3\rho_3) = (P_0 + P_6)/(q_3\rho_3) \quad (6\text{-}90)$$

分级机 1 的细产品产量：

折干量：$$P_4 = P_3\gamma_3 E_1 = (P_0 + P_6)\gamma_3 E_1 \quad (6\text{-}91)$$

浆料量：$$Q_4 = P_4/(q_4\rho_4) = (P_0 + P_6)\gamma_3 E_1/(q_1\rho_4) \quad (6\text{-}92)$$

分级机 1 的粗产品产量（分级机 2 的处理量）：

折干量：$$P_5 = P_3(1-\gamma_3 E_1) = (P_0 + P_6)(1-\gamma_3 E_1) \quad (6\text{-}93)$$

浆料量：$$Q_5 = P_5/(q_5\rho_5) = (P_0 + P_6)(1-\gamma_3 E_1)/(q_5\rho_5) \quad (6\text{-}94)$$

分级机 2 的细产品产量：

折干量：$$P_7 = P_5\gamma_5 E_2 = (P_0 + P_6)(1-\gamma_3 E_1)\gamma_5 E_2 \quad (6\text{-}95)$$

浆料量：$$Q_7 = P_7/(q_7\rho_7) = (P_0 + P_6)(1-\gamma_3 E_1)\gamma_5 E_2/(q_7\rho_7) \quad (6\text{-}96)$$

分级机 2 的粗产品产量：

折干量：$$P_6 = P_5(1-\gamma_3 E_1) = (P_0 + P_6)(1-\gamma_3 E_1)(1-\gamma_5 E_2) \quad (6\text{-}97)$$

浆料量：$$Q_6 = P_6/(q_6\rho_6) = (P_0 + P_6)(1-\gamma_3 E_1)(1-\gamma_5 E_2)/(q_6\rho_6) \quad (6\text{-}98)$$

由式（6-97）得：

$$P_6 = P_0(1-\gamma_3 E_1)(1-\gamma_5 E_2)/(\gamma_3 E_1 + \gamma_5 E_2 - \gamma_3\gamma_5 E_2 E_1) \quad (6\text{-}99)$$

P_6 即为闭路研磨系统的循环负荷量（分级机粗粒级产量）。

系统平衡或稳定后的产量：

$$P_8 = P_4 + P_7 = (1-k_{12})P_0 \quad (6\text{-}100)$$

浆料产量：

$$Q_8 = (1-k_{12})(Q_4 + V_7) \quad (6\text{-}101)$$

上述各式中 γ_3 和 γ_5——分级机给料 P_3 和 P_5 中符合产品细度要求的合格粒级粉料的含量；

E_1 和 E_2——分级机 1 和分级机 2 的符合产品细度要求的合格粒级粉料的提取率；

k_{12}——生产过程浆料或物料的损失率。

在进行该流程计算时，除了 P_0 是已知条件外，要计算磨机的处理量和浆料产量，必须根据磨机和分级机的技术参数预先确定合适的研磨浆料浓度 q_1 以及分级浓度 q_3 和 q_5，并据此确定原料浓度 q_0。然后再根据料浆的平衡条件计算产品（分级机细产物）浓度 q_4 和 q_7 以及循环浆料（分级机 2 粗产物）浓度 q_6。

根据工艺流程图可列出：

$$P_1/(q_1\rho_1) = P_0/(q_0\rho_0) + P_6/(q_6\rho_6) \quad (6\text{-}102)$$

$$P_3/(q_3\rho_3) = P_4/(q_4\rho_4) + P_5/(q_5\rho_5) \quad (6\text{-}103)$$

$$P_5/(q_5\rho_5) = P_7/(q_7\rho_7) + P_6/(q_6\rho_6) \quad (6\text{-}104)$$

解式（6-102）、式（6-103）和式（6-104），联立方程可求得 q_4、q_7 和 q_6。

6.5　设备选型计算

在超细粉碎工艺设计中，设备选型计算的依据是：

① 超细粉碎厂的建设规模、产品结构或品种、产品细度及粒度分布、纯度、粒形等数量和质量要求；

② 原料的硬度、粒度、比表面积、化学成分、黏度等物理化学性能；

③ 超细粉碎车间的工作制度；

④ 设计的超细粉碎工艺流程图或设备联系图，包括数、质量流程图；

⑤ 设备计算参数的试验资料及类似厂的生产指标或数据；

⑥ 所建厂的自动控制水平及设备作业率；

⑦ 定型设备的产品样本，新设备的工业试验数据及鉴定资料。

6.5.1　超细粉碎设备

（1）干式超细粉碎设备

干式超细粉碎设备的类型很多，选型时主要考虑原料的物理性质（硬度、密度、黏性、水分等）及粒度、粒度分布和产品细度、纯度、粒形、设计产量及产品的价值等。同时要在相同条件下比较各种不同类型超细粉碎设备的生产能力、单位产品电耗、磨耗、设备运转稳定性、自动控制水平、维护和检修性能以及工艺配套性能等。

一般对于价值较大、产品纯度要求较高、粒形较规则的物料，如稀土、精细磨料、药品、化妆品和保健品、名贵中药材、生物制品等可优先考虑选择气流粉碎机，尤其是新型的流化床式或对喷式气流粉碎机及内衬刚玉等耐磨材料的其他类型气流粉碎机。对于大宗的工业矿物超细粉体的加工，如重质碳酸钙、硅灰石、重晶石、滑石粉、高岭土等应优先考虑其他干式超细粉碎设备，如环辊磨、球磨-分级机系统、高速机械冲击磨机等，因为这些工业矿物粉体的单位价值相对较低，而气流粉碎机的单位产品能耗相对较高。物料的硬度也是干式超细粉碎设备要考虑的一个重要因素。一般来说，除流化床对喷式气流磨之外的其他类型气流粉碎机、高速机械冲击式粉碎机、离心或旋风式超细粉碎机等不适合加工莫氏硬度大于 7 的高硬度物料。

选定设备类型后，接下来就要确定设备的规格和台数。设备规格和台数主要依据所要求的产品细度条件下设备的处理量而定。设备的处理量或生产能力最好以同种物料或相同理化性质原料的工业生产实例（相同产品细度和粒度分布条件下）或在指定产品细度和粒度分布条件下的工业设备的试验结果来确定。

在没有相同物料作参照物的情况下，超细粉碎设备的处理量的计算要考虑物料种类、硬度、密度、黏度或含水量、杂质种类和含量以及给料粒度和粒度分布所带来的差别，一般可按下述经验公式计算：

$$P_d = k_1 k_2 k_3 k_4 P_0 \tag{6-105}$$

式中　P_d——所选超细粉碎设备在指定细度和粒度分布条件下的单机处理量；

P_0——所选超细粉碎设备在相同的细度和粒度分布条件下粉碎中等硬度物料，如方解石的单机生产能力；

k_1——物料硬度修正系数，其修正值尚缺乏定量研究，一般每大于一个莫氏硬度，相同细度和粒度分布的产量下降约20%；

k_2——物料密度修正系数，一般来说，物料密度越大，相同细度和粒度分布时的粉碎机产量或处理量越大，根据经验，密度差别小于0.5生产能力变化不大，可不予考虑，超出此范围，即要考虑修正，具体修正值最好通过试验确定；

k_3——物料黏度或含水量、杂质种类和含量等的修正系数，一般来说，物料较参照物含水率高或黏度大，难磨性杂质（如石英、铁质等矿物）含量多，则必须进行修正，具体修正值以设备对这些因素的敏感性不同而不同，目前尚缺乏具体物料的定量研究；

k_4——给料粒度和粒度分布不同的修正系数，在设备所允许的最大给料粒度以下，对于气流磨、转筒式球磨机、振动球磨机和搅拌球磨机等，一般来说，粒度越细，处理量或产量越大；但对于高速机械冲击式超细粉碎机、离心和旋风自磨机等超细粉碎设备，给料中要有一定量在允许范围内的粗粒物料，因此，产量或处理量不一定总是随给料粒度的细化而显著提高，所以，具体修正值也要依设备类型而定。

总之，在计算超细粉碎机的单机处理量时，最好是参照同种物料在相同或相近产品细度和粒度分布下的工业生产数据或相近机型的工业试验数据。另外，还要说明的是，设备厂家提供的技术性能参数是对一般物料而言的，所给出的生产能力随产品细度要求不同及不同物料而有变化，因此，在选型计算时，如无相同物料在相同产品细度条件下的生产数据，最好是选取有代表性的原料在定型工业设备或样机上进行一定时间的工业试验，以确保选型计算的准确和可靠。

设计中拟选用的超细粉碎机的台数根据所要设计的超细粉碎工段的产量或处理量（t/h）按下式计算：

$$n_d = (1 - k_d)P_a/P_d \tag{6-106}$$

式中　P_a——超细粉碎工段的产量或处理量；

P_d——超细粉碎机的单机生产能力或处理量；

k_d——生产过程物料损失率；

n_d——拟选用的超细粉碎机需要的台数。

（2）湿式超细粉碎设备

相对于干式超细粉碎设备而言，湿式超细粉碎设备的类型较少，主要有搅拌磨、砂磨机、球磨机和胶体磨、高压均浆机等。除胶体磨和高压均浆机外，上述其他湿式超细粉碎设备都是介质类研磨粉碎机，磨机筒体内充填钢球以及氧化铝珠、氧化锆珠、玻璃珠与复合非金属研磨介质。这些研磨介质的粒径大小及其配比、充填率等直接影响最终研磨产品的细度和产量。

这些湿式超细粉碎设备一般能用于各种硬度物料的超细研磨加工。因此，选型时主要比较在相同给料粒度和物料性质及相同产品细度、纯度、粒形等条件下，不同类型湿式研磨机的生产能力、单位产品电耗、单位产品磨耗、设备运转的可靠性和产品质量的稳定性、智能化控制水平、维护检修性能及工艺配套性等。

湿式超细粉碎设备规格和台数的确定依一定给料粒度和设计产品细度条件下所需的设备的处理量而定。湿式超细粉碎设备生产能力的设计计算尚未建立起一套完善的方法，在设计中最好是参照同种物料在相同或相近产品细度、粒度分布、纯度、粒形等条件下的工业生产数据或工业试验数据确定。如果设计所参照的工业生产数据或工业试验数据存在物料性质或产品细度方面的差别，可参考下述公式进行计算选择。

$$P_d = k_1 k_2 k_3 k_4 P_0 \tag{6-107}$$

式中　P_d——湿式超细粉碎设备的单机处理能力或处理量；

P_0——同类设备超细研磨某物料的处理能力或处理量；

k_1——设计研磨物料与参照物料的硬度修正系数，其值尚缺乏定量研究，一般每相差一个莫氏硬度，相同细度和粒度分布的产量相差约15%；莫氏硬度相同或相近时，$k_1=1$；

k_2——设计研磨物料与参照物料的给料粒度修正系数，一般在产品细度及粒度分布相同条件下，给料粒度越细，产量越大；因此，被磨物料的给料粒度大于参照物料时 $k_2<1$；小于参照物料时，$k_2>1$；相同或相近时 $k_2=1$；

k_3——设计研磨物料与参照物料的密度修正系数，湿磨时物料密度的影响较为复杂，与干法超细粉碎设备不同的是，物料密度的影响与研磨介质的密度有关，由于这方面尚缺乏定量的研究和统计数据，根据经验，密度差别小于0.5生产能力变化不大，可不予考虑，超出此范围，即要考虑修正，具体的修正值最好在相同的研磨介质品种及配比和填充量条件下通过试验确定；

k_4——设计研磨物料与参照物料产品细度和粒度分布的修正系数，一般在给料粒度及粒度分布相同条件下，产品粒度越细，处理量或产量越小；因此，被磨物料的产品粒度小于参照物料时 $k_4<1$；大于参照物料时 $k_4>1$；相同或相近时 $k_4=1$，具体较正系数值因相差的程度大小而异，而且不同的物料也有差别。

对于搅拌磨及砂磨机，在计算粉碎机处理量或产量时还要考虑设计工艺与所参照的工业生产或工业试验系统在生产方式上的差别。这是因为对于这几种磨机有三种不同的生产方式，即间隙或批量式、循环式、连续式。间隙式和循环式一般是单机生产或多机并联生产，连续式是单台连续或多台串联的机组进行生产。只有生产方式相同，而且给料粒度和产品细度均相同的同种物料的工业生产或工业试验数据才可直接用来确定设备的处理量。如果工业生产或工业试验是间隙式操作或生产，其他条件，如物料品种、物理化学性质、给料粒度、产品细度等均与设计加工的物料相同，则可通过物料在磨机内的停留时间来计算连续运转的磨机的处理量或生产能力：

对于单机：$P_d=60/H\times P_0$　(6-108)

对于串联机组：$P_d = 60n/H \times P_0$ (6-109)

式中 P_d——超细磨机的小时生产能力；

H——物料在磨机内的停留时间或间歇操作时达到指定细度的研磨时间；

P_0——同规格磨机在 H 分钟内的产量或间歇操作时每次的研磨物料量或装料量。

n——串联磨机的台数。

6.5.2 精细分级设备

工业上应用的精细分级机主要有两大类：即以空气为介质的涡轮式气流分级机和以水为介质的水力旋流器和卧式螺旋沉降式离心机。涡轮式气流分级机一般与干式超细粉碎设备配套使用或单独设置；湿式精细分级机与湿式超细研磨机配套使用或单独设置。精细分级是超细粉碎工艺必不可少的组成部分之一，其作用主要是：①提高粉碎效率；②确保产品细度和粒度分布。

1）干式精细分级设备

在超细粉体加工中，干式精细分级设备主要有两种设置方式：一是作为超细粉碎工艺设备系统的一个组成部分与超细粉碎设备设置在一起，构成内闭路或闭路作业，以提高粉碎作业的效率和控制最终产品的细度，这种情况下，精细分级设备的处理量等于超细粉碎作业的排料量。二是粉碎机外置精细分级设备，构成粉碎-分级闭路或开路作业。闭路作业分级粗产物返回粉碎机继续粉碎，细产物作为产品收集；开路作业分级后得到粗、细两种产物。

内分级装置是超细粉碎设备的一个组成部分，由粉碎设备自带，因此无需单独选择。

在选择与超细粉碎机配套使用的共用一套风动系统的精细分级机时，建议采取“1”配“1”的方式，即一台粉碎机配一台分级机，如果要配置两台以上的精细分级机，要考虑设置中间料仓和独立的分级机风动系统。这种独立设置的分级机的单独处理量要根据分级机的工作制度另行计算，一般应适当大于前段粉碎作业的排料量或产量。

一般来说，经分级机分级后得到粗、细两种产物，这两种产物的质量取决于分级机给料中小于指定粒度的粉体的含量和分级机的分级效率或超细粉提取率。在给料粒度分布和产品细度要求确定的情况下，可按下式计算分级机的细产品和粗产品产量：

$$P_1 = P_a \gamma E \quad (6\text{-}110)$$

$$P_2 = (P_a - P_1) = P_a(1 - \gamma E) \quad (6\text{-}111)$$

式中 P_1——分级机细产品产量；

P_2——分级机粗产品产量；

γ——分级机给料中小于指定粒度的粉体的含量；

E——分级机对给料中小于指定粒度的粉体的提取率；

P_a——分级机的给料量或处理量。

例如，某分级机对一超细重质碳酸钙进行分级时，给料量为 10 t/h，给料粒度小于 10μm 物料的含量为 50%（即 $d_{50} \leqslant 10\mu m$），要求分级后的细产品中粒度小于 10μm 物料的含量为 97%（即 $d_{97} \leqslant 10\mu m$），该分级机对给料中 10μm 以下物料的提取率为 80%，则分级机的细产品和粗产品产量分别计算如下：

细产品：$P_1=$（10×50%×80%）/0.97=4.12（t/h）

粗产品：$P_2=10-4.12=5.88$（t/h）

干式精细分级机的类型较多，选型时首先要确认拟选择比较的分级设备能否满足设计的分级产品细度和粒度分布的要求，然后要在物料种类、给料粒度、要求的分级细度及产品粒度分布等相同的条件下，比较各种不同类型干式精细分级设备的处理能力、细粉提取（效）率、单机处理量、单位产品电耗、设备的稳定性、控制水平、维修性能及收尘效率等。为确保选型的先进性和可靠性，如果没有相应的同种物料的工业生产或工业试验数据，最好在选型之前在样机上进行带料试验。

2）湿式精细分级设备

（1）卧式螺旋卸料沉降离心机

沉降离心机生产能力的计算方法有两种，即悬浮液计算法和沉渣（或沉淀物）计算法。

① 按溢流或悬浮液计算

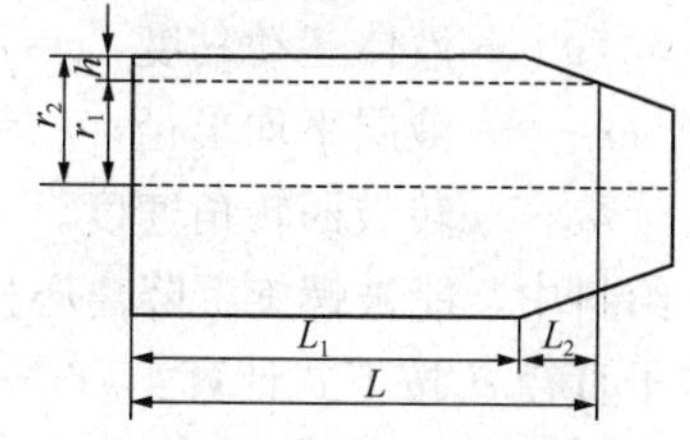

图 6-13　螺旋卸料沉降离心机柱锥形转鼓结构参数示意图

如图 6-13 所示，对于柱锥形转鼓，按“Σ”理论

$$Q=(\nu_0\omega^2 r_2/g)\pi DL(1-\lambda+1/4\lambda^2)=\nu_0 F_r A=\nu_0\Sigma \tag{6-112}$$

式中　Q——螺旋卸料沉降离心机生产能力；

ν_0——临界直径粒子的重力沉降速度；

F_r——离心分离因素（$F_r=\omega^2 r_2/g$）；

D——转鼓直径（$D=2r_2$）；

π——圆周率；

L——沉降区长度；

λ——$\lambda=h/r_2$；

A——随半径变化的沉降面积的修正面积。

Σ——当量沉降面积，又称离心机的生产能力指数。

对于柱锥形转鼓：

$$\Sigma=F_r\pi D\left[L_1(1-\lambda+1/3\lambda^2)+L_2(1/2-2/3\lambda+1/4\lambda^2)\right] \tag{6-113}$$

式中　L_1——螺旋离心机柱形部分的长度。

但是，按Σ理论计算的生产能力比实际的大，因此，在使用上述公式计算时要加以修正，即

$$Q=\xi v_0\Sigma \tag{6-114}$$

对于螺旋卸料沉降离心机，建议取：

$$\xi=16.64\,(\Delta\rho/\rho_1)^{0.3359}(d_e/L)^{0.3074} \tag{6-115}$$

式中　$\Delta\rho$——固液相密度差，$\Delta\rho=\rho_2-\rho_1$；

ρ_2——固相密度；

ρ_1——液相密度；

d_e——粒子当量直径；

L——沉降区长度。

对于高速螺旋沉降离心机，建议取：

$$\xi = 1.06\, R_e^{-0.074}\, F_R^{0.178} \tag{6-116}$$

式中 R_e——雷诺数，$R_e = Q/(2h+b)\nu$；

F_R——弗鲁德准数，$F_R = Q^2/\omega^2 r_m^2 b^2 h^2$；

h——液层深度；

b——螺旋流道宽度；

ν——液体运动黏度，$\nu = \mu/\rho_1$；

r_m——液层平均半径，$r_m = 1/2\ (r_1 + r_2)$；

ω——转鼓回转角速度。

给料中，能被螺旋沉降离心机全部分离的最小粒子直径称为临界粒子直径 d_c，临界粒子直径 d_c 按下式计算：

$$d_c = (Q/\xi k \Sigma)^{1/2} \tag{6-117}$$

式中 $k = \Delta\rho g/(18\mu)$；$\Delta\rho = \rho_2 - \rho_1$；$g$ 为重力加速度；μ 为悬浮液黏度。

② 按沉渣（或沉淀物）计算

设沉渣以条状沿螺旋叶面，自大端被输向小端出渣口，沉渣条的截面形状如图 6-14 所示，沉渣条沿螺旋叶面的滑动速度为：

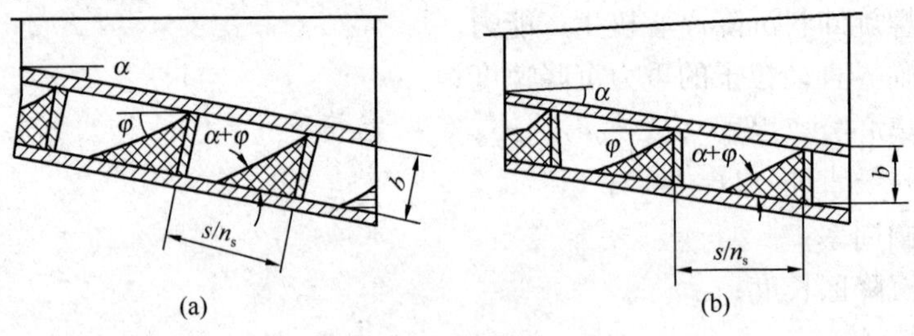

图 6-14 沉渣条截面形状及沉渣搭桥状况

(a) $\theta=\alpha$；(b) $\theta=0$

$$v_s = E_p\, \Delta\omega/2\pi\, [(2\pi r)^2 + s^2]^{1/2} \tag{6-118}$$

螺旋的输渣能力 G 为：

$$G = E_p\, \Delta\omega/2\pi\, [(2\pi r)^2 + s^2]^{1/2} A n_s \gamma_0 \tag{6-119}$$

式中 E_p——螺旋的输渣效率，$E_p = \mathrm{tg}\delta_1/(\mathrm{tg}\beta + \mathrm{tg}\delta_1)$；

$\Delta\omega$——螺旋转鼓的角速度差；

$\Delta\omega/2\pi$——螺旋与转鼓的转速差，$\Delta\omega/2\pi = \Delta n/60$；

r——回转半径；

s——螺旋螺距；

A——沉渣条的截面积；

n_s——螺旋的台数；

γ_0——湿渣的密度；

δ_1——沉渣沿鼓壁滑动方向与垂直于转鼓轴线的径向平面间的夹角；

β——螺旋叶片的升角；

Δn——转鼓与螺旋的转速差。

沉渣的搭桥状况：当螺旋母线垂直于转鼓母线，即螺旋叶片母线与垂直于转鼓轴线的径向平面间的夹角 $\beta=\alpha$（图 6-14a），沉渣有以下两种搭桥的可能性：

a. 二螺旋叶片之间先搭桥

$$A = 1/2 \cdot (s/n_s)^2 \mathrm{tg}(\alpha + \varphi) \tag{6-120}$$

式中　φ——沉渣条自由表面与转鼓轴线间的夹角。

b. 转鼓与螺旋内筒之间先搭桥

$$A = 1/2 \cdot b^2 \ \mathrm{ctg}(\alpha + \varphi) \tag{6-121}$$

当螺旋母线垂直于转鼓轴线，即 $\beta=0$ 时（图 6-14b）沉渣有以下两种搭桥的可能性：

a. 二螺旋叶片之间先搭桥

$$A = 1/2 \cdot (s/n_s)^2 (\mathrm{tg}\alpha + \mathrm{tg}\varphi) \tag{6-122}$$

b. 转鼓与螺旋内筒之间先搭桥

$$A = 1/2 \cdot b^2/(\mathrm{tg}\alpha + \mathrm{tg}\varphi) \tag{6-123}$$

螺旋沉降离心机的技术参数包括结构参数和操作参数。

结构参数包括转鼓内直径 D、转鼓总长度 L、转鼓半锥角 α、转鼓溢流口处直径 D_1、螺旋的螺距 S 或升角 β、螺旋母线与垂直于转轴的截面的夹角 θ；操作参数包括转鼓的转速 n 或角速度 ω、转鼓与螺旋的转速差 Δn。

选择与确定合理的技术参数是设计螺旋沉降离心机的首要任务。选择这些技术参数的依据是：悬浮液的特性（如固液相密度、固相浓度、粒度分布、液相黏度等）、处理量 Q、分离效率 E_x、沉渣产量 G、渣含湿量 W_0、输渣功率 N、输渣效率 E_P、螺旋所受转矩 M 和轴向力 F_0、转鼓和螺旋的相对磨损程度等。

（2）水力旋流器

用于超细粉体湿法精细分级的水力旋流器一般是直径<75mm、锥角≤10°的小直径和小锥角水力旋流器（组）。

水力旋流器的结构参数与工艺参数之间相互影响，相关密切，现虽有多种计算公式，但均是在不同的结构参数及工艺条件下使用的经验公式，使用时有程度不同的误差。

① 处理量的计算

按给料体积计算水力旋流器处理量的经验公式为：

$$V = 3k_a k_D d_n d_c (P_o)^{1/2} \tag{6-124}$$

式中　V——按给料体积计算的水力旋流器处理量；

k_a——水力旋流器圆锥角修正系数，按下式计算：

$$k_a = 0.79 + 0.044 / (0.0397 + \mathrm{tg}\alpha/2) \tag{6-124a}$$

α——水力旋流器的圆锥角；

k_D——水力旋流器的直径修正系数，可按下式计算

$$k_D=0.8+1.2/(1+0.1D) \tag{6-124b}$$

D——水力旋流器的直径；

d_n——给料口当量直径；可按下式计算：

$$d_n=(4bh/\pi)^{1/2} \tag{6-124c}$$

b——给料口宽度；

h——给料口高度；

d_c——溢流口直径；

P_o——入口处料浆的工作计示压力，MPa；对于直径大于 50cm 的水力旋流器，入口处料浆的工作计示压力应考虑水力旋流器的高度，即：

$$P_o=P+0.01H_p\rho_a \tag{6-124d}$$

P——水力旋流器入口处料浆的工作计示压力；

H_p——水力旋流器的高度；

ρ_a——料浆密度。

② 水力旋流器分离粒度的计算

水力旋流器的分离粒度有不同的定义，因而分离粒度的计算就有各种不同的方法，使用较多的计算方法是按溢流中 d_{97} 粒度或最大粒度计算的分离粒度和按 d_{50} 粒度计算的分离粒度。

a. 按溢流中 d_{97} 计算的分离粒度

$$d_{97}=1.5\{Dd_c\beta_u/[D_0k_D(P_o)^{1/2}(\rho-\rho_o)]\}^{1/2}\quad(\mu m) \tag{6-125}$$

式中 D——水力旋流器的直径；

β_u——给料中固体含量；

D_0——沉砂口直径；

ρ、ρ_o——分别为料浆中固体物料和水的密度；

b. 按 d_{50} 粒度计算的分离粒度

在浆料给入水力旋流器内进行分级的过程中，必有某粒级物料对进入沉砂和溢流具有相同的可能性，即该粒级物料进入沉砂和溢流的概率或回收率（占给料中该粒级物料重量的百分率）均为 50%。因此，定义在水力旋流器分级过程中物料进入沉砂和溢流具有相同的可能性的某粒级为 d_{50} 粒级。

克雷布斯（Krebs）公司用标准水力旋流器试验求 $d_{50(c)}$（校正 d_{50}），其计算式如下：

$$d_{50(c)}=11.93D^{0.66}/[P^{0.28}(\rho-1)^{0.5}]\exp(-0.301+0.0945c_v+0.00356c_v^2+0.000684c_v^3) \tag{6-126}$$

式中 $d_{50(c)}$——较正 d_{50} 粒度；

D——水力旋流器的内径；

c_v——水力旋流器给矿体积浓度；

P——水力旋流器的给矿压力；

ρ——物料密度。

在研磨—分级回路中旋流器的溢流粒度均用某一特定粒度 d_T 的百分含量表示，其与 $d_{50(c)}$ 之间的关系见表 6-1。

表 6-1　水力旋流器溢流粒度与 $d_{50(c)}$ 之间的关系

溢流中某一特定粒度 d_T 的含量（%）	98.8	95.0	90.0	80.0	70.0	60.0	50.0
$d_{50(c)}$（d_T）	0.54	0.73	0.91	1.25	1.67	2.08	2.78

③ 水力旋流器沉砂口直径的计算

沉砂口直径的计算式为：

$$D_0 = [4.162 - 16.43/(2.65 - \rho + 100\rho/c_w) + 1.10\ln(U/0.907\rho)] \times 2.54 \tag{6-127}$$

式中　D_0——旋流器沉砂口直径；

ρ——物料密度；

c_w——沉砂重量浓度；

U——沉砂量。

④ 水力旋流器台数的计算

计算步骤如下：

a. 根据分离粒度用式（6-125）计算水力旋流器直径 D 并查出 d_c、d_n、α 等参数；

b. 用式（6-124）计算水力旋流器的处理能力 V；

c. 计算所需台数

$$n = V_n/V \tag{6-128}$$

式中　n——所需水力旋流器的台数；

V_n——设计处理浆料量；

V——水力旋流器的单台处理能力。

第 7 章　超细粉体测试与表征方法

7.1　粒度及其分布

7.1.1　基本概念

（1）颗粒

① 晶粒（Grain）：指单一晶体，晶粒内部物质均匀，单相，无晶界和气孔存在。

② 一次颗粒（Primary Particle）：颗粒是描述粉体物料细分状态的离散的单元，一次颗粒是指一种分离的低气孔率的粒子单体，颗粒内部可以有界面，例如相界、晶界等。其特点是不可渗透。

③ 团聚体（Agglomerate）：指由一次颗粒通过表面力或固体桥键作用形成的更大颗粒。团聚体内含有相互连结的气孔网络。团聚体可以分为硬团聚和软团聚，硬团聚一般指一次颗粒之间通过键合作用形成的团聚体，这种团聚体有一定的机械强度，较难通过机械力恢复为一次颗粒或单分散体。超微颗粒团聚体的形成是体系自由能下降过程。

④ 二次颗粒（Granules）：是指通过机械、化学或人为制造的粉料团聚粒子。

⑤ 胶粒（Colloidal Particle）：即胶体颗粒。胶粒尺寸小于 100nm，并可在液相中形成稳定悬浮体（胶体）而无沉降现象。

超微颗粒一般指一次颗粒，其结构可以是晶态、非晶态和准晶态，可以是单相、多相或多晶结构。只有一次颗粒为单晶时，微粒的粒径才与晶粒尺寸（晶粒度）相同。

（2）颗粒的尺寸

对球形颗粒来说，颗粒尺寸（粒径）即指其直径。对不规则颗粒，尺寸的定义常为等当直径，如体积等当直径、投影面积直径等。表 7-1 列出了几种等当直径的定义。

表 7-1　几种等当直径的定义

符号	名称	定　　义
d_v	体积直径	与颗粒同体积的球直径
d_s	表面积直径	与颗粒同表面积的球直径
d_f	自由下降直径	相同流体中，与颗粒相同密度和相同自由下降速度的球直径
d_{st}	斯托克斯直径	层流中与颗粒具有相同自由沉降末速的和同密度球形颗粒的直径
d_c	周长直径	与颗粒投影轮廓相同周长的圆直径
d_a	投影面积直径	与处于稳态下颗粒相同投影面积的圆直径
d_A	筛分直径	颗粒可通过的最小方孔宽度

（3）颗粒分布

颗粒分布用于表征多分散颗粒体系或粒群中，粒径大小不等的颗粒的组成情况，分为频率分布和累积分布。频率分布表示与各个粒径或粒级相对应的粒子占全部颗粒的百分含量；累积分布表示小于或大于某一粒径的粒子占全部颗粒的百分含量。累积分布是频率分布的积分形式。其中，百分含量一般以颗粒质量、体积、个数等为基准。颗粒分布常见的表达形式有粒度分布曲线、平均粒径、特征（分布）粒径、标准偏差、分布宽度等。

粒度分布曲线，包括累积分布曲线和频率分布曲线，如图 7-1 所示。

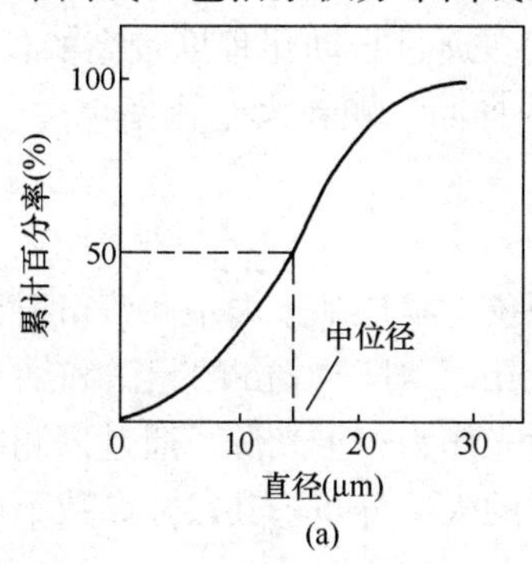

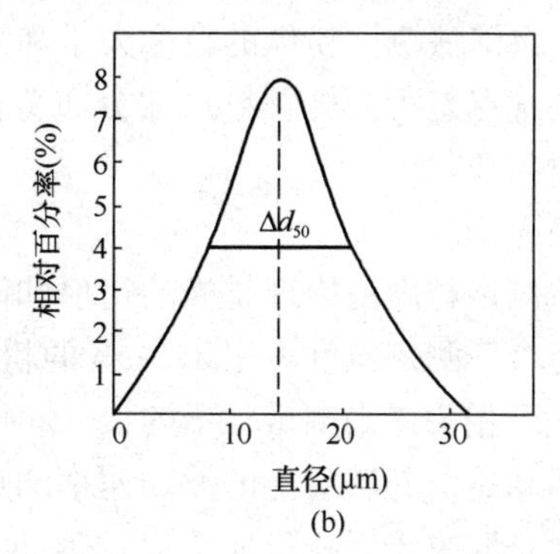

图 7-1　粒度分布曲线

（a）累积分布曲线；（b）频率分布曲线

平均粒度是指颗粒出现最多的粒度值，即频率分布曲线中峰值对应的颗粒尺寸；d_{10}、d_{25}、d_{50}、d_{75}、d_{90}、d_{97}分别是指在累积分布曲线上占颗粒总量为10％、25％、50％、75％、90％及97％所对应的粒子直径，称之为特征（分布）粒径。

标准偏差σ用于表征粉体的粒度分布范围。

$$\sigma = [\sum n(d_i - d_{50})^2 / \sum n]^{1/2} \tag{7-1}$$

式中　n——体系中的颗粒数；

d_i——体系中任一颗粒的粒径。

粉体粒度分布范围也可用分布宽度 SPAN 表示：

$$\text{SPAN} = (d_{90} - d_{50}) / d_{10} \tag{7-2}$$

超细粉体的颗粒尺寸及分布、颗粒形状等是其最基本的性质之一，对其应用有直接的影响。因此，超细颗粒的尺寸及分布的表征具有极其重要的意义。另外，由于团聚体对超粉体的性能有重要的影响，所以一般情况下将团聚体的表征单独归为一类讨论。

7.1.2　粒度分析表征

由于筛分分析用的标准筛最细只到400目（筛孔尺寸相当于38μm），因此，标准筛筛分分析不能用于超细粉体产品的粒度分析与表征。用于超细粉体粒度检测表征的主要方法有沉降法（包括重力沉降和离心沉降）、激光法、显微镜、图像分析仪、库尔特计数器以及用于测定比表面积的透过法和 BET 法等。

（1）沉降法

沉降法测定颗粒尺寸是以斯托克斯方程为基础的。该方程表达了一球形颗粒在层流状态的流体中，自由沉降速度与颗粒尺寸的关系。所测得的尺寸为等量斯托克斯直径。

沉降法测定颗粒尺寸分布有增值法和累计法两种。前一种方法测定初始均匀的悬浮液在固定已知高度处颗粒浓度随时间的变化或固定时间测定浓度-高度的分布；累计法是测量颗粒从悬浮液中沉降出来的速度。目前以高度固定法使用得最多。

依靠重力沉降的方法，一般能测定>0.1μm（100nm）的颗粒尺寸，因此在用沉降法测定纳米粉体的颗粒时，需借助于离心沉降法。在离心力的作用下使沉降速率增加，并采用离心力场分级装置，配以先进的光学系统。

目前，沉降法测定粉体的粒度大小和分布大多通过自动化程度较高的仪器来完成。沉降方法的优点是可分析颗粒尺寸分布范围宽的样品，颗粒大小比率至少100：1，缺点是分析时间长。

（2）激光法

激光法测定粒度的原理是光的衍射和散射现象。早期基于夫琅和费衍射原理的激光粒度仪只适合于测定粒度大于1.9μm的粉体的测试。对于1μm的超微和纳米粉体，主要是利用光子相关谱来测量粒子的尺寸。即以激光作为相干光源，通过探测由于纳米颗粒的布朗运动所引起散射光的波动速率测定粒子的大小分布，其尺寸参数不取决于光散射方程，而是取决于斯托克斯方程。

$$D_0 = k_B T / 3\pi\eta_0 d \tag{7-3}$$

式中　D_0——微粒在分散体系中的平动扩散系数；

k_B——玻尔兹曼常数；

T——绝对温度；

η_0——溶剂黏度；

d——等价圆球直径。只要测出D_0值，就可获得d的值。

这种方法称为动态光散射法或准弹性光散射。基于这种原理开发的激光粒度分析仪已被广泛用于超微粉体的粒度大小和粒度分布的测定。其特点是：

① 测定速度快。测定一次只用十几分钟，而且一次可得到平均粒径、特征分布粒径以及频率分布、累计分布等多种数据和图表。

② 自动化程度高，操作简单，自动处理数据。

③ 在分散最佳的状态下进行测定时重复性好。

（3）库尔特计数器

库尔特计数器又称电阻法颗粒计数器，是基于小孔电阻原理的超微颗粒粒度测量仪。测量时将颗粒分散在液体中，颗粒就跟着液体一起流动。当其经过小孔时，两电极之间的电阻增大。当电源是恒流源时，两极之间会产生一个电压脉冲，其峰值正比于小孔电阻的增量，即正比于颗粒体积；在圆球假设下，脉冲峰值电压可换算成粒径。仪器只要准确测出每一个电压脉冲的峰值即可得出各颗粒的大小，统计出粒度分布。

这种粒度测定仪的主要特点是：

① 分辨率较高。由于该仪器是一个一个地分别测出各颗粒的粒度，然后再统计粒度分布的，所以能分辨各颗粒之间粒径的细微差别。

② 测量速度快。测一个样品一般只需几十秒。

③ 重复性较好。一次要测量1万个左右的颗粒，测量重复性较高。

④ 操作简便。整个测量过程基本上自动完成，操作简便。

但是，这种测定仪器的动态范围较小，一般只能测量粒径2～40μm的颗粒；另外容易发生堵孔故障。当样品或电解液（一般为生理盐水）中含有大于小孔的颗粒时，小孔就容易被堵塞，使测量不能继续进行。

（4）电镜法

国家标准GB/T 19591—2004《纳米二氧化钛》规定了“电镜平均粒径”的测定方法。具体如下：取粉体试样，以乙醇溶液（1+1）作溶剂，经超声波振荡仪分散后，取1～2滴于制样薄膜上，置于电子显微镜的样品台上，在约10万放大倍数下，选择颗粒明显、均匀和集中的区域，用照相机摄下电子显微镜图。在照片上用纳米标尺测量不少于100个颗粒中每个颗粒的长径和短径（可用计算机软件进行处理），取算术平均值。平均粒径d按下式计算：

$$d = [\Sigma(d_l + d_s)]/2n \tag{7-4}$$

式中 $\Sigma(d_l+d_s)$——微粒标尺直径之和；

n——量取微粒的个数。

（5）比表面积法

球形颗粒的比表面积S_w与其直径d的关系为：

$$S_w = 6/\rho d \tag{7-5}$$

式中 S_w——比表面积；

d——颗粒直径；

ρ——颗粒密度。

测定粉体的比表面积S_w，就可根据上式求得颗粒的一种等当粒径，即表面积直径。通过透过法和氮吸附法测定超微粉体的比表面积，然后用式（7-5）换算成粉体的平均粒径。

透过法是比较简单的粉体物料的比表面积测定方法。但是，作为测定基础理论的Kozeny-Carman理论包含着许多假设的因素。在测定中需要特别注意的是：要将物料紧密充填，以使空隙率达到最小值。

氮吸附法测定颗粒粒度，原则上只适用于无孔隙及裂缝的颗粒。因为如果颗粒中有孔隙或裂纹，用这种方法测得的比表面积包含了孔隙内或裂缝内的表面积，这样就比其他的比表面积测定方法（如透过法）测得的比表面积大，由此换算得到的颗粒的平均粒径则偏小。

表7-2为常用测定方法的基本原理、测定范围及其主要特点。

由于各种粒度测定方法的物理基础不同，同一批样品用不同的测定方法或测定仪器所得到的粒度的物理意义及粒度大小的粒度分布也不尽相同。用显微镜、库尔特计数器、激光粒度分析仪等得到的是统计径；沉降法得到的是等效径（即等于具有相同沉降末速的球体的直径）；透过法和吸附法得到的是比表面积直径。现代各种激光粒度分析仪、库尔特计数器、图像分析仪以及基于斯托克斯原理的各种沉降式粒度分析仪不仅可以测定粉体的粒度分布，而且可以自动进行数据处理并打印出粒度分布表以及d_{50}、d_{25}、d_{75}、d_{90}、d_{97}等特征数据，还可绘制直方图、频率分布图以及累积粒度特性曲线等。

在选择测定方法时，需要综合考虑物料的粒度分布范围、目的，要求的精度、特征粒度分布数据以及物料的性质等因素。

在超细粉体的粒度测定中，样品的预先分散对测定结果有重大影响，无论用什么方法或仪器进行测定，均须在颗粒处于良好分散的前提下，测定结果才可能准确。

表 7-2 超细粉体物料粒度测定方法

方法	仪器名称	基本原理	测定范围（μm）	特点
重力沉降	移液管法	分散在沉降介质中的样品颗粒，其沉降速度是颗粒大小的函数，通过测定分散体因颗粒沉降而发生的浓度变化，测定颗粒大小和粒度分布	1～100	仪器价格便宜，方法简单，缺点是测定时间长，分析、计算的工作量较大
	比重计法	利用比重计在一定位置所示悬浊液比重随时间的变化，测定粒度分布	1～100	仪器价格便宜，方法简单，但测定过程工作量较大
	浊度法	利用光透过法或 X 射线透过法测定因分散体浓度引起的浊度变化，测定样品的粒度和粒度分布	0.1～100	自动测定和处理数据，可得到分布曲线，可用于在线粒度分析
	天平法	通过测定已沉降下来的颗粒的累积重量测定粒度和粒度分布	0.1～150	自动测定和记录，但测定小颗粒误差较大
离心沉降	—	在离心力场中，颗粒沉降也服从斯托克斯定律，利用圆盘离心使颗粒沉降，测定分散体的浓度变化；或者使样品在空气介质离心力场中分级，从而得到粒度大小和粒度分布	0.01～30	测定速度快、是超细粉体颗粒的基本粒度测定方法之一，可得到颗粒大小和粒度分布，是较常用的测定方法之一
库尔特计数器	—	悬浮在电解液中的颗粒通过一小孔时，由于排出了一部分电解液而使液体电阻发生变化，这种变化是颗粒大小的函数	0.4～200	速度快，精度高，统计性好，自动化程度高，可得到颗粒粒度和粒度分布
激光粒度分析仪	—	依据颗粒通过颗粒运动所产生的衍射和散射现象测定颗粒粒度及粒度分布	0.05～3000	自动化程度高、操作简单、测定速度快、重复性较好，可用于在线粒度分析
显微镜	光学显微镜	通过测量光照下载片上视域内颗粒影像的粒径，统计分析以颗粒个数为基准的粒度大小和分布	1～100	直观性好，可观察颗粒形貌，但分析结果受操作人员主观因素影响程度大
	扫描和透射电子显微镜	与光学显微镜方法相似，用电子束代替光源，用磁铁代替玻璃镜。颗粒用显微镜照片显示出来	0.001～100	测定颗粒粒度分布和颗粒形状的基本方法，仪器价格较贵，需专人操作

续表

方法	仪器名称	基本原理	测定范围（μm）	特　点
比表面积测定仪	透过法	把样品压实，通过测定空气浪过样品时的阻力，用柯境尼-卡曼理论计算样品的比表面积，引入形状系数，可换算成平均粒径	0.01～100	仪器简单，测定速度较快，但不能测定粒度分布数据。另外，测定时样品一定要压实
	BET法	用测定样品的氮吸附比表面积，并引入形状系数，测定平均粒径	0.003～3	再现性好，精度较高，但数据处理较复杂

7.2　比表面积和孔体积

比表面积和孔径分布是超细粉体最主要的物理性能之一，特别是用作吸附、催化和环保的超细粉体材料，如硅藻土、海泡石、凹凸棒土、沸石等，比表面积和孔径分布特性是重要的评价指标之一。

7.2.1　比表面积

测定粉体比表面积的标准方法是利用气体的低温吸附法，即以气体分子占据粉体颗粒表面，测量气体吸附量计算颗粒比表面积的方法。目前最常用的是BET吸附法。该理论认为气体在颗粒表面吸附是多层的，且多分子吸附键合能来自气体凝聚相变能。BET公式是：

$$P/V(P_0-P)=1/V_mC+(C-1)P/(V_mCP_0) \tag{7-6}$$

式中　P——吸附平衡时吸附气体的压力；

P_0——吸附气体的饱和蒸气压；

V——平衡吸附量；

C——常数；

V_m——单分子层饱和吸附量。

在已知V_m的前提下，可求得样品的比表面积S_w：

$$S_w=V_mN_A\sigma / M_vW \tag{7-7}$$

式中　N_A——阿伏加德罗常数；

W——样品质量；

σ——吸附气体分子的横截面积；

V_m——单分子层饱和吸附量；

M_V——气体摩尔质量。

7.2.2　孔体积与孔径分布

用氮吸附法测定孔径分布是比较成熟而广泛的方法，它是氮吸附法测定BET比表面积的一种延伸，都是利用氮气的等温吸附特性：在液氮温度下，氮气在固体表面的吸附量取决于氮气的相对压力 P/P_0，当 P/P_0 在 0.05～0.35 范围内时，吸附量与 P/P_0 符合 BET 方程，这是测定 BET 比表面积的依据；当 $P/P_0 \geqslant 0.4$ 时，由于产生毛细凝聚现象，则成为测定孔径分布的依据。

所谓毛细凝聚现象是指，在一个毛细孔中，若能因吸附作用形成一个凹形的液氮面，与该液面成平衡的氮气压力 P 必小于同一温度下平液面的饱和蒸气压力 P_0，当毛细孔直径越小时，凹液面的曲率半径越小，与其相平衡的氮气压力越低，换句话说，当毛细孔直径越小时，可在较低的氮气分压 P/P_0 下，形成凝聚液，但随着孔尺寸增加，只有在高一些的 P/P_0 压力下形成凝聚液，显而易见，由于毛细凝聚现象的发生，将使得样品表面的氮气吸附量急剧增加，因为有一部分氮气被吸附进入微孔中并形成液态，当固体表面全部孔中都被液态吸附质充满时，吸附量达到最大，而且相对压力 P/P_0 也达到最大值 1。相反的过程也是一样的，当吸附量达到最大（饱和）的固体样品，降低其表面相对压力时，首先大孔中的凝聚液被脱附出来，随着压力的逐渐降低，由大到小的孔中的凝聚液分别被脱附出来。

假定粉体表面的毛细孔是圆柱形管状，把所有微孔按直径大小分为若干孔区，这些孔区按从大到小的顺序排列，不同直径的孔产生毛细凝聚的压力条件不同，在脱附过程中相对压力从最高值 P_0 降低时，先是大孔后再是小孔中的凝聚液逐一脱附出来，产生吸附凝聚现象或从凝聚态脱附出来的孔尺寸和吸附质的压力有一定的对应关系（凯尔文方程）：

$$r_k = -0.414/\log(P/P_0) \tag{7-8}$$

r_k 叫凯尔文半径，它完全取决于相对压力 P/P_0，它是在某一 P/P_0 下，开始产生凝聚现象的孔的半径，同时可以理解为当压力低于这一值时，半径为 r_k 的孔中的凝聚液将气化并脱附出来。进一步的分析表明，在发生凝聚现象之前，在毛细管臂上已经有了一层氮的吸附膜，其厚度 t 也与相对压力 P/P_0 相关，赫尔赛方程给出了这种关系：

$$t = 0.354[-5/\ln(P/P_0)]^{1/3} \tag{7-9}$$

与 P/P_0 相对应的开始产生凝聚现象的孔的实际尺寸 r_p 应修正为：

$$r_p = r_k + t \tag{7-10}$$

显然，由凯尔文半径决定的凝聚液的体积是不包括原表面 t 厚度吸附层的孔心的体积，r_k 是不包括 t 的孔心的半径。

只要在不同的氮分压下，测出不同孔径的孔中脱附出的氮气量，最终便可推算出这种尺寸孔的容积。具体步骤如下：

第一步：氮气分压从 P_0 下降到 P_1，这时在尺寸从 r_0 到 r_1 孔中的孔心凝聚液被脱附出来，通过氮吸附以求得压力从 P_0 降至 P_1 时样品脱附出来的氮气量，便可求得尺寸为 r_0 到 r_1 的孔的容积。

第二步：把氮气分压再由 P_1 降至 P_2，这时脱附出来的氮气包括了两个部分：第一部分是 r_1 到 r_2 孔区的孔心中脱附出来的氮气，第二部分是上一孔区（$r_0 \sim r_1$）的孔中残留吸附层的氮气由于厚度的减少所脱附出来的氮气，通过实验求得氮气的脱附量，便可计算得尺寸为 r_1 到 r_2 的孔的容积。

依此类推，第 i 个孔区的孔容积为：

$$\Delta V_{pi} = (\bar{r}_{pi}/\bar{r}_{ci})^2[\Delta V_{ci} - 2\Delta t_i \sum_{j=1}^{i-1} \Delta V_{pj}/\bar{r}_{pj}] \tag{7-11}$$

ΔV_{pi}是第 i 个孔区，即孔半径从 $r_{p(i-1)}$ 到 r_{pi}之间的孔容积，ΔV_{ci} 是测出的相对压力从 P_{i-1}降至 P_i 时固体表面脱附出来的氮气量并折算成液氮的体积，最后一项是大于 r_{pi} 的孔中由 Δt_i 引起的脱附氮气，它不属于第 i 孔区中脱出来的氮气，需从 ΔV_{ci} 中扣除。$(\bar{r}_{pi}/\bar{r}_{ci})^2$ 是一个系数，它把半径为 $\bar{r}_c$ 转换成 $\bar{r}_p$ 的孔体积。

7.3　颗 粒 形 貌

观察颗粒形貌的仪器主要有扫描电镜（SEM）、透射电镜（TEM）及光学显微镜。高倍和高分辨率电镜可以直观反映粉体表面包覆层的形貌，对于评价粉体表面改性的效果有一定价值。SEM 利用二次电子和背散射电子成像，放大倍数在 20 万～30 万倍之间，对凹凸不平的表面表示得很清楚，立体感很强，样品的制备方法也很简单，但它的分辨率不如 TEM。扫描透射电镜（STEM）的分辨率已达到 0.2～0.5nm，可看到薄样品的原子结构像。

此外，扫描隧道显微镜（STM）、原子力显微镜（AFM）也可用来观察样品的表面形貌及结构。它们能直接给出表面三维图像，并可达原子分辨率，能够精确地确定表面原子结构，但它们要求样品表面非常平整，且 STM 还不能分析绝缘样品。

7.3.1　扫描电子显微镜

扫描电子显微镜（Scanning Transmission Electron Microscope，SEM）是利用聚焦电子束在试样表面按一定时间、空间顺序作栅网式扫描，与试样相互作用产生二次电子信号发射（或其他物理信号），发射量的变化经转换后在镜外显微荧光屏上逐点呈现出来，得到反映试样表面形貌的二次电子像。

二次电子像不但分辨率高（3～10nm）而且焦点深度大，远大于 TEM，因而可利用 SEM 的二次电子像观察超细粉体填充高聚物基复合材料表面起伏的样品和断口，同时特别适合观察颗粒的形貌、团聚体的尺寸及其他几何性质。

7.3.2　透射电子显微镜

透射电子显微镜（Transmission Electron Microscope，TEM）是一种高分辨率、高放大倍数的显微镜，它是以聚焦电子束为照明源，使用对电子束透明的薄膜试样，以透射电子为成像信号。其工作原理是：电子束经聚焦后均匀照射到试样的某一观察微小区域上，入射电子与试样物质相互作用，透射的电子经放大投射在观察图形的荧光屏上，显出与观察试样区的形貌、组织、结构一一对应的图像。

作为显微技术的一种，透射电子显微镜是一种准确、可靠、直观的测定与分析方法。由于电子显微镜以电子束代替普通光学显微镜中的光束，而电子束波长远短于光波波长，结果使电子显微镜分辨率显著提高，成为观察和分析超细、纳米颗粒、团聚体最常用的方法之一。它不仅可以观察颗粒大小、形状，还可根据像的衬度来估计颗粒的厚度，是空心还是实心；通过观察颗粒的表面复型则还可了解颗粒表面的细节特征。对于团聚体，可利用电子束的偏转和样品的倾斜从不同角度进一步分析、观察团聚体的内部结构，从观察到的情况可估计团聚体内的键合性质，由此也可判断团聚体的强度。

7.3.3 高分辨率电子显微镜

电镜的高分辨率来自电子波极短的波长。电镜分辨率 $r_{\min}$ 与电子波长 λ 的关系是：

$$r_{\min} \propto \lambda^{3/4} \tag{7-12}$$

因此，波长越短，分辨率越高。现代高分辨电镜的分辨率可达 0.1～0.2nm。其晶格像可用于直接观察晶体和晶界结构，结构像可显示晶体结构中原子或原子团的分布，这对于晶粒小、晶界薄的纳米材料的研究特别重要。高分辨电子显微结构分析的特点如下。

① 分析范围极小，可达 10nm×10nm，绝对灵敏度可达 10^{-16}g。

② 电子显微分析可同时给出正空间和倒易空间的结构信息，并能进行化学成分分析。

7.4 晶态或物相

7.4.1 X 射线衍射法

X 射线衍射法（X-Ray Diffraction，XRD）是利用 X 射线在晶体中的衍射现象来测定晶态或物相的。其基本原理是 Bragg 公式。

$$n\lambda = 2d\sin\theta \tag{7-13}$$

式中，θ、d、λ 分别为布拉格角、晶面间距、X 射线波长。满足 Bragg 公式时，可得到衍射。根据试样的衍射线的位置、数目及相对强度等确定试样中包含有哪些结晶物质以及它们的相对含量。具体的 X 射线衍射方法有劳厄法、转晶法、粉末法、衍射仪法等，其中常用于超细粉体的方法为粉末法和衍射仪法。

7.4.2 电子衍射法

电子衍射法（Electron Diffraction，ED）与 X 射线法原理相同，遵循劳厄方程或布拉格方程所规定的衍射条件和几何关系，只不过其发射源是以聚焦电子束代替了 X 射线。电子波的波长短，使单晶的电子衍射谱和晶体倒易点阵的二维截面完全相似，从而使晶体几何关系的研究变得比较简单。另外，聚焦电子束直径大约为 0.1μm 或更小，因而对这样大小的粉体颗粒上所进行的电子衍射往往是单晶衍射图案，与单晶的劳厄 X 射线衍射图案相似。由于纳米粉体一般在 0.1μm 范围内有很多颗粒，所以得到的多为断续或连续圆环，即多晶电子衍射谱。

电子衍射法包括发下几种：选区电子衍射、微束电子衍射、高分辨电子衍射、高分散性电子衍射、会聚束电子衍射等。

电子衍射物相分析的特点是：

① 分析灵敏度高，小到几十甚至几纳米的微晶也能给出清晰的电子图像。适用于试样总量很少、待定物在试样中含量很低（如晶界的微量沉淀）和待定物颗粒非常小的情况下的物相分析。

② 可得到有关晶体取向关系的信息。

③ 电子衍射物相分析可与形貌观察结合进行，得到有关物相的大小、形态和分布等资料。

7.5 化学成分

化学组成或化学组分包括主要成分、次要成分及杂质等。化学组成对超细粉体的应用性能有极大影响，是决定超细粉体的应用性能最基本的因素之一。因此，对化学组分的种类、含量，特别是微杂质的含量级别、分布等进行表征，在超细及纳米粉体研究中都是非常必要和重要的。

化学成分的检测方法可分为化学分析法和仪器分析法。而仪器分析法按原理可分为原子光谱法、特征 X 射线法、光电子能谱法、质谱法等。

7.5.1 化学分析法

化学分析法是根据物质间相互的化学作用，如中和、沉淀、络合、氧化-还原测定物质含量及鉴定元素是否存在的一种方法。该方法的准确性和可靠性都比较高，尤其对于碳酸盐、硅酸盐、硫酸盐等非金属矿物超细粉体。

中华人民共和国建材行业标准 JC/T 1021.2—2007 规定了硅酸盐岩石、矿物的化学分析方法（表 7-3）；JC/T 1021.3—2007 规定了碳酸盐岩石、矿物化学分析方法（表 7-4）。

表 7-3　硅酸盐岩石、矿物化学分析方法

化学成分	检测方法
烧失量	标准法：试料置于瓷坩埚中，在 950～1000℃灼烧至恒重时所失去的质量
二氧化硅	两次盐酸蒸干重量法（标准法）测定范围：≥5%
	氢氟酸挥发法（标准法）测定范围：≥96%
	一次盐酸脱水加分光光度法（标准法）测定范围：40%～96%
	动物胶凝重量法（标准法）测定范围：2%～80%
	氟硅酸钾滴定法（代用法）测定范围：≥5%
三氧化二铁	EDTA 滴定法（标准法）　测定范围：>0.50%
	磺基水杨酸分光光度法（标准法）测定范围：0.050%～10%
	邻菲啰啉分光光度法（标准法）测定范围：0.005%～1%
	原子吸收分光光度法（代用法）测定范围：0.010%～5%

续表

化学成分	检测方法
三氧化二铝	KF 取代-EDTA 滴定法（标准法）测定范围：＞2％
	铝试剂分光光度法（标准法）测定范围：＜10％
	EDTA 滴定法（代用法）测定范围：2％～20％
二氧化钛	二安替比林甲烷分光光度法（标准法）测定范围：0.050％～7％
	过氧化氢分光光度法（代用法）测定范围：0.20％～8％
氧化钙、氧化镁	EDTA 滴定法（标准法）测定范围：氧化钙＞0.50％、氧化镁＞0.30％
	标准原子吸收分光光度法测定范围：氧化钙 0.050％～9％、氧化镁 0.0050％～4％
氧化钾、氧化钠	标准原子吸收分光光度法测定范围：氧化钾 0.0050％～15％、氧化钠 0.0050％～15％
	火焰光度法（代用法）测定范围：氧化钾 0.15％～15％、氧化钠 0.15％～15％
氧化锰	原子吸收分光光度法（标准法）测定范围：0.0050％～5％
	高锰酸钾分光光度法（代用法）测定范围：0.010％～2％
三氧化二铬	二苯基碳酰二肼分光光度法（标准法）测定范围：0.00030％～2％
五氧化二磷	磷钒钼黄分光光度法（标准法）测定范围：0.0050％～2％
氯	高温热解法（标准法）测定范围：0.0050％～0.50％
	硫氰酸汞分光光度法（代用法）测定范围：0.0010％～0.50％
三氧化硫	燃烧碘量法（标准法）测定范围：0.010％～2％
吸附水	标准法：试料经 105～110℃烘干至恒重失去的重量
化合水	平非尔特法（标准法）测定范围：＞0.50％
二氧化碳	烧碱石棉吸收重量法（标准法）测定范围：＞0.50％
氧化亚铁	重铬酸钾滴定法（标准法）测定范围：＞0.30％
五氧化二钒	钽试剂分光光度法（标准法）测定范围：0.0050％～2％
氧化锂	原子吸收分光光度法（标准法）测定范围：0.0050％～2％
三氧化二硼	亚氨基甲烷-H 酸分光光度法（标准法）测定范围：0.010％～2％

表 7-4 碳酸盐岩石、矿物化学分析方法

化学成分	检测方法
二氧化硅	硅钼蓝分光光度法（标准法）测定范围：＜10％
	动物胶凝聚重量法（标准法）测定范围：＞2％
三氧化二铁	邻菲啰啉分光光度法（标准法）测定范围：0.0050％～1％
	磺基水杨酸分光光度法（标准法）测定范围：0.050％～10％
	EDTA 容量法（标准法） 测定范围：＞0.50％
	原子吸收分光光度法（代用法）测定范围：0.010％～5％
三氧化二铝	KF 取代-EDTA 滴定法（标准法）测定范围：＞2％
	铝试剂分光光度法（标准法） 测定范围：＜10％
	EDTA 滴定法（代用法）测定范围：2％～20％

续表

化学成分	检测方法
二氧化钛	二安替比林甲烷分光光度法（标准法）测定范围：＜7%
氧化钙、氧化镁	碱熔分解-EDTA 滴定法（标准法）测定范围：CaO＋MgO≤56%
	原子吸收分光光度法测定氧化镁（代用法）测定范围：0.005 0%～4%
	酸溶分解-EDTA 滴定法（代用法）测定范围：CaO＋MgO≥45%
氧化钾、氧化钠	原子吸收分光光度法（标准法）测定范围：氧化钾≥0.0050%、氧化钠≥0.0050%
	火焰光度法（代用法）测定范围：氧化钾＞0.15%、氧化钠＞0.15%
三氧化硫	燃烧碘量法（标准法）测定范围：0.010%～2%
烧失量	标准法：试料置于瓷坩埚中，在 950～1000℃灼烧至恒重时所失去的质量
五氧化二磷	磷钒钼黄分光光度法（标准法）测定范围：0.0050%～2%
氧化锰	原子吸收分光光度法（标准法）测定范围：0.0050%～5%
	高锰酸钾分光光度法（标准法）测定范围：0.010%～2%
氯	硫氰酸汞分光光度法（标准法）测定范围：0.0010%～0.50%
三氧化二铬	二苯基碳酰二肼分光光度法（标准法）测定范围：0.00030%～2%
游离二氧化硅	磷酸溶解重量法（标准法）测定范围：＞1%
二氧化碳	酸碱中和滴定法（标准法）测定范围：＞5%
酸不溶物	标准法：试料经稀盐酸加热溶解，使碳酸盐完全分解，不溶残渣经过滤、洗涤后于 950℃±20℃灼烧至恒重

7.5.2　特征 X 射线分析法

特征 X 射线分析法是一种显微分析和成分分析相结合的微区分析，特别适用于分析试样中微小区域的化学成分。其基本原理是用电子探针照射在试样表面待测的微小区域上，来激发试样中各元素的不同波长（或能量）的特征 X 射线（或荧光 X 射线）。然后根据射线的波长或能量进行元素定性分析，根据射线的强度进行元素的定量分析。

根据特征 X 射线的激发方式不同，可细分为 X 射线荧光光谱法（X-ray fluorescence spectroscopy）和电子探针微区分析法（Electron probe microanalysis）。根据所分析的特征 X 射线是利用波长不同来展谱实现对 X 射线的检测还是利用能量不同来展谱，还可分为波谱法（Wavelength Dispersion Spectroscopy，WDS）和能谱法（Energy Dispersion Spectroscopy，EDS），这样，可构成四种分析方法：XRFS-WDS，XRFS-EDS，EPMA-WDS，EPMA-EKS。

一般而言，波谱仪分析的元素范围广、探测极限小、分辨率高，适用于多种成分的定量分析；其缺点是要求试样表面平整光滑、分析速度慢，需要用较大的束流，容易引起样品的污染。而能谱仪虽然在分析元素范围、探测极限、分辨率等方面不如波谱仪，但却有分析速度快，可用较小的束流和微细的电子束，对试样表面要求不严格等优点。

7.5.3 原子光谱分析法

原子光谱分为发射光谱与吸收光谱两类。原子发射光谱是指构成物质的分子、原子或离子受到热能、电能或化学能的激发而产生的光谱，该光谱由于不同原子的能态之间的跃迁不同而不同。同时随着元素的浓度变化而变化，因此可用于测定元素的种类和含量。原子吸收光谱是物质的基态原子吸收光源辐射所产生的光谱。基态原子吸收能量后，原子中的电子从低能级跃迁至高能级，并产生与元素的种类和含量有关的共振吸收线。根据共振吸收线可对元素进行定性和定量分析。

原子发射光谱的特点是：

① 灵敏度高。绝对灵敏度可达 10^{-8}～10^{-9}g。

② 选择性好。每一种元素的原子被激发后，都产生一组特征光谱线，由此可准确无误地确定该元素的存在，所以光谱分析法仍然是元素定性分析的最好方法。

③ 适于定量测定的浓度范围小于 20%，高含量时误差高于化学分析法，低含量时准确性优于化学分析法。

④ 分析速度快，可同时测定多种元素，且样品用量少。

7.5.4 质谱法

质谱法是 20 世纪初建立起来的一种分析方法。其基本原理是：利用具有不同质荷比（也称质量数，即质量与所带电荷之比）的离子在静电场和磁场中所受的作用力不同，因而运动方向不同，导致彼此分离。经过分别捕获收集，确定离子的种类和相对含量，从而对样品进行成分定性及定量分析。

质谱分析的特点是可作全元素分析，适于无机、有机成分分析，样品可以是气体、固体或液体；分析灵敏度高，对各种物质都有较高的灵敏度，且分辨率高，对于性质极为相似的成分都能分辨出来；用样量少，一般只需 10^{-6}g 级样品，甚至 10^{-9}g 级样品也可得到足以辨认的信号；分析速度快，可实现多组分同时检测。现在质谱法使用较广泛的是二次离子质谱分析法（SIMS）。它利用载能离子束轰击样品，引起样品表面的原子或分子溅射，收集其中的二次离子并进行质量分析，就可得到二次离子质谱。其横向分辨率达 100～200nm。现在二次中子质谱法（SNMS）也发展很快，其横向分辨率为 100nm，个别情况下可达 10nm。质谱仪的最大缺点是结构复杂，造价昂贵，维修不便。

7.6 白　　度

白度是超细非金属矿物粉体最重要的物理性能之一。化妆品、油漆涂料、塑料、浅色橡胶、陶瓷等领域应用的非金属矿物超细粉体均对其白度有一定要求。白度也能间接反映超细研磨后产品的纯度或受到铁质等污染的程度。

超细粉体白度的测定方法详见中华人民共和国国家标准 GB/T 5950《建筑材料与非金属矿产品白度测定方法》。

7.7　吸　油　值

吸油值是超细粉体重要的应用性能指标之一。油漆、涂料、塑料、胶粘剂等应用领域对非金属矿物超细粉体（填料或颜料）吸油值均有一定要求。

（1）测定仪器

电子天平、铁架台（能夹紧、固定滴定管，底部为一 20cm×20cm 的平台）、玻璃板（20cm×20cm）、酸式滴定管（精确等级为 A 级）、玻璃棒等。

（2）测定方法

将称好的样品（一般取 1.000g，质量精确度在±0.0005g）放到面积不小于 20cm×20cm 洁净的玻璃板上，用精确等级为 A 级的酸式滴定管盛装蓖麻油或邻苯二甲酸二丁酯，缓慢向样品中滴加蓖麻油或邻苯二甲酸二丁酯，同时不断用玻璃棒搅拌（边滴加边搅拌），使样品和蓖麻油或邻苯二甲酸二丁酯充分混合均匀。当加到最后一滴时，样品与蓖麻油或邻苯二甲酸二丁酯粘结成团，无游离的干燥样品，此时即为终点。

（3）吸油率计算

计算公式为：

$$A_0 = V/M(\mathrm{mL/g}) \tag{7-14}$$

式中　A_0——吸油率；

V——所用蓖麻油或邻苯二甲酸二丁酯的体积；

M——样品的质量。

7.8　团聚体的表征

超细粉体因为粒度细、表面能高，在加工和储运过程中难免团聚。团聚性是分散性的反面，团聚严重，必然分散性差。分散性是超细粉体的重要性能之一，因此，团聚不仅影响加工性能，而且应用其应用性能。

团聚体的性质可分为几何性质和物理性质两类。几何性质指团聚体的尺寸、形状、分布及含量，除此以外还包括团聚体内的气孔率、气孔尺寸和分布等。物理性质指团聚体的密度、内部显微结构、团聚体内颗粒间的键合性质、团聚体的强度等。

7.8.1　团聚系数法

在 TEM 的颗粒尺寸测定中，观察到或测到的常是一次颗粒尺寸，而沉降法、激光法中所得到的是粉体所有颗粒的尺寸。为了得到团聚体尺寸的大致信息，可定义：

$$团聚系数 = d_{50}/d_{\mathrm{TEM}} \tag{7-15}$$

式中　d_{50}——由激光法或沉降法测定得到的颗粒粒度累积分布（图 7-1a）中累计产率 50％所对应的颗粒尺寸；

d_{TEM}——由 TEM（透射电镜法）测得的颗粒平均尺寸。

这一系数反映了团聚体平均尺寸与一次颗粒尺寸的比值。

7.8.2　素坯密度-压力法

素坯密度-压力法主要用于测定团聚体的强度。在含有团聚体的粉体的成型过程中，成型密度与压力对数的关系往往由两条直线组成，如图 7-2 所示，在低压下，这一关系代表粉体中团聚体的重排过程，这一过程中团聚体结构没有任何变化；而高压下则代表团聚体破碎，团聚体内部结构被破坏的过程。两条直线的交点即转折点对应的压力为团聚体开始破碎压力，定义为团聚体屈服强度。

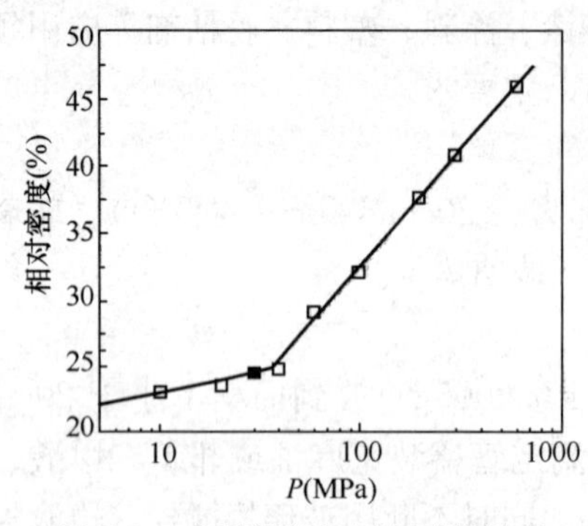

图 7-2　成型密度与压力对数关系

从密度-压力关系中，还可大致推断出粉体中团聚体含量。假设粉体团聚体初始密度与基体相同，在较高压力时，含团聚粉体的成型密度与无团聚体的相同粉体的成型密度相等，则粉体中的团聚体含量 C_{agg} 为

$$C_{agg} \approx 1 - a_m / a_{agg} \tag{7-16}$$

式中　a_m——图 7-2 中低压部分直线的斜率；

a_{agg}——高压部分直线的斜率。

7.8.3　压汞法

研究超细粉体中的孔结构有助于了解一次颗粒和二次颗粒的堆集特点。假定四个一次颗粒松散地堆集为图 7-3 所示的平面四边形，虚线所示的孔隙的直径均小于颗粒的直径。借助这一模型，我们能算出其面积等当直径为球形颗粒的 0.523 倍。实际上多数粉体能采用更密集的堆集方式，堆集后形成的孔径比上面计算出的孔径更小。假定这四个球形颗粒组成的是一个二次颗粒，四个二次颗粒仍用这种方式堆集，就可以得到二次孔径。二次孔径的大小比二次颗粒尺寸小，但往往要大于一次颗粒直径。很多超微细粉体的孔径分布出现双峰，就是因为它既包含一次孔径又包含二次孔径。从孔径的分布范围可以定性推断出一次颗粒、二次颗粒的粒径以及二次颗粒的分散度等重要信息。通过改变制备条件，添加一些无机或有机助剂等后处理手段可以进一步控制孔径和颗粒的堆集形式。

图 7-3　四个一次颗粒松散堆积的平面示意

压汞法主要用于测量团聚体破碎强度与含量。这种方法是利用测定成型过程中粉体素坯中气孔分布变化以推断团聚体完全破碎强度及一定压力下素坯团聚体含量。由于在球形颗粒堆积状态下，气孔的开口等当圆面积直径与颗粒直径之比为一常数，因而气孔的尺寸及数量大致反映了对应这种气孔的颗粒大小与含量。

无团聚的粉体中，一次颗粒间气孔的情况代表了一次颗粒的情况，反映在压汞实验结果中，气孔频率分布是单峰的，如图 7-4（a）所示；如有团聚体存在，因团聚体尺寸往往比一次颗粒大，所以团聚体间气孔也比一次颗粒间气孔大，投影在压汞实验结果上，气孔分布呈双峰，如图 7-4（b）所示。

一定压力下，如粉体团聚体未破碎，则气孔分布情况不变，压力增大，团聚体开始破碎，代表团聚体的较大尺寸的团聚体间气孔峰开始变小，这一压力即为团聚体屈服强度 P。一定压力下如该峰完全消失，则素坯中无团聚体存在，这一压力认为是团聚体完全破碎强度。由气孔分布曲线中峰的大小可推出团聚体含量。如认为颗粒间气孔体积与相应颗粒体积成正比，则团聚体含量 C_{agg} 可表示为

$$C_{agg}=K\cdot V_a/V_P \tag{7-17}$$

式中　K——常数；

V_a——团聚体间气孔体积；

V_p——团聚体内一次颗粒间气孔体积。

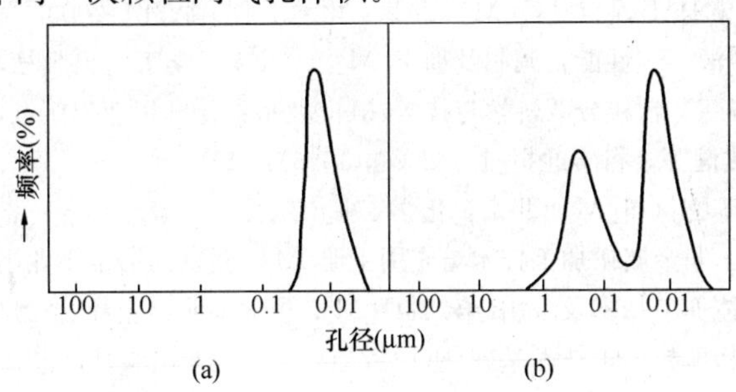

图 7-4　不同粉体中的气孔分布曲线

（a）无团聚；（b）有团聚

7.8.4　多状态比较法

这种方法是通过使用超声波、湿磨和干磨等方法对粉体进行处理来改变粒子的分散状态，通过测定相应的粉体粒径变化来表征团聚体的强度。如图 7-5 所示。

图 7-5 中（a）和（b）分别为两种粉体经不同方法处理后的粒径分布曲线，①、②和③分别代表超声波、湿磨和干磨处理。可以看到粉体（a）经处理后测得的结果大致相同，表明粉体中的硬团聚体少或强度低；而粉体（b）经处理后测得粒径分布相差很大，表明该种粉体中包含有硬团聚体。

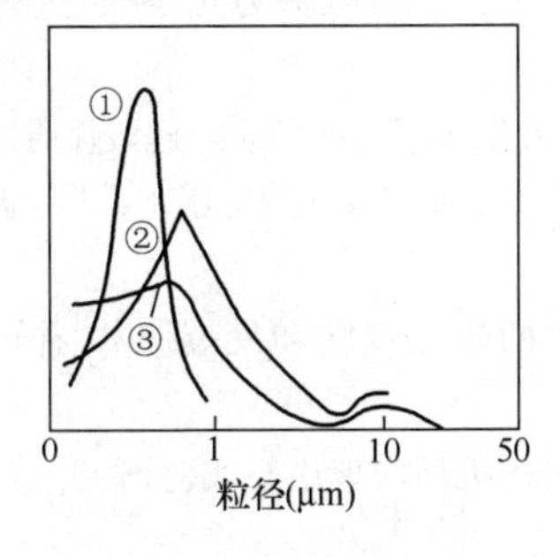

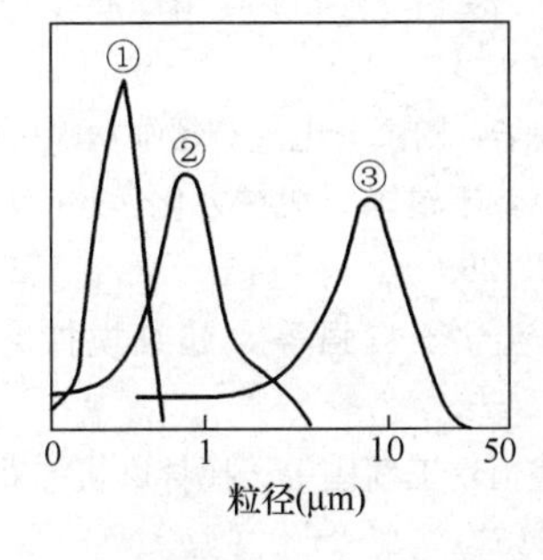

图 7-5　不同粉体经不同方法处理的粒径分布曲线

主要参考文献

[1] 郑水林．超细粉碎[M]．北京：中国建材工业出版社，1999.
[2] 郑水林．超细粉碎工艺设计与设备手册[M]．北京：中国建材工业出版社，2002.
[3] 郑水林．超细粉碎工程[M]．北京：中国建材工业出版社，2005.
[4] 郑水林．非金属矿加工工艺与设备[M]．北京：化学工业出版社，2009.
[5] 卢寿慈．粉体技术手册[M]．化学工业出版社，2004.
[6] 李凤生等．超细粉体技术[M]．北京：国防工业出版社，2001.
[7] 陶珍东，郑少华．粉体工程与设备[M]．北京：化学工业出版社，2003.
[8] 卢寿慈．工业悬浮液——性能，调制及加工[M]．北京：化学工业出版社，2003.
[9] 任俊，沈健，卢寿慈．颗粒分散科学与技术[M]．北京：化学工业出版社，2005.
[10] 任俊，卢寿慈，沈健等．科学通报[J]，2000，45(6)：583.
[11] 郑水林．非金属矿物材料[M]．北京：化学工业出版社，2007.
[12] 郑水林，袁继祖．非金属矿加工技术与应用手册[M]．北京：冶金工业出版社．
[13] 郑水林．超微粉体加工技术及应用(第二版)[M]．化学工业出版社，2011.
[14] 郑水林．无机矿物填料加工技术基础[M]．北京：化学工业出版社，2010.
[15] 郑水林，王彩丽．粉体表面改性(第三版)[M]．北京：中国建材工业出版社，2011.
[16] 郑水林．非金属矿加工与应用(第三版)[M]．北京：化学工业出版社，2013.
[17] 郑水林，苏逵．非金属矿超细粉碎与精细分级技术进展[J]．中国非金属矿工业导刊，2009(3)：3-5.
[18] 郑水林．中国超细粉碎和精细分级技术现状与发展[J]．现代化工，2002，21(4)：10-16.
[19] 郑水林，黄朋，陈俊涛．超细粉碎与精细分级技术现状及发展[J]．中国粉体技术，2007，(13)：161-166.
[20] 郑水林．中国粉体工业通鉴，第三卷(2007)[M]．北京：中国建材工业出版社，2007.
[21] 川北公夫．粉体工程学[M]．武汉：武汉工业大学出版社，1991.
[22] 王瑛玮．矿物超细粉碎方法研究与磨矿实验[D]．吉林：吉林大学，2005.
[23] 杜高翔，郑水林，李杨等．用搅拌磨制备超细粉体的试验研究[J]．矿冶，2003，12(4)：54-57.
[24] 李冰茹，杜高翔，李巧玲等．湿法超细研磨中白云石机械力化学效应[J]．中国粉体技术，2011，1：46-49.
[25] 李雯雯，吴瑞华，刘贞．电气石超细粉碎机械力化学效应研究[J]．硅酸盐通报，2010，(2)66-71.
[26] 司鹏，乔秀臣，于建国．机械力化学效应对高岭石铝氧多面体的影响[J]．武汉理工大学学报，2011，(5)：22-26.
[27] 张国旺，黄圣生，李自强等．超细搅拌磨机的研究现状和发展[J]．有色矿冶，2006(22)：123-126.
[28] 王新文，付晓恒，王新国等．搅拌磨机捕获粉碎机理的理论与实验研究[J]．煤炭学报，2013，38(2)：331-335.
[29] 王清华，李建平，刘学信．搅拌磨的研究现状及发展趋势[J]．洁净煤技术，2005，(09)：101-104.

[30] 吴建明，曹永新. GJ5_2大型双槽高强度搅拌磨机的开发与应用[J]. 有色金属(选矿部分)，2009，(3)：46-51.

[31] 何亮，吴建明. 大型双槽高强度搅拌磨机的开发与应用[J]. 中国非金属矿工业导刊，2009，1：44-46.

[32] 陈彦如. 湿法卧式超细珠磨机的研磨特性与过程模拟研究[D]. 北京：中国矿业大学(北京)，2015.

[33] 张国旺. 超细搅拌磨机的流场模拟和应用研究[D]. 长沙：中南大学，2005.

[34] 赵艳平. 超细卧式搅拌磨的流场模拟及其粉碎机理研究[D]. 昆明：昆明理工大学，2009.

[35] 王国水，季理沅. 活性超细重钙湿法研磨改性生产工艺[J]. 非金属矿，2002，25(1)：33-35

[36] 王金华. 超细粉体湿磨机. 中国，201701977U[P]2011-1.

[37] Shuilin Zheng. Industrial Mineral Powder Production in China[J]. China Particuology，2007，5(6)：376-383.

[38] Mary C. Kerr，James S. Reed. Grinding Kineties and Grinding Energy[J]. American Ceramic Society Bulletin，1992，71(12)：1809.

[39] Mary C. Kerr，James S. Reed. Grinding Kinetics and Grinding Energy[J]. American Ceramic Society Bulletin，1992，71(12)：1890-1897.

[40] Sheila A. Padden，James S. Reed. Grinding Kinetics and Media Wear[J]. American Ceramic Society Bulletin，1993，72(3)：101-107.

[41] A. Zoltan Juhasz，Ludmila Opoczky. Mechanical Activation of Minerals by Grinding [J]. Akademiai kiado，Budapest，1990：10-118.

[42] Y. Wang，E. Forssberg，J. Sachweh. Dry fine comminution in a stirred media mill-MaxxMill® [J]. International Journal of Mineral Processing，2004，(74) S65-S74.

[43] C. Varinot，H. Berthiaux，J. Dodds. Prediction of the product size distribution in associations of stirred bead mills[J]. Powder Technology，1999(105)：228-236.

[44] P. B. R. Nair. Breakage parameters and the operating variables of a circular fluid energy mill Part I. Breakage distribution parameter[J]. Powder Technology，1999(106)：45-53.

[45] C. C. H. Berthiaux，J. Dodds Modelling fine grinding in a fluidized bed opposed jet mill Part II：Continuous grinding[J]. Powder Technology，1999 (106)：88-97.

[46] W. S. Choi，H. Y. Chung，B. R. Yoon，et al. Applications of grinding kinetics analysis to fine grinding characteristics of some inorganic materials using a composite grinding media by planetary ball mill[J]. Powder Technology 2001(115)：209-214.

[47] C. H. Cemil Acar. Grinding kinetics of steady-state feeds in locked-cycle dry ball milling[J]. Powder Technology，2013(249)：274-281.

[48] J. D. Henri Berthiaux. Modelling fine grinding in a fluidized bed opposed jet mill：Part I：Batch grinding kinetics[J]. Powder Technology，1999，106(1-2)：78-87.

[49] S. Mende，F. Stenger，W. Peukert，et al. Mechanical production and stabilization of submicron particles in stirred media mills[J]. Powder Technology，2003，132(1)：64-73.

[50] M. Sommer，F. Stenger，W. Peukert，et al. Agglomeration and breakage of nanoparticles in stirred media mills-a comparison of different methods and models[J]. Chemical Engineering Science，2006，61(1)：135-148.

[51] S. L. A. Hennart，P. van Hee，V. Drouet，et al. Characterization and modeling of a sub-micron milling process limited by agglomeration phenomena[J]. Chemical Engineering Science，2012，71

(0): 484-495.

[52] R. J. Charles. Trans. SME/AIME[J]. 1958, 481(215): 106-110.

[53] M. S. Makoto Kitamura. Effects of preheating on mechanochemical amorphization and enhanced reactivity of aluminum hydroxide[J]. Advanced Powder Technology, 2001, 12(2): 215-226.

[54] T. P. P. G. McCormick, P. A. I. Smith. Mechanochemical treatment of high silica bauxite with lime[J]. Minerals Engineering, 2002, 15(4): 211-214.

[55] I. J. Lin and P. Somasundaran. Alterations in properties of samples during their preparation by grinding[J]. Powder Technology, 1972, 6(3): 171-179.

[56] F. Garcia, N. Le Bolay and C. Frances. Changes of surface and volume properties of calcite during a batch wet grinding process[J]. Chemical Engineering Journal, 2002, 85(2 - 3): 177-187.

[57] T. Li, F. Sui, F. Li, et al. Effects of dry grinding on the structure and granularity of calcite and its polymorphic transformation into aragonite[J]. Powder Technology, 2014, 254(0): 338-343.

[58] Q. Zhang and F. Saito. A review on mechanochemical syntheses of functional materials[J]. Advanced Powder Technology, 2012, 23(5): 523-531.

[59] Y. M. Guomin Mi, Daisuke Shindo, Fumio Saito. Mechanochemical synthesis of $CaTiO_3$ from a CaO-TiO_2 mixture and its HR-TEM observation[J]. Powder Technology, 1999, 105(1-3): 162-166.

[60] G. Mi, F. Saito and M. Hanada. Mechanochemical synthesis of tobermorite by wet grinding in a planetary ball mill[J]. Powder Technology, 1997, 93(1): 77-81.

[61] Solihin, Q. Zhang, W. Tongamp, et al. Mechanochemical synthesis of kaolin-KH_2PO_4 and kaolin-$NH_4H_2PO_4$ complexes for application as slow release fertilizer[J]. Powder Technology, 2011, 212(2): 354-358.

[62] P. W. Cleary. Charge behaviour and power consumption in ball mills: Sensitivity to mill operating conditions, liner geometry and charge composition[J]. International Journal of Mineral Processing, 2001, 63(2): 79-114.

[63] A. Sato, J. Kano and F. Saito. Analysis of abrasion mechanism of grinding media in a planetary mill with DEM simulation[J]. Advanced Powder Technology, 2010, 1(2): 212-216.

[64] C. T. Jayasundara, R. Y. Yang and A. B. Yu. Effect of the size of media on grinding performance in stirred mills[J]. Minerals Engineering, 2012(33): 66-71.

[65] H. Cho, M. A. Waters and R. Hogg. Investigation of the grind limit in stirred-media milling [J]. International Journal of Mineral Processing, 1996, 44-45(0): 607-615.

[66] F. Garcia, N. Le Bolay, J.-L. Trompette, et al. On fragmentation and agglomeration phenomena in an ultrafine wet grinding process: the role of polyelectrolyte additives[J]. International Journal of Mineral Processing, 2004, 74, Supplement(0): S43-S54.

[67] S. Fadda, A. Cincotti, A. Concas, et al. Modelling breakage and reagglomeration during fine dry grinding in ball milling devices[J]. Powder Technology, 2009, 194(3): 207-216.

[68] E. Bilgili, R. Hamey and B. Scarlett. Nano-milling of pigment agglomerates using a wet stirred media mill: Elucidation of the kinetics and breakage mechanisms[J]. Chemical Engineering Science, 2006, 61(1): 149-157.

[69] E. Schaer, R. Ravetti and E. Plasari. Study of silica particle aggregation in a batch agitated vessel[J]. Chemical Engineering and Processing: Process Intensification, 2001, 40(3): 277-293.